RECHERCHES

THÉORIQUES ET PRATIQUES

SUR DIVERS SUJETS

D'AGRONOMIE

ET DE

CHIMIE APPLIQUÉE A L'AGRICULTURE

PAR

J. Isidore PIERRE

Membre correspondant de l'Institut de France (section d'Économie rurale), etc.

NOUVELLE SÉRIE

1859-1862

CAEN

IMPRIMERIE E. POISSON

18, RUE FROIDE, 18

—

1863

Les divers travaux réunis dans ce volume ont déjà paru, pour la plupart, dans divers recueils scientifiques ou agronomiques, depuis 1859 jusqu'à 1862.

En les rassemblant aujourd'hui, je cède au vœu d'un certain nombre de personnes qui m'ont exprimé le regret d'être obligées de recourir, pour consulter les renseignements que renferment ces articles, à des recueils nombreux et divers dans lesquels ils sont en quelque sorte épars.

J'ai d'autant mieux compris ce vœu, que j'ai souvent éprouvé moi-même un semblable regret, lorsque j'avais à consulter les travaux publiés par les savants qui honorent la science à laquelle je consacre tout le temps dont je puis disposer.

En réunissant ainsi la plupart des mémoires que j'ai publiés depuis 1859 jusqu'à la fin de 1862, sur divers sujets d'agronomie ou de chimie appliquée à l'agriculture, j'ai cru devoir conserver l'ordre chronologique de leur publication première, tout en cherchant à faire disparaître quelques-unes des imperfections de détail qui avaient pu échapper à un premier examen.

26 mars 1863.

EXTRAIT DU BULLETIN MENSUEL
De la Société d'Agriculture et de Commerce de Caen.

RECHERCHES ANALYTIQUES

SUR LES

VASES ACCUMULÉES DANS L'ORNE

PAR J.-ISIDORE PIERRE,

Secrétaire de la Société.

(Note lue dans la séance du 19 novembre 1858.)

Les cultivateurs de tous les pays se plaignent chaque jour de l'insuffisance ou du haut prix des engrais, et cependant nous voyons, chaque jour aussi, se perdre sous nos yeux des masses considérables de substances douées d'une grande efficacité pour la fertilisation de nos terres.

En même temps qu'elle diminue la richesse du pays, cette perte entraîne presque toujours avec elle de graves inconvénients pour la salubrité publique.

Des tentatives intelligentes ont déjà montré que l'administration municipale de notre cité se préoccupe de cette grave question, et nous devons espérer qu'un jour viendra bientôt, où nos cours d'eau ne seront plus infectés d'une manière dégoûtante par des matières qu'ailleurs on recueille avec tant de soin pour la fertilisation des terres du voisinage.

Des doléances d'une autre nature se sont fait entendre cette année parmi nous: la vase s'est accumulée, surtout dans la partie supérieure de l'Orne, près de l'entrée de notre port, au point de gêner considérablement la navigation.

Il ne saurait entrer dans mes vues de chercher à développer ici les causes de cet état de choses; la plupart de ces causes sont connues de tout le monde, et de plus compétents que moi pourront se charger de vous exposer les moyens d'y porter remède d'une manière durable.

Ce que nous savons tous, c'est que s'il était possible de débarrasser la rivière, sans trop grands frais, de cette énorme quantité de vase que l'on peut évaluer aujourd'hui à environ 40 ou 50 mètres cubes par mètre courant, ou à 40 ou 50 mille mètres cubes par kilomètre, on rendrait au commerce maritime de notre ville un grand service.

D'un autre côté, s'il était possible de montrer que ces vases ont, comme engrais, une valeur suffisante pour indemniser largement le cultivateur de ses frais de transport et d'épandage, l'emploi de ces matières pour la fertilisation du sol pourrait, à raison même de leur masse considérable, rendre un service réel à l'agriculture de nos environs.

L'intérêt du commerce et celui de l'agriculture semblent donc encore ici se réunir et se confondre, bien que ce qui est pour l'un une source d'embarras puisse être pour l'autre une source de richesse ; car l'enlèvement et l'emploi de ces vases serait, pour l'un et pour l'autre une source de prospérités.

L'efficacité, comme engrais, des vases et des limons, des curures de mares, d'étangs et de fossés est chose connue depuis bien longtemps, et j'ai vu, dans certains pays où les engrais sont rares et chers, des cultivateurs intelligents considérer comme une sorte de compensation aux inconvénients de la sécheresse extraordinaire de cette année, la possibilité de se procurer des vases en abondance par le curage à vif fond de cours d'eau qu'on n'avait presque jamais vus à sec de mémoire d'homme.

C'est par l'ensemble de ces considérations diverses que j'ai été conduit à penser que l'étude chimique des vases de notre rivière pouvait offrir quelque intérêt, et ce sont les résultats sommaires de cette étude que j'ai l'honneur de présenter aujourd'hui à la Société.

Je dois, avant tout, déclarer à la Compagnie que le concours empressé de deux de nos bons collègues, MM. Delaporte et Lucet, m'a été d'un grand secours pour la préparation des éléments de ce travail.

J'ai pensé qu'il ne suffisait pas, pour se faire une idée de la constitution chimique de cette matière et de sa valeur comme engrais, d'en faire une analyse unique, attendu que plusieurs circonstances pouvaient faire varier cette composition, particulièrement le lieu où serait pris l'échantillon, et sa situation à une plus ou moins grande profondeur au-dessous de la surface.

Pour mieux apprécier l'influence de ces circonstances, j'ai fait prendre, sur quatre points différents, des échantillons de vase, à la surface et à une profondeur comprise entre 35 et 50 centimètres.

Ces prises d'échantillons ont eu lieu aux quatre stations suivantes :

1° *Entre le pont de Vaucelles et le nouveau pont qui relie la gare du chemin de fer à la rue de la Marine ;*

2° *Entre ce dernier pont et la station des bateaux à vapeur ;*

3° *A environ 400 mètres en aval de l'écluse qui met le bassin en communication avec la rivière ;*

4° *Vers le bac de Clopée.*

Il était important d'opérer sur des échantillons représentant, aussi bien que possible, la composition moyenne de la vase de chaque station, afin d'éviter les anomalies qui pouvaient résulter de la présence accidentelle de matières étrangères d'une composition notablement différente de celle de la substance qu'il s'agissait d'examiner. A chaque station, on prélevait, à la surface d'abord, en huit ou dix points différents, assez éloignés les uns des autres, environ 2 kilogrammes de vase, puis on mélangeait bien, dans un baquet, les 15 à 20 kilogrammes qui formaient l'ensemble de ces prises partielles, et c'est sur ce mélange qu'on prélevait l'échantillon définitif de 2 à 3 kilogrammes destiné à l'analyse.

On opérait exactement de la même manière pour les échantillons de vase prise à la profondeur de 35 à 50 centimètres.

Après leur égouttement, ces vases contenaient encore environ 40 pour 100 d'eau.

Pour éviter de longs détails d'analyse qu'il serait assez ennuyeux et assez difficile de suivre, nous allons résumer, dans un tableau d'ensemble, les résultats de ces huit analyses, en faisant observer seulement que ces résultats se rapportent à des matières *complètement privées d'eau*, par une dessiccation à l'étuve.

Pour abréger, nous désignerons par les n°° 1, 2, 3 et 4, les vases prises à la surface, aux quatre stations précédemment indiquées, en suivant l'ordre dans lequel nous les avons énumérées.

Les n°° 1 *bis*, 2 *bis*, 3 *bis* et 4 *bis*, désigneront, pour les mêmes stations, les vases prises à la profondeur de 35 à 50 centimètres.

DÉSIGNATION des VASES.	Sur 100 parties de Vase			AZOTE par KILOGRAMME.
	Argile, Sable, Oxyde de fer. — Un peu de phosphate.	CARBONATE de CHAUX.	MATIÈRES ORGANIQUES.	GRAM.
N° 1.	59,5	34,9	5,6	2,86
N° 1 bis.	61,5	31,6	6,9	2,70
N° 2.	60,9	35,2	3,9	2,30
N° 2 bis.	58,1	37,4	4,5	2,00
N° 3.	60,2	32,5	7,3	2,39
N° 3 bis.	60,7	34,3	5,0	2,40
N° 4.	58,6	34,6	6,8	2,41
N° 4 bis.	57,4	37,1	5,5	2,28

Le tableau qui précède nous montre que *la composition de ces vases ne change pas d'une manière sensible depuis le pont de Vaucelles jusqu'au Bac de Clopée.*

La proportion de carbonate de chaux s'y trouve constamment comprise entre 32 et 37 pour 100 ;

L'on y trouve de 58 à 61 pour 100 d'un mélange d'argile et de sable siliceux très-fin, contenant quelques grains de sable feldspathique et quelques paillettes de mica.

Il s'y trouve également une proportion assez sensible de *phosphates.*

La proportion des *matières organiques* varie de 4 à 7 pour 100 ; la chute de quelques feuilles, de quelques herbes, de quelques pailles entraînées par les vents, suffit pour rendre possibles de pareils écarts.

Enfin, *la proportion d'azote y est constamment comprise entre 2 et 3 millièmes,* c'est-à-dire entre 2 et 3 grammes par kilogramme ; la proportion moyenne de cette substance peut être évaluée à environ 2 millièmes et demi.

Pour nous faire une idée de la valeur et de l'efficacité de ces vases comme engrais, nous pouvons les comparer, soit aux *tangues* que rappelle un peu leur couleur, soit aux *fumiers ordinaires* de ferme.

Comparons-les d'abord aux tangues.

La Société d'Agriculture et de Commerce de Caen a fait insérer, dans le tome V de ses Mémoires (2ᵉ partie), le travail que j'avais entrepris sur les *tangues*, il y a une huitaine d'années, par ordre du Ministre de l'Agriculture et du Commerce.

En consultant ce travail, on trouve que la vase de la partie supérieure de notre rivière se rapproche beaucoup, par sa composition, de la partie la plus ténue que l'on extrait par l'action de l'eau et de l'agitation, en agissant sur la plupart des tangues de la Manche, et notamment sur celles de Lessay et d'Isigny ; seulement, *notre vase est environ deux fois plus riche en azote que la partie vaseuse des tangues que je viens de citer.*

En soumettant depuis, il y a quatre ou cinq ans, la tangue de l'embouchure de l'Orne au même traitement, c'est-à-dire en recueillant et examinant à part la matière qui reste le plus longtemps en suspension dans l'eau, quand on délaie de la tangue, j'ai trouvé, pour la composition de cette tangue un peu bourbeuse, les résultats suivants :

Carbonate de chaux.	38 pour 100.
Matières organiques.	4
Sable, argile et matières diverses,	58
	100

C'est-à-dire *presque identiquement la composition de la vase qui encombre notre port.* La seule différence un peu importante, c'est que la tangue bourbeuse dont il est ici question ne contenait que 48 centigrammes d'azote par kilogramme au lieu de 2 grammes et demi que nous avons trouvés dans la vase ; *cette dernière contient donc environ cinq fois plus d'azote que la tangue vaseuse de l'embouchure de l'Orne.*

La vase du port de Caen peut donc être assimilée, quant à sa composition minérale, avec la partie la plus ténue de la tangue qui se dépose près de l'embouchure de la rivière, et sa couleur ne démentirait pas une pareille origine ; elle aurait cependant sur cette dernière l'avantage de contenir une proportion d'azote *cinq fois plus considérable qui peut être attribuée aux immondices de nos égouts.*

Je me borne, pour le moment, à constater cette identité de composition chimique des éléments minéraux des deux substances, en laissant à de plus habiles la tâche de décider si notre vase est un produit marin ou un produit fluviatile, ou, ce qui est plus vraisemblable, si son existence peut être attribuée à cette double origine [1].

Voyons maintenant à quelles conséquences nous conduira la comparaison de cette vase avec le fumier ordinaire de ferme :

---

[1] La présence, dans cette vase, d'une assez notable proportion d'oxyde de fer, ne permet guère de nier ici le rôle des apports fluviatiles, parce que les véritables tangues pures ne contiennent qu'une proportion insignifiante d'oxyde de fer.

dans ce dernier, on trouve environ 7 pour 100 de principes minéraux ; il contient environ 13 et demi pour 100 de principes organiques, tandis que la vase, *complétement desséchée*, n'en contient, nous l'avons vu, que 4 à 7 pour 100 ; le fumier contient donc deux ou trois fois plus de matières organiques que la vase.

Le fumier contient un peu plus de 5 grammes d'azote par kilogrammes ; la vase sèche en contient 2^{gr} 5, c'est-à-dire *la moitié. Au double point de vue de la proportion d'*AZOTE *et de la proportion des* MATIÈRES ORGANIQUES, *la vase* SÈCHE parait donc représenter *à peu près* LA MOITIÉ *de son poids de fumier.*

Telles qu'on les emploie habituellement, les vases désagrégées spontanément par une suffisante exposition à l'air, contiennent environ 5 à 10 pour 100 d'humidité, ce qui réduit leur valeur comme engrais à peu près dans la même proportion, c'est-à-dire d'une fraction assez minime.

Nous avons déjà dit, au commencement de cette note, que la vase simplement égouttée, encore assez molle pour être coupée sans effort à la pelle, contient environ 40 pour 100 d'eau. Prise sur le quai dans de pareilles conditions, *elle ne représenterait qu'un peu plus du quart de son poids de fumier de ferme.*

Jusqu'a présent, nous n'avons tenu compte, dans la vase, que des matières organiques et des matières azotées qu'elle contient ; mais il s'y trouve encore autre chose ; elle constitue tout à la fois *un engrais et un amendement* ; elle contient, dans un état de très-grande division, *plus du tiers de son poids de carbonate de chaux facilement assimiliable,* à raison même de cette grande division.

Les qualités de cette vase participent donc tout à la fois de celles des tangues et de celles des engrais pulvérulents. Mais nous devons ajouter que *sa constitution la fait recommander plutôt pour les terres chaudes, connues sous le nom de petites terres, que pour les terres très-argileuses.*

Il ne m'appartient pas d'indiquer les moyens économiques à l'aide desquels on pourrait livrer à nos cultivateurs cette masse considérable de matières fertilisantes, en rendant au commerce la libre circulation de la rivière ; c'est une étude étrangère au but que je m'étais proposé, ét pour laquelle plusieurs de nos collègues sont beaucoup plus compétents que moi.

Je me borne ici à signaler l'existence d'une abondante mine d'un engrais qui n'est pas sans valeur, et qui est peut-être sur le point de nous échapper pour aller envaser un peu plus loin l'embouchure de notre rivière.

J'exprime devant vous le regret de voir bientôt se perdre, sans profit pour personne, une source de richesse qui, par son abondance même, est et sera peut-être encore longtemps une cause fréquente d'embarras pour la navigation.

Notre Compagnie est tout à la fois Société d'Agriculture et de Commerce ; elle compte parmi ses membres les représantants les plus accrédités de ces deux grandes sources de prospérité nationale, et c'est à ce double titre que j'ai l'honneur de lui proposer de désigner une commission chargée d'étudier cette importante question, qui ne manquera certainement pas de se représenter dans l'avenir, comme nous l'avons déjà vu se présenter plusieurs fois dans le cours de ces dernières années [1].

[1] Cette proposition a été adoptée par la Société qui a désigné, pour étudier la question, une commission composée de :

MM. *Abel Vautier*, président de la chambre de commerce, *Olivier* et *Marchegay*, ingénieurs en chef des ponts-et-chaussées, *Delaporte*, officier du port. *Lepage*, *Roger*, *Blin* et *Pierre*.

Caen —Imp. E. Poisson.

DE LA PRÉSENCE

DE

L'ACIDE BUTYRIQUE

DANS CERTAINS CIDRES ET DANS LES EAUX DE MARES;

INCONVÉNIENTS ET DANGERS QUI EN PEUVENT RÉSULTER;

PRÉSENCE DE CET ACIDE DANS LES TERRES,
DANS LES JUS DE FUMIER ET DANS LES BETTERAVES ALTÉRÉES.

PAR

J.-Isidore PIERRE.

En faisant ses belles recherches sur les corps gras, il y a une quarantaine d'années, M. Chevreul avait trouvé, dans le beurre rance, un acide particulier dont l'odeur repoussante et persistante caractérise énergiquement cette altération du beurre. Pour rappeler l'origine de cet acide, M. Chevreul lui donna le nom d'acide *butyrique* (du mot latin *butyrum* qui signifie *beurre*). On crut pendant longtemps que l'acide butyrique était un produit spécial, dont la formation n'avait pas lieu sans l'intervention du beurre; mais il y a environ quinze ans, MM. Pelouze et Gélis montrèrent, dans un travail remarquable, que *cet acide peut aussi se former en abondance aux dépens du sucre*, en présence de certaines matières organiques en putréfaction.

Vers la même époque, le prince Charles Bonaparte constatait la présence de ce même acide dans les eaux des tanneries.

Chargé, il y a quatre ans, de l'examen d'un cidre gâté dont l'usage avait occasionné d'assez graves désordres dans la santé des personnes qui le consommaient, j'ai pu facilement y constater la présence *d'une proportion très-notable d'acide butyrique,* et c'était la seule substance à laquelle il fût rationnel d'attribuer les accidents qu'on avait observés chez les consommateurs.

Depuis cette époque, j'ai été à même de constater de nouveau cette production d'acide butyrique dans cette boisson, et j'ai vu jeter sur la voie publique des lies de cidre rendues tellement infectes par la présence de cet acide, qu'elles auraient pù facilement servir à une abondante extraction de ce désagréable produit dont l'odeur poursuit pendant si longtemps ceux qui l'ont manié.

On retrouve encore bien souvent l'acide butyrique *dans le sol des celliers à cidre,* surtout dans la terre située *au-dessous des canelles,* de manière à absorber les égouttures qui tombent chaque fois que l'on va faire sa provision aux gigantesques tonneaux de notre Basse-Normandie.

Enfin j'avais encore constaté, il y a six ou sept ans, la présence de l'acide butyrique dans les eaux provenant du lessivage de deux échantillons de terre qui n'avaient pas reçu d'engrais depuis au moins quatre ans ; le premier de ces deux échantillons avait été pris dans la couche superficielle du champ, comprise entre la surface et une profondeur de 20 centimètres, à huit places différentes ; le second échantillon avait été pris aux mêmes stations, mais à une profondeur plus grande, comprise entre 20 et 40 centimètres.

J'avais été obligé d'ajourner, faute de temps, les recherches plus étendues que je me proposais d'entreprendre sur ce sujet.

Dans le courant de mars 1859, M. Caillieux, médecin-vétérinaire distingué de notre ville, appela d'une manière toute particulière l'attention de la Société d'Agriculture de Caen sur les accidents graves qui s'étaient manifestés, chez un cultivateur des environs, à la suite de l'usage d'eaux malsaines ; un assez grand nombre de chevaux avaient été sérieusement malades, et deux d'entre eux avaient succombé.

L'auteur de cette communication ajoutait qu'il lui était impossible de reconnaître d'autre cause de ces accidents que l'emploi, pour abreuver les animaux, de l'eau d'une mare située dans la cour de la ferme, et il rappelait, à cette occasion, des accidents analogues qu'il avait été à même d'observer dans sa longue pratique.

L'analyse des eaux de cette mare m'y fit reconnaître facilement la présence d'*une assez forte proportion d'acide butyrique à l'état salin* (la plus grande partie était à l'état de butyrate de chaux); la constatation fut d'autant plus facile que j'avais cru devoir opérer sur un hectolitre d'eau, et que nous avons pu retirer, M. Blin et moi, une notable quantité d'acide en n'opérant que sur deux décilitres de cette même eau.

Je me suis d'abord demandé *d'où pouvait provenir cet acide butyrique*, mais une information plus complète m'apprit bientôt que l'on avait jeté sur le fumier, à peu de distance de la mare qui sert d'abreuvoir, une quantité considérable de betteraves gelées, qui avaient dû, sous l'influence des pluies, fournir à la mare une partie de leurs jus altérés.

L'examen du jus pressé de quelques-unes de ces betteraves y a fait également reconnaître la présence de l'acide butyrique.

Les jus de fumiers qui coulaient dans la mare contenaient donc les éléments de la production de cet acide, du sucre et des matières organiques en voie de décomposition avancée, susceptibles de jouer le rôle de ferment butyrique, et c'est à la présence d'une proportion de sucre un peu considérable qu'il paraît rationnel de rapporter la production d'une si notable quantité d'acide butyrique dans l'abreuvoir, et l'examen de l'eau ne permettait pas d'attribuer à d'autres substances malfaisantes les accidents qui avaient été signalés par M. Caillieux.

Je me suis demandé alors si le fait de cette production d'acide butyrique n'avait pas un caractère plus général encore, et sa présence dans une terre arable m'a conduit à le rechercher dans les purins. J'ai constaté, *dans toutes les eaux brunes des mares de cours de ferme* que j'ai examinées, la présence de l'acide butyrique, *et elles en renfermaient en proportion d'autant plus considérable que les purins y avaient un plus facile accès.* Les purins en contiennent souvent une assez forte proportion.

et cela sans qu'aucune addition apparente de matière sucrée soit venue en favoriser la production.

Le fait de l'existence de cet acide une fois constaté, sa production peut aisément s'expliquer : en effet, on a trouvé des matières sucrées dans presque tous les végétaux, dans les pailles des céréales et dans les fourrages consommés dans les fermes ; une partie de ces matières sucrées des fourrages échappe à l'assimilation et est restituée par les déjections du bétail; il doit donc s'en trouver en proportions notables dans les fumiers, et des expériences de MM. Verdeil et Risler en ont constaté la présence jusque dans les terres de l'Institut agronomique de Versailles. Ces matières sucrées, trouvant dans les engrais du sol et dans les fumiers le ferment convenable, peuvent être transformées plus ou moins complétement en acide butyrique.

Quoi qu'il en soit de l'explication, le fait est constant, j'ai trouvé de l'ACIDE BUTYRIQUE *dans* DES CIDRES *gâtés, dans des mares servant d'abreuvoirs, dans des purins ou jus de fumiers, dans des terres en culture.*

Il est probable que des recherches ultérieures plus nombreuses et plus variées viendront montrer que la production de cet acide a lieu plus souvent qu'on ne le pense pendant les fermentations mal soignées des jus sucrés destinés à la préparation des boissons alimentaires, et en particulier dans la préparation des cidres. C'est ici le cas de rappeler, pour en signaler les inconvénients, une pratique beaucoup trop répandue en Normandie dans la fabrication des cidres.

Pour faciliter l'extraction du jus de la pomme, et surtout pour préparer les *petits cidres* destinés à l'abondante consommation journalière des employés de la ferme, on ajoute, pendant le brassage, une quantité d'eau plus ou moins considérable, suivant le degré de force que l'on se propose de donner à la boisson qu'on veut préparer; or on a longtemps prétendu, et l'on prétend encore, dans beaucoup de pays à cidre, que *les eaux de mares* sont préférables, pour cet usage, aux eaux de sources claires et limpides.

On peut, jusqu'à un certain point, comprendre que l'emploi

d'eaux un peu brunes puisse donner un cidre plus coloré ; mais cette pratique n'est pas sans danger pour la conservation du cidre et pour la santé des personnes qui doivent le consommer. En effet, nous avons en présence, du sucre et des substances en voie de putréfaction, et pour peu que la température favorise la réaction, *il peut y avoir et il y a souvent production d'acide butyrique*, c'est-à-dire production d'une substance *malsaine*, d'une boisson détestable par son mauvais goût, et dont l'usage quotidien, en aussi grande abondance qu'on le pratique en Basse-Normandie, peut occasionner des accidents sérieux.

Enfin, s'il est vrai de dire que, dans beaucoup de cas, les eaux des mares peuvent servir de boisson quotidienne aux animaux, il ne faut jamais perdre de vue non plus que ces mêmes eaux peuvent devenir très-malsaines, lorsqu'elles sont en communication avec le purin des fumiers. Cette insalubrité sera beaucoup plus à craindre encore lorsque, les distilleries agricoles se multipliant, les mares seront plus fréquemment exposées à recevoir une partie des vinasses dont ces distilleries ont souvent tant de peine à se débarrasser.

Le cultivateur doit donc toujours, sous peine de graves inconvénients, éviter de laisser pénétrer dans la mare qui lui sert d'abreuvoir, le purin de ses fumiers, et toute espèce d'eau impure ; il serait bien à désirer aussi que l'administration pût intervenir activement pour prévenir de pareils mélanges dans les mares qui servent d'abreuvoirs publics.

RECHERCHES

SUR LES PROPORTIONS

D'AZOTE COMBINÉ

qui peuvent se trouver dans les différentes couches du sol

SOIT A L'ÉTAT DE MATIÈRES ORGANIQUES, SOIT A L'ÉTAT DE MATIÈRES
AZOTÉES DIVERSES AUTRES QUE LES NITRATES,

Présentées à la Société d'Agriculture et de commerce de Caen, le 15 avril 1859,

PAR

J.-ISIDORE PIERRE.

Il est admis généralement aujourd'hui que les matières azotées contenues dans une terre jouent un rôle important dans la puissance productive de cette terre, exercent une influence énergique sur les récoltes qui lui sont confiées.

Toute recherche, si incomplète qu'elle soit, qui paraît de nature à jeter quelque jour sur l'abondance et sur la répartition des matières azotées dans un sol donné, devra donc être enregistrée avec soin, parce qu'elle pourra fournir, tôt ou tard, à l'agronomie des éléments d'utiles discussions, servir de point de départ ou de contrôle à des aperçus nouveaux, à des recherches plus complètes. C'est à ce titre que j'ai l'honneur de présenter aujourd'hui à la Société les résultats de quelques expériences sur la proportion d'azote combiné qui peut se trouver dans les différentes couches du sol, à tout autre état qu'à l'état de nitrates.

Ces expériences ont été faites sur la terre de deux champs différents, situés dans le voisinage de Caen, et distants l'un de l'autre
d'environ 5 à 600 mètres, dans un sol argilo-calcaire un peu siliceux, profond, où viennent parfaitement bien le trèfle, la luzerne et le sainfoin.

Première série d'analyses.

Un champ d'environ deux hectares avait porté pendant deux
ans un mélange de trèfle et de sainfoin, et n'avait pas reçu
d'engrais directement depuis près de quatre ans. Environ un
an après la destruction de la prairie artificielle, on y a pratiqué, à huit places différentes régulièrement distribuées, des
trous d'au moins cinquante centimètres de profondeur. On a pris
à la bêche, dans chacun de ces trous, deux échantillons de
terre d'environ 5 à 600 grammes, le premier, dans la couche
supérieure correspondant aux vingt premiers centimètres ; le
second, au-dessous, dans la couche comprise depuis vingt jusqu'à quarante centimètres de profondeur.

On a mélangé ensemble avec soin, d'une part, les huit
échantillons de la couche supérieure, et d'autre part, les huit
échantillons de la couche inférieure, afin d'obtenir, pour chacune de ces couches, un échantillon moyen qui en représentât
aussi bien que possible la composition chimique. La terre prise
dans la couche supérieure, c'est-à-dire prise aussi uniformément que possible dans la couche qui s'étend depuis l'extrême
surface jusqu'à 20 centimètres de profondeur, contenait, par
kilogramme, 1 gramme 659 milligrammes d'azote à l'état de
combinaison (non compris les nitrates).

La terre de la seconde couche comprise entre 20 et 40 centimètres de profondeur, renfermait 1 gramme 157 milligrammes
d'azote par kilogramme. Elle contenait, en outre, par kilogramme, 2 grammes 3 décigrammes de silice soluble dans les
acides très-étendus.

Si nous calculons, à l'aide de ces données, la proportion d'a-
zote combiné que renferme ainsi par hectare chacune des deux
couches de terre que nous venons d'examiner, en admettant

que la terre tassée qui n'a pas été labourée de l'année pèse autant que deux fois son volume d'eau, c'est-à-dire 2 000 kilogrammes le mètre cube, nous trouverons qu'une couche de terre de 10 000 mètres carrés (ou un hectare) de superficie, sur 20 centimètres d'épaisseur, représente un volume de 2 000 mètres cubes pesant 4 000 kilogrammes; par conséquent, la première couche contiendrait 4 000 fois 1 gramme 659 ou 6 636 kilogrammes d'azote.

Un raisonnement et un calcul semblables nous conduiraient à reconnaître que la deuxième couche doit contenir, par hectare, 4 628 kilogrammes d'azote en combinaison.

Dans les deux couches réunies, c'est-à-dire dans la couche superficielle de 40 centimètres de profondeur, le champ dont il est ici question contenait donc (sans compter les nitrates) un total de 11 264 kilogrammes d'azote à divers états de combinaison.

Deuxième série d'analyses.

J'ai profité de l'existence de plusieurs carrières ouvertes *récemment* dans un champ situé, comme le premier, dans le voisinage de Caen, à une distance d'environ 5 à 600 mètres du précédent. Le champ dans lequel se trouvaient ces carrières était en assez mauvaise façon, et avait été un peu négligé depuis un ou deux ans.

J'ai pris, sur un assez grand nombre de points de chacune de ces carrières, et en procédant avec toutes les précautions possibles pour éviter le mélange des terres appartenant aux diverses couches que je me proposais d'examiner séparément, des échantillons destinés à représenter, dans les meilleures conditions, chacune de ces couches, et j'en ai fait ensuite un examen séparé dont voici les résultats :

1re *Couche* allant depuis l'extrême surface jusqu'à 25 centimètres de profondeur.

On a trouvé, dans un kilogramme de terre brute :

    Gravier et pierrailles. . . . . . . 34 grammes.
    Terre proprement dite. 966

Cette dernière contenait, par kilogramme :

    Carbonate de chaux. . . . . . 141 grammes.
    Argile siliceuse très-ferrugineuse. 626
    Humus et sels divers solubles dans
        l'acide azotique étendu. . . . 233
    Azote combiné, par kilogramme. . 1^{gr},732

2ᵉ *Couche*, de 25 à 50 centimètres de profondeur.

L'échantillon moyen se composait, par kilogramme :

    De gravier et pierrailles. . . . . 16 grammes.
    Terre proprement dite. 984
Cette dernière contenait par kilogramme :
    Carbonate de chaux. 68
    Argile siliceuse très-ferrugineuse. . 909
    Humus et sels divers solubles dans
        l'acide azotique étendu. 23
    Azote en combinaison, dans chaque
        kilogramme de terre. . . . . 1^{gr},008

3ᵉ *Couche*, de 50 à 75 centimètres de profondeur.

L'échantillon moyen pris dans cette couche contenait, par kilogramme :

    Gravier et pierrailles. . . . . . 91 grammes.
    Terre proprement dite. 909

La composition générale de cette dernière se représentait, sur un kilogramme de terre, par :

    Carbonate de chaux. . . . . . 76 grammes.
    Argile siliceuse très-ferrugineuse. . 906
    Humus et sels divers solubles dans
        l'acide azotique étendu. . . . 18
    Azote en combinaison dans chaque
        kilogramme de terre. . . . 0^{gr},7655.

4ᵉ *Couche*, de 75 centimètres à un mètre de profondeur ; c'était à peu près la limite de la profondeur du sol au dessus de la première couche de pierres plates de la carrière.

L'échantillon pris dans cette couche s'est trouvé ainsi formé, sur un kilogramme :

Gravier et pierrailles. . . . . 327 grammes.
Terre. 673

et la composition de cette dernière pouvait se représenter ainsi, sur un kilogramme :

Carbonate de chaux. . . . . 95 grammes.
Argile siliceuse très-ferrugineuse. 873
Humus et sels divers solubles dans
l'acide azotique étendu. . . 32

La proportion d'*azote* combiné contenue dans chaque kilogramme de cette terre s'élevait à $0^{gr},837$, c'est-à-dire qu'elle était *supérieure*, poids pour poids, à celle qu'on avait trouvée dans la terre de la couche précédente.

Comme on trouvait encore, au-dessous de cette couche, des masses irrégulières de terre disséminées sur certains points, entre les lits fendillés des pierres plates de la carrière, depuis la profondeur d'un mètre jusqu'à celle de deux mètres, j'ai pensé qu'il serait intéressant d'en faire également l'examen.

Cette terre, abstraction faite des pierrailles, était composée de :

Carbonate de chaux très-légèrement magnésien, et sels divers solubles dans les acides, avec une petite quantité de matière organique. . . . . 452 grammes.
Argile siliceuse très-ferrugineuse. . . . 548

Elle contenait encore, par kilogramme, $0^{gr},2865$ d'azote en combinaison.

Si, comme dans la première série d'analyses, nous admettons que la terre examinée pèse 2000 kil. le mètre cube, ce qui, à raison du tassement observé, doit être bien peu éloigné de la vérité, nous trouverons que la proportion d'azote combiné contenue dans chacune des couches pourrait être ainsi représentée, sur un hectare :

	Azote par hectare de terre brute.	Azote par hectare de terre débarrassée des graviers et pierrailles.
1ʳᵉ Couche, jusqu'à 0ᵐ,25.	8366 kil.	8660 kil.
2ᵉ Couche, de 0ᵐ,25 à 0ᵐ,50.	4959	5040
3ᵉ Couche, de 0ᵐ,50 à 0ᵐ,75.	3479	2827
4ᵉ Couche, de 0ᵐ,75 à 1 mètre.	2816	4185
Total.	19620 kil.	21712 kil.

Enfin, l'azote contenu à l'état de combinaison dans la terre disséminée entre les lits de pierre, à une profondeur comprise entre 1ᵐ et 2ᵐ, représenterait encore 1433 kilogrammes par hectare, si cette terre formait à elle seule, et sans mélange, une couche de 25 centimètres d'épaisseur.

Ces résultats, considérés dans leur ensemble, nous montrent que, *sans tenir compte des nitrates* qu'elle contient, une couche de terre d'un mètre d'épaisseur peut renfermer des masses considérables de matières azotées destinées par la Providence à subvenir à l'entretien et au développement des récoltes à venir.

Nous voyons également que les racines des plantes fourragères pivotantes, lorsqu'elles pénètrent à des profondeurs considérables, peuvent encore y trouver, en proportions assez importantes, des éléments nécessaires à leur développement.

Il est facile de comprendre, en présence de ces résultats, comment le trèfle peut, sans nuire à la fertilité des couches superficielles, trouver dans le sol, pendant les deux années de sa durée, les 264 kilogrammes d'azote nécessaires à la production de ses quatre coupes; comment le sainfoin peut y trouver, tout en enrichissant par ses débris la couche céréalifère, les 335 kilogrammes d'azote dont l'analyse indique la présence dans le produit de ses trois années d'existence; comment la luzerne, sans affamer la couche supérieure du champ qui la nourrit pendant cinq ans, peut prélever sur celui-ci, à l'état de fourrage, près de 800 kilogrammes d'azote en combinaison; comment, enfin, les racines de cette plante, qui cessent de se développer normalement dès que la nourriture leur fait défaut, peuvent encore trouver, à deux mètres de profondeur, l'un des éléments que l'on s'accorde à considérer aujourd'hui comme les plus indispensables à la végétation.

A quel état de combinaison et sous quelle forme se trouvent ces *vingt mille kilogrammes* d'azote que l'on peut trouver sur un hectare de terre, sans pénétrer à plus d'un mètre de profondeur? C'est ce qu'il serait peut-être assez difficile de préciser dans l'état actuel de nos connaissances, malgré les travaux remarquables qui ont été publiés dans ces derniers temps.

Toutefois, si nous nous rappelons comment sont habituellement appliqués sur le sol les engrais de toute nature qui lui sont confiés ; si nous nous rappelons que ces engrais sont ordinairement incorporés dans la couche supérieure, à une profondeur qui dépasse rarement 20 à 25 centimètres, nous serons obligés de reconnaître que cette masse d'azote que nous trouvons dans le sol, à une plus grande profondeur, ne doit pas y avoir été introduite par l'homme directement.

La recherche de l'origine de l'azote qui se trouve actuellement en combinaison dans les couches profondes du sol est une question agronomique du plus haut intérêt, dont la solution peut avoir d'importantes conséquences pour l'avenir ; et toutes les tentatives, même infructueuses, faites pour éclairer cette question capitale, méritent de fixer l'attention des agronomes.

A priori, l'on peut attribuer à trois sortes de causes principales les matières azotées disséminées actuellement dans les couches inférieures du sol qui ne sont pas entamées par les instruments aratoires :

1° Les matériaux constitutifs du sol primitif, avant toute culture, même avant leur désagrégation, pouvaient contenir en combinaison une proportion plus ou moins importante de l'azote qui s'y retrouve aujourd'hui ;

2° L'atmosphère apporte, depuis des siècles, un notable contingent de matières azotées de natures diverses ;

3° Enfin les engrais incorporés dans la couche arable ont pu céder aux couches inférieures une partie de leurs principes fer-tilisants.

Il me paraîtrait prématuré de chercher à faire la part exacte de chacune de ces sources dans la richesse actuelle des diverses couches successives du sol sur lequel ont porté mes ana-lyses; la nature chimique du sol, sa plus ou moins grande per-méabilité, la nature des engrais qu'il a reçus, la succession des récoltes qu'il a produites, et une foule d'autres causes peuvent avoir exercé sur l'état actuel des choses une influence dont il est difficile de tenir un compte même grossièrement approximatif.

Bornons-nous pour le moment à la constatation du fait ma-tériel de la répartition actuelle: en examinant séparément le cas de la terre brute et celui de la même terre supposée débar-rassée des graviers et pierrailles qu'elle renferme, nous trouvons, *pour la terre brute*, qu'en représentant par 100 la totalité de l'azote combiné dans la couche entière d'un mètre, il s'en trouve :

1° Depuis l'extrême surface jusqu'à 0ᵐ, 25. . . . . 42,64 p. 0/0
2° Depuis 0ᵐ,25 jusqu'à 0ᵐ,50. 25,27
3° Depuis 0ᵐ,50 jusqu'à 0ᵐ,75. 17,73
4° Depuis 0ᵐ,75 jusqu'à 1 mètre. 14,36

Dans le second cas, c'est-à-dire en admettant que, dans cha-cune des couches partielles, les graviers et pierrailles fussent remplacés par des quantités égales de terre proprement dite , l'aliquote imputable à chacune de ces couches partielles serait ainsi représentée :

1° Depuis l'extrême surface jusqu'à 0ᵐ,25. . . . . 39,89 p. 0/0
2° Depuis 0ᵐ,25 jusqu'à 0ᵐ,50. 23,21
3° Depuis 0ᵐ,50 jusqu'à 0ᵐ.75. 17,63
4° Depuis 0ᵐ,75 jusqu'à 1 mètre. 19,27

Dans le premier cas, l'aliquote diminue assez rapidement à mesure que l'on pénètre à une profondeur plus grande, et si, dans le second cas, nous voyons cette diminution se changer en une augmentation dans la dernière tranche, il ne faut pas perdre de vue que cette augmentation est plus apparente que réelle, et qu'elle correspondrait à un état de choses hypothétique, celui de la substitution de la terre à une égale quantité de gravier et de pierrailles qui ne contiennent que des traces de matières azotées.

Revenons maintenant à l'état de choses normal, et prenons la terre telle que l'expérience nous l'a donnée, avec son gravier et ses pierrailles, et étudions de plus près le décroissement de richesse en matière azotée, à mesure que nous pénétrons à une plus grande profondeur :

La proportion d'azote combiné contenue dans la deuxième tranche représente 59 pour cent de la richesse de la première ;

La proportion d'azote combiné contenue dans la troisième tranche représente 70 pour cent de la richesse de la deuxième (accroissement du rapport, 11 pour cent) ;

Enfin la proportion d'azote combiné contenue dans la quatrième tranche représente 81 pour cent de la richesse de la troisième (accroissement du rapport, 11 pour cent).

Si l'on admettait que la totalité de l'azote provient de la partie supérieure, ces nombres indiqueraient que le passage de l'azote d'une couche à la suivante s'effectue de plus en plus facilement, à mesure que la profondeur augmente, ce qui pourrait s'expliquer par une solubilité de plus en plus grande des combinaisons successives dans lesquelles l'azote est engagé.

L'accroissement des nombres qui expriment ces rapports successifs présente ici cette singularité qu'il est constant et représenté par 11 pour cent. C'est sans doute un résultat fortuit, mais nous avons cru devoir néanmoins signaler cet accroissement, abstraction faite de sa valeur numérique, à l'attention des expérimentateurs qui pourront se livrer à des recherches du même genre.

Quelle que soit la partie imputable aux principes constitutifs originels du sol, quel qu'ait pu être primitivement son vieux fonds de richesse naturelle, il est difficile de ne pas admettre, en présence de ces résultats, si des recherches entreprises sur d'autres points viennent les confirmer, qu'une partie au moins, la presque totalité peut-être de ces matières azotées a dû parvenir aux couches profondes *en descendant*, et, par suite, avoir eu son origine dans les couches supérieures.

Mais comment et sous quelles formes s'est effectuée la transmission ?

Est-ce sous forme sólide et dans un état de grande division, comme nous voyons quelquefois descendre successivement, au-dessous de la couche entamée par les labours, certains amendements pulvérulents ?

Est-ce sous forme liquide, et en dissolution dans les eaux pluviales, que ce transport se fait, soit par infiltration sous l'influence du poids du liquide, soit par imbibition capillaire successive de couche en couche ?

Peut-on enfin attribuer une influence notable, dans ces transports, aux radicelles qui, après avoir pénétré dans les couches inférieures du sol pendant la vie des plantes, y restent et s'y décomposent lorsque les récoltes, parvenues au terme de leur développement, sont coupées et exportées du champ qui les avait produites ?

Il est vraisemblable que toutes ces causes diverses interviennent dans ce phénomène de transport, et que l'importance du rôle de chacune d'elles dépend d'une foule de circonstances trop variables pour qu'il soit facile de leur assigner individuellement la part qui leur revient.

Je m'empresse d'aller au devant d'une objection ou plutôt d'une critique que beaucoup de personnes ne manqueront pas d'adresser aux résultats que je viens d'exposer sommairement : ces résultats n'ont-ils pas un caractère essentiellement local, qui dépend tout à la fois et de la nature du sol, et de la constitution du sous-sol ; qui variera encore suivant les conditions climatériques, suivant les cultures, suivant la nature et le mode d'administration des engrais, enfin suivant une foule de circonstances qui doivent en modifier beaucoup l'expression ?

J'admettrai volontiers que l'expression absolue de ces résultats ne peut avoir qu'une signification purement locale et restreinte ; mais il n'est pas moins vrai que, si des observations de cette nature se multipliaient, il serait sans doute possible un jour d'exprimer et de formuler d'une manière générale et approximative, et la loi de ce décroissement, et les variations qu'elle peut éprouver sous l'influence d'un système donné de cultures.

Enfin, lorsqu'on établit une comparaison entre le prélèvement qu'exercent sur le sol les récoltes même les plus épuisantes, et la masse totale des matières azotées engagées en combinaison dans ce même sol, on comprend toute l'importance des recherches entreprises dans ces dernières années par des savants éminents, pour étudier les transformations successives qu'éprouvent les engrais dans la terre qui les a reçus, pour découvrir les conditions diverses de leur mise en liberté plus ou moins active au profit des récoltes que ces engrais doivent alimenter.

CAEN. — IMP E. POISSON.

DE L'EMPLOI

COMME FOURRAGE VERT

DES

JEUNES POUSSES DE HOUX

(ILEX AQUIFOLIUS)

Lu à la Société d'Agriculture et de Commerce de Caen, le 21 novembre 1850.

A la fin de juillet dernier, je reçus de M. Godard-Réau, secrétaire de la Société d'agriculture de Lorient, une lettre dans laquelle il m'engageait à étudier la feuille de *houx* employée comme fourrage vert dans certaines parties du Morbihan pendant l'hiver. « Cette plante, ajoutait notre correspondant, rend « à cette époque, pendant *cinq mois* environ, de grands ser- « vices aux petits *ménagers*, et même à beaucoup de fermiers. »

Munis d'une espèce de faucille et d'une fourche, les hommes et les femmes qui récoltent ce fourrage, difficile à manier, coupent les jeunes pousses de l'année, qui sont les plus tendres et les plus appétissantes, et les lient en grosses bottes pour en faciliter le transport.

Ces jeunes pousses sont fortement pilées, au moyen de maillets de bois, sur une large pierre, et données ensuite aux vaches qui les mangent avec plaisir.

La récolte des jeunes pousses de houx commence ordinaire-

3

ment, dans le Morbihau, à la fin de novembre, ou même plùs tôt, pour finir en avril[1].

Les petites vaches du pays reçoivent, avec un peu de foin, trois fois par jour, du houx pilé, et la ration de feuilles de houx peut être évaluée à six kilogrammes pour des vaches du poids de cent cinquante à cent soixante kilogrammes ; elles fout habituellement trois repas par jour.

« La feuille de houx, ajoute M. Godard-Réau, constitue un
« excellent fourrage : elle est très-*galactogène*, et entretient en
« bon état les animaux qui s'en nourrissent. Malgré l'amertume
« dont ces feuilles sont douées, elles sont acceptées avec plaisir
« par les vaches, dont le lait est savoureux et le beurre d'un
« très-beau jaune et d'un très-bon goût. »

Je me suis empressé, dès que le temps me l'a permis, de répondre, autant qu'il m'était possible, au désir de mon honorable collègue de Lorient ; j'ai prié M. Blin de m'adresser, du Plessis-Grimoult, une botte de jeunes pousses de houx, qui croit assez abondamment dans les bois de cette localité.

J'en ai fait un examen dont j'ai l'honneur de présenter aujourd'hui les principaux résultats à la Société.

J'ai cru devoir faire un examen séparé des feuilles seules et des jeunes rameaux qui les portaient.

Sur un poids employé de 558 grammes de ces jeunes pousses, j'ai obtenu :

     1° Rameaux dépouillés de leurs feuilles.   115 gr.
     2° Feuilles.   443

Examen des jeunes rameaux dépouillés de leurs feuilles.

Ils ont perdu à l'étuve, par une dessication complète, plus de la moitié de leur poids (520 grammes par kilogramme) ; en d'autres termes, un kilogramme de ces jeunes pousses effeuil-

[1] M. Godard-Réau permettait la récolte du houx dans ses bois, moyennant 1 franc 20 centimes par tête de bétail, et par mois. Le houx étant classé dans les morts bois, ce genre d'exploitation lui paraissait le meilleur et le plus avantageux.

lées ne représente que 480 grammes de matière organique complétement privée d'humidité.

La moyenne de deux analyses m'a donné, pour la richesse en azote de cette matière organique sèche, 7^{gr}, 5 par kilogr.; à l'état vert et frais, elles en contenaient 3^{gr}, 6 par kilogramme.

Considérées ainsi séparément, les jeunes pousses de houx, dépouillées de leurs feuilles, ne constitueraient qu'un fourrage assez pauvre, inférieur à la plupart de nos fourrages verts ordinaires, et ne représenteraient guère, théoriquement, que trente pour cent de leur poids de foin normal fané ordinaire de nos prairies naturelles. Mais nous devons nous hâter d'ajouter qu'on ne les emploie jamais dans cet état comme fourrage.

Examen des feuilles.

En les soumettant à l'étuve, j'ai constaté que ces feuilles, à l'état frais, peuvent être ainsi représentées :

Pour un kilogramme :

> Matière organique sèche . . . . . 522 gr.
> Eau. 478

La moyenne de deux analyses m'a donné, pour la richesse en azote des feuilles de houx, 13^{gr}, 3 par kilogramme de matière complétement privée d'eau ; la richesse de ces feuilles, prises à l'état vert et frais, se trouve représentée par 6^{gr}, 93 d'azote par kilogramme. Considérées dans ce dernier état, les feuilles de houx représenteraient, théoriquement, l'équivalent de soixante pour cent de leur poids de foin normal fané, ou, en d'autres termes, il faudrait employer 167 kilogrammes de ces feuilles fraîches pour remplacer 100 kilogrammes de foin.

Au lieu d'examiner séparément les deux parties, considérons-les dans leur ensemble, telles qu'on les emploie réellement comme fourrages.

Elles contiennent alors 6^{gr}, 29 d'azote par kilogramme.

Elles représentent ainsi, théoriquement, cinquante-cinq pour cent de leur poids de foin normal fané, ce qui revient à dire qu'il faudrait employer 182 kilogrammes de jeunes pousses de houx pour remplacer 100 kilogrammes de foin.

Le temps ne m'a pas encore permis de faire une analyse complète des feuilles de houx ; mais j'y ai déjà trouvé des principes qui autorisent suffisamment à en approuver l'usage pour l'alimentation du bétail. J'ai trouvé aussi dans leurs cendres beaucoup d'oxyde de fer, des phosphates, des sels de chaux et des sels alcalins en assez grande abondance.

Je ne sais ce qu'a constaté la pratique, à laquelle on doit toujours faire appel en dernier ressort dans des questions de cette nature, mais je me trouverais conduit, par l'analyse chimique, tout en considérant la feuille de houx comme un très-bon fourrage vert, à ne la placer encore qu'après le vignon et le gui de nos arbres fruitiers.

On sait que les vaches laitières sont convenablement nourries lorsqu'elles reçoivent une ration de foin représentant :

Pour les vaches de 750 à 800 kil.   . 2^k 5 p. % du poids vif.
Pour celles de   350 . . . 3   —
Et pour celles de 150 à 200 jusqu'à 4   —

Or, pour une vache de 150 kil., 6 kil. de houx représentent $3^k,3$ de foin normal, soit $2^k,2$ pour cent du poids vivant ; il faudrait donc ajouter environ $1^k,8$ de foin par jour pour le rationnement dans de bonnes conditions.

Ces résultats s'accordent assez bien avec les renseignements fournis par M. Godard-Réau. Nous n'ajouterons qu'un mot : Le procédé employé dans le Morbihan pour la trituration du houx est un peu primitif. On pourrait se servir, pour cet usage, des diverses machines imaginées dans ces derniers temps pour la trituration et la division des jeunes pousses d'ajonc destinées, comme celles du houx, à l'alimentation du bétail, dans ceux de nos départements où cette pratique est adoptée sur une grande échelle, et notamment en Bretagne.

FRAGMENTS D'ÉTUDES

SUR

L'ÉTAT DE LA SCIENCE

DES

ENGRAIS ET AMENDEMENTS

CHEZ LES ANCIENS ROMAINS [1]

> *Sterquilinium magnum stude ut habeas.*
> « Attachez-vous à obtenir un gros tas de fumier. »
> (CATON.)

Lorsqu'on parcourt sans prévention quelques-uns des principaux ouvrages agronomiques anciens qui sont parvenus jusqu'à nous, on est vivement frappé de l'état de perfection auquel étaient arrivées certaines branches de l'art agricole à des époques déjà bien éloignées de nous.

Il a dû résulter de cet état de perfection, et de l'état de décadence et de barbarie qui a succédé, que beaucoup de bonnes méthodes, que bon nombre d'excellentes pratiques, suivies négligemment d'abord, imparfaitement, puis enfin tout à fait abandonnées ou perdues, ont pu se reproduire, avec ou sans modifications, lorsque, dans des temps meilleurs, on a peu à peu fait retour aux bons principes.

Aussi est-il arrivé plus d'une fois, dans le monde agronomique moderne, que l'on a été conduit à donner comme nouvelles,

[1] Ces études avaient déjà été publiées, en 1850, dans les *Annales agronomiques*.

comme des découvertes contemporaines, des méthodes, des pratiques ayant déjà fait la fortune scientifique ou pécuniaire d'agronomes qui nous ont précédés de dix-huit ou vingt siècles.

J'ai pensé qu'il pourrait y avoir aujourd'hui un certain intérêt à rechercher, dans les fragments qui nous restent des écrits des habiles agronomes romains de l'antiquité, ce qui peut se rapporter à la science si importante des *engrais*.

. Cette étude, entreprise d'abord par des motifs de satisfaction et de curiosité personnelles, me paraissait avoir un triple but :

1° L'intérêt historique qui se rattache à la question considérée en elle-même.

2° Il était permis de penser que certaines pratiques reconnues bonnes, mais peu répandues aujourd'hui chez le commun des cultivateurs, seraient plus facilement acceptées, adoptées par eux, s'il était possible de leur montrer que ces pratiques ne sont pas des innovations inconnues, hasardées, des conceptions purement théoriques, mais qu'elles sont le fruit d'une longue expérience, qu'elles ont obtenu l'assentiment motivé des agronomes les plus distingués d'un pays qui, plus que tout autre, et mieux que tout autre peut-être, a honoré, pratiqué, perfectionné l'agriculture.

3° Enfin, cette étude avait encore pour objet de restituer aux anciens ce qu'on leur emprunte chaque jour, loyalement quelquefois, mais souvent aussi comme en cachette et sans indiquer les sources où l'on a puisé.

Je me proposais, en un mot, de montrer que, dans ce siècle de progrès et de lumière, mais aussi d'égoïsme et d'ingratitude, de résistance à toute espèce d'autorité, même à l'autorité paternelle, nous devrions être parfois un peu moins fiers de nous-mêmes, un peu plus justes, un peu plus révérencieux envers nos maîtres des temps passés ; car nous verrions plus d'une fois, si nous voulions bien nous donner la peine de les consulter, qu'après deux mille ans ils pourraient encore, sur plus d'un point, nous donner d'utiles conseils et d'excellentes leçons.

Du reste, pour être juste envers tout le monde, nous devons ajouter que ce n'est pas d'aujourd'hui que l'on a la prétention de se croire meilleur que ses pères, de penser que leur science est d'une autre époque; c'est un travers qui parait dater de loin dans l'histoire de notre pauvre humanité, même en matière d'agriculture, puisque Columelle se croyait déjà obligé de dire :

« Quelles que soient les différences entre les temps anciens et l'époque actuelle par rapport aux préceptes d'agriculture et à leur application, cette considération ne doit pas éloigner de leur étude celui qui veut s'instruire ; car nous trouverons chez les anciens beaucoup plus de choses à approuver qu'à rejeter [1]. »

Nous allons pouvoir juger par nous-même si cette vérité ancienne a perdu de son exactitude après dix-huit siècles passés.

Si je me suis attaché de préférence à l'étude des anciens agronomes romains, c'est qu'il m'a semblé que la nation qui avait élevé des autels au dieu *Sterculius* (fumier) méritait, plus que toute autre, de fixer notre attention ; c'est d'ailleurs celle dont il nous est resté les monuments agronomiques écrits les plus nombreux et les plus importants.

Il suffit de citer Cassius Dionysius d'Utique, Caton, Varron, Columelle, Virgile, Pline, Palladius, pour faire comprendre l'importance et l'attrait qu'une pareille étude pouvait offrir.

Pour permettre un facile contrôle de la traduction des passages que j'ai cru devoir citer, et les rectifications dont elle pourrait être l'objet, j'ai cru devoir donner, à l'appui de chaque citation, le texte original.

Afin de procéder avec un peu de méthode dans cette revue, nous la partagerons en cinq chapitres distincts :

Le premier renfermera les documents relatifs à la nature des diverses matières employées comme engrais du temps des anciens Romains ;

Le second contiendra les documents relatifs à la manière de préparer ces engrais ;

Le troisième comprendra les fragments relatifs au mode d'em-

---

[1] Quæcumque sint quæ propter disciplinam ruris nostrorum temporum cum priscis discrepent, non deterrere debenta lectione discentem. Nam multo plura reperiuntur apud veteres quæ nobis probanda sint, quam quæ repudianda.

ploi de ces engrais, à leur dosage et à l'époque de leur emploi ;

Le quatrième chapitre aura pour objet l'exposé des opinions des agronomes romains relativement à la classification des engrais usuels d'après leur valeur et leur efficacité ;

Enfin, le cinquième et dernier chapitre de cette revue aura pour objet de donner une idée des connaissances des Romains sur ce qui concerne les substances et les améliorations que nous désignons aujourd'hui sous le nom d'amendements.

CHAPITRE PREMIER.

DES DIVERSES MATIÈRES EMPLOYÉES COMME ENGRAIS CHEZ LES ROMAINS.

Caton disait :

« Employez comme litière, pour en faire du fumier, les pailles de lupin, de fèves, de blé ; les feuilles d'yeuse et de chêne.

« Extirpez de vos récoltes l'ièble et la ciguë ; arrachez les herbes qui croissent autour des saules et mettez-les sous vos brebis ainsi que les feuilles qui pourrissent.

« Si votre vigne est stérile, brûlez-en le sarment et labourez ensuite le terrain.

« Lorsque vous voulez semer du froment dans un champ, faites-y parquer vos moutons [1]. »

Voici maintenant ce que disait, dans un chapitre intitulé : *Stercoris præparatio*, Cassius Dionysius d'Utique, dont l'ouvrage paraît être un recueil de préceptes choisis tirés des auteurs qui l'ont précédé, auteurs dont les ouvrages sont aujourd'hui presque tous perdus, comme celui du Carthaginois Magon, dont les agronomes romains parlent souvent avec éloge :

« Certains cultivateurs creusent une fosse grande et profonde

---

[1] Stercus unde fiat, stramenta lupinum, paleas, fabalia, ac frondes iligneas quernasque.

E segete evellito ebulum, cicutam, et circum salicta herbam maciam, ulvamque : eam substernito ovibus, frondemque putridam.

Vinea si macra erit, sarmenta sua comburito, et indidem inarato.

Item ubi saturus eris frumentum, oves ibi delectato. (Cato, *de Re rustica*.) — Caton est mort l'an 605 de Rome, 198 ans avant Jésus-Christ.

pour y porter et y faire pourrir toute espèce de fumier, bon ou mauvais. Ils y apportent aussi des cendres de fourneaux, les ordures, les excréments de toute espèce d'animaux, surtout les excréments humains, et le meilleur de tous les engrais, celui qui active le mieux la végétation de toutes les plantes, celle de la vigne principalement, l'urine humaine est versée sur ce mélange.

« Ils y ajoutent même jusqu'aux rognures et aux ordures que l'on trouve chez les corroyeurs.

« Beaucoup d'entre eux arrachent le chaume après la moisson et le mettent comme litière sous le bétail ; trituré, imprégné d'urine, il se transforme, par la putréfaction, en fumier qu'ils mettent dans la fosse avec toutes les matières dont nous avons parlé.

« S'il se trouve des immondices, des cendres de paille, de roseaux, d'épines, de bois ou de sarment, ils les ajoutent encore avec le même soin.

« Ils y mêlent encore les algues rejetées par la mer, ainsi que toutes les ordures qu'elles entraînent, après les avoir lavées avec soin dans l'eau douce [1]. »

Columelle nous dit, au sujet des cultivateurs non pourvus de bétail et qu'on appelle souvent, de nos jours, les *cultivateurs amateurs* :

« Je sais qu'il est certaines métairies où l'on pourrait n'avoir

---

[1] Quidam magnam et altam fossam effodiunt, eoque omne stercus tum præstantius tum deterius deferunt, ac putrefaciunt. Sed et cinerem furnorum et cœnum, et omnium animalium stercora, et præ omnibus humanum, et quod maximum est, et per se magis juvans omnes plantas, et in primis vites, et urinam humanam affundunt.

Imo etiam coriariorum retrimenta ac sordes superinjiciunt.

Multi etiam stipulam post messem evulsam pecori substernunt quo conculcata et per urinam computrefacta stercus fiat, et cum prædictis omnibus in fossam demergunt.

Quin et si cœnosa aliqua immundities, sive etiam ex paleis sive spinis, aut lignis aut sarmentis cinis fuerit, etiam hunc adjiciunt.

Sed et algam e mari una cum adhærentibus sordibus ejectam aqua dulci diligenter elotam immiscent. (Lib. II, cap. xx.)

ni bestiaux, ni volailles ; cependant il faut qu'un cultivateur soit bien négligent, si, même en un tel lieu, il manque d'engrais.

« Ne peut-il pas recueillir et entasser des feuilles quelconques et le terreau qui s'amasse au pied des buissons et dans les carrefours ? Ne peut-il pas obtenir la permission de couper de la fougère chez un voisin auquel cet enlèvement ne fait aucun tort, et la mêler aux immondices de la cour ?

« Ne peut-il pas creuser une fosse à engrais ..... et y réunir la cendre, les ordures des cloaques, des chaumes et toute espèce de balayures ? Voilà ce qu'on peut faire dans les campagnes dépourvues de bétail [1].

« Dans les métairies pourvues de bestiaux, on enlève chaque jour des matériaux pour engrais par le nettoyage de la cuisine et de la fromagerie et, pendant les temps pluvieux, par le nettoyage des étables et des bergeries [2]. »

Au lieu de jeter toujours sur le tas de fumier la cendre de leurs fourneaux, les agronomes des temps passés savaient aussi employer les cendres en nature directement, puisque au rapport de Pline :

« Dans la Transpadane, on faisait un tel cas de la cendre comme engrais qu'on la préférait même au fumier des bêtes de somme, que l'on brûlait pour le transformer en un autre en-

---

[1] C'est à peu près ainsi que l'on procède aujourd'hui, pour la confection des fumiers de rue, dans le voisinage des villes.

[2] Nec ignoro quoddam esse ruris genus, in quo neque pecora, neque aves haberi possint ; attamen inertis est rustici, eo quoque loco defici stercore.

Licet enim quamlibet frondem, licet e vepribus compitisque congesta colligere ; licet filicem sine injuria vicini etiam cum officio decidere, et permiscere eam purgamentis cortis ; licet, depressa fossa, ... cinerem, cænumque cloacarum, et culmos, cæteraque, quæ everruntur, in unum congerere ; hæc ubi viduus pecudibus ager.

Nam ubi greges quadrupedum versantur, quædam quotidie, ut culina et caseale, quædam pluviis diebus, ut bubilia et ovilia, debent emundari. (*De Re rustica*, lib. II, cap. xv.)—Columelle écrivait vers l'an 50 de notre ère, il y a juste 1810 ans.

grais d'un poids bien moins considérable [1]. Cependant, ajoutait Pline, on ne se sert pas indistinctement de cendres et de fumier dans le même champ, et même la cendre n'est pas employée dans les vergers, ni pour de certaines cultures [2]. »

Dans le chapitre suivant, il ajoute :

« On a découvert dernièrement que la cendre des fours à chaux convient parfaitement aux oliviers [3]. »

Palladius disait aussi (lib. X, cap. x, *de Re rustica*) :

« Si la mousse couvre les vieilles prairies, répandez-y souvent de la cendre, c'est un bon remède pour détruire la mousse [4]. »

Columelle avait déjà dit, longtemps auparavant :

« L'on peut tirer assez bon parti de l'emploi de la cendre et de la petite braisette [5]. »

Enfin, Virgile, dans son admirable chef-d'œuvre des *Géorgiques*, s'exprime en ces termes [6] :

> . . . . Arida tantum
> Ne saturare fimo pingui pudeat sola, neve
> Effetos cinerem immundum jactare per agros.

« Ne craignez pas de charger de gras fumier votre sol épuisé, ni de couvrir de cendres vos champs fatigués. »

Les engrais verts étaient aussi d'un fréquent usage chez les anciens Romains. Ce mode de fumure, assez peu employé dans nos régions septentrionales, s'est perpétué jusqu'à nos jours

---

[1] Cette pratique est encore suivie dans certains cantons de l'ouest de la France.

[2] Transpadanis cineris usus adeo placet, ut anteponant fimo jumentorum ; quod quia levissimum est, ob id exurunt. Utroque tamen pariter non utuntur in eodem arvo, nec in arbustis cinere, nec quasdam ad fruges. (Lib. XVII cap. v.)

[3] Nuper repertum, oleas gaudere maxime e calcariis fornacibus, (Lib. XVII, cap. vi.)

[4] Si prata vetera muscus obduxerit, quod ad necandum muscum prodest, cinis sæpius ingerendus.

[5] ..... Satis profuit cineris usus et favillæ. (Lib. II, cap. xv.)

[6] Lib. I.

daus certains cantons de l'Italie et de nos départements méridionaux.

Comme engrais verts, les Romains estimaient particulièrement les lupins ; les Grecs préféraient les fèves, comme le rapporte Théophraste (*Hist. p'ant.*, VIII) :

« La fève, qui d'ailleurs n'est pas une culture désavantageuse, est encore considérée comme pouvant servir d'engrais au sol à cause de la facilité avec laquelle elle entre en putréfaction.

« Aussi les habitants de la Macédoine et de la Thessalie ont-ils coutume de retourner leurs champs ensemencés de fèves lorsque celles-ci sont en fleur [1]. »

Columelle, après avoir dit que : « La tige hachée du lupin a l'énergie d'un excellent fumier [2], » ajoute un peu plus loin, dans un chapitre suivant :

« Pour moi je pense que, fût-il privé de toute espèce de fumier, le cultivateur aura toujours sous la main la facile ressource de l'emploi du lupin [3]. »

Nous verrons bientôt, dans notre troisième chapitre, les conseils que donne Columelle relativement à l'emploi du lupin comme engrais vert.

Pline disait aussi, au sujet de cette même plante :

« Tont le monde s'accorde à dire que, parmi les engrais, rien n'est plus utile qu'une récolte de lupin retournée à la charrue, ou à la bêche à deux dents, ou bien coupée à la main avant la formation du grain, lorsqu'on l'enfouit au pied des arbres ou des vignes [4]. »

---

[1] Faba quum alias molesta minime est, tum etiam tellurem raritatis suæ ac putretudinis causa stercorare putatur.

Ob id, qui circa Macedoniam atque Thessaliam colunt, quum fabæ florent arva invertere consueverunt. (Théophraste vivait environ 310 ans avant Jésus-Christ.

[2] Frutex lupini succisus optimi stercoris vim præbet. (Lib. II, cap. xv, *de Re rustica*.)

[3] Jam vero et ego reor, si deficiatur omnibus rebus agricola lupini certe expeditissimum præsidium non deesse.

[4] Inter omnes autem fimos constat nihil esse utilius lupini segete prius-

Plus loin il ajoute :

« Dans les lieux privés de bestiaux, le chaume lui-même et la fougère peuvent être employés comme engrais [1]. »

Enfin les relais de mer et la vase des rivières sont aussi recommandés comme engrais par Palladius, qui nous dit :

« Les ordures de la mer, lorsqu'elles auront été lavées par les eaux douces, mélangées aux autres matières, pourront tenir lieu de fumier ; il en est de même du limon abandonné par les eaux de source ou par les débordements des grands cours d'eau [2]. »

Que les hommes consciencieux se demandent maintenant si, à part les engrais concentrés dont l'invention n'est même pas du xix⁰ siècle, on a beaucoup ajouté à la liste que nous venons d'énumérer d'après nos agronomes latins, dont j'ai cru devoir citer textuellement les préceptes, lors même qu'ils étaient répétés plusieurs fois, sous des formes diverses ou par des auteurs différents.

Voyons actuellement l'exposé des méthodes préconisées, il y a vingt siècles, pour la confection des fumiers.

CHAPITRE II.

DOCUMENTS RELATIFS A LA MANIÈRE DE PRÉPARER LES ENGRAIS USUELS CHEZ LES ANCIENS ROMAINS.

Dans ses préceptes d'agriculture, Caton disait :

« Attachez-vous à obtenir un gros tas de fumier. Conservez soigneusement vos engrais [3]. »

quam siliquetur, aratro vel bidentibus versa, manipulisve desecta, circa radices arborum ac vitium obruta. (Plin., lib. XVII, cap. vi.)

[1] Etiam ubi non sit pecus, culmo ipso, vel etiam filice stercorare arbitrantur. (Lib. XVII, cap. vi.)

[2] Et maris purgamenta, si aquis dulcibus eluantur, mixta reliquis vicem stercoris exhibebunt, et limus quem scaturiens aqua vel fluvii incrementa respuerint. (*De Re rustica*, lib. I, cap. xxxiii.

[3] Sterquilinium magnum stude ut habeas. Stercus sedulo conserva. (*De Re rustica*, cap. v.)

C'est le conseil que l'on ne cesse de répéter encore sur tous les tons aux cultivateurs de nos jours, et avec raison, puisque les engrais seront toujours la pierre angulaire de toute bonne agriculture.

Cassius Dionysius d'Utique, après avoir indiqué les diverses matières qui peuvent servir à la confection des engrais (voir page 32), ajoute les recommandations suivantes :

« Lorsqu'on a mélangé dans les fosses toutes les matières qui viennent d'être énumérées, on arrose le tout avec de l'eau douce pour en activer la putréfaction simultanée.

« On remue ensuite le mélange avec des râteaux jusqu'à ce qu'il en résulte un fumier homogène et gras.

« Il est très-utile encore de détourner sur le tas de fumier les ruisseaux qui coulent sur la voie publique. L'eau trouble et vaseuse qu'ils charrient augmentera d'autant le monceau, et l'améliorera parce qu'elle en facilitera beaucoup la putréfaction [1]. »

Écoutons maintenant les prescriptions de Varron sur le même sujet [2] :

« Une métairie doit avoir deux fosses à fumier, ou, si elle n'en a qu'une, celle-ci doit être divisée et à double entrée ; car dans l'un des compartiments il faudra porter le nouveau fumier de la ferme : l'engrais ancien, contenu dans l'autre compartiment, sera porté aux champs.

« En effet, le fumier récent que l'on y apporte est le moins bon ; il devient meilleur une fois désagrégé.

« La fosse à fumier sera encore plus avantageuse si elle est préservée de l'ardeur du soleil par des branches et par du feuillage sur les côtés et sur le dessus.

« Il est, en effet, important que le soleil ne dissipe pas d'avance les sucs dont la terre a besoin. Aussi les cultivateurs habiles,

---

[1] Et post omnium prædictorum in fossis mixturam, aquam dulcem superingerunt, quo citius omnia computrescant. Post hæc vero sarculis eo usque movent, donec totum commixtum et unitum stercus succulentum fiat. Valde autem potest imbrium rivos ex viis ad sterquilinium derivare. Hæc enim aqua limosa existens et turbata, stercus jam insitum augebit, et multa putrefactione addita melius reddet. (Lib. II, cap. xx.)

[2] Varron écrivait ces lignes environ 25 ans avant Jésus-Christ.

quand ils le peuvent, ne manquent pas de ménager des écoulements d'eau pour humecter leur fumier, afin d'en conserver les sucs en assez grande abondance.

« Quelques-uns y placent aussi les latrines de la maison [1].»

Varron dit encore, quelques lignes auparavant :

« La basse-cour extérieure étant fréquemment couverte de litière et de paille que les bestiaux fouleront aux pieds, il en résultera un excellent engrais que l'on y pourra prendre pour améliorer le fonds [2].»

Plus loin, il ajoute :

« Il faut que le tas de fumier soit établi à portée de la ferme et approprié à ses besoins, de manière à nécessiter le moins possible de frais de main-d'œuvre [3]. »

Columelle, dont l'opinion a toujours été d'un si grand poids et qui mérite à si juste titre le rang distingué que lui accorde la postérité, s'exprime ainsi sur cette question :

« Ayez deux fosses à engrais, l'une pour recevoir les nouvelles curures de vos étables et les conserver pendant un an, tandis que l'on emploiera le fumier ancien contenu dans l'autre. Toutes deux seront, comme les piscines, sur un sol légèrement incliné, murées et pavées, de manière à ne laisser échapper ni infiltrer aucun liquide ; car il est très-important de conserver au fumier toute sa force en évitant la dessiccation des sucs, et de le laisser macérer dans une continuelle humidité. De cette manière, s'il se trouve mêlées aux litières et aux pailles quelques

[1] Villam duo habere oportet sterquilinia, aut unum bifariam divisum; alteram enim in partem ferri oportet e villa novum fimum ; ex altera veterem tolli in agrum. Quod enim infertur recens minus bonum ; id, quum flacuit, melius : nec non sterquilinium melius illud cujus latera et summum virgis ac fronde vindicatum ab sole. Non enim succum quem quærit terra, solem ante exurgere oportet. Itaque periti (qui possint) ut eo aqua influat eo nomine fac ant. Sic enim maxime retinetur succus in eo. Quidam et sellas familiaricas ponunt. (Varronis *de Re rustica*, lib. I cap. xiii.)

[2] Cohors exterior crebro operta stramentis ac palea occulcata pedibus pecudum, fit ministra fundo, ex ea quod evehatur. (Lib. I, cap. xiii)

[3] Sterquilinium secundum villam facere oportet, ut quam paucissimi operis egeratur. (Lib. I, cap. xxxviii.)

graines d'épines ou de mauvaises herbes, elles pourrissent et ne vont pas salir d'herbes les récoltes des champs sur lesquels on les porte avec l'engrais. Les cultivateurs habiles couvrent avec des claies de branchages tout ce qu'ils ont retiré de leurs bergeries et de leurs étables, pour empêcher qu'il ne soit desséché par les vents, ou brûlé par les rayons du soleil [1]. »

Ailleurs, Columelle, revenant sur cette question, s'exprime en ces termes :

« Je considère comme peu soigneux les cultivateurs chez lesquels on ne recueille pas, chaque mois, une voie (*vehes*) [2] de fumier par tête de menu bétail, et dix voies par tête de gros bestiaux ; chez lesquels chaque personne n'en fournit pas autant, soit par ses déjections de toute nature, soit par les ordures des basses-cours et les balayures qu'on ramasse dans la ferme et qu'on doit entasser journellement.

« J'appelle encore l'attention sur ce point que tout fumier qui, disposé convenablement, s'est mûri pendant une année, est très-avantageux pour les cultures ; car il possède encore beaucoup d'énergie et n'engendre plus d'herbes ; passé ce temps, plus il vieillit, moins il produit d'effet, parce qu'il a moins d'énergie.

« On doit le répandre aussi nouveau que possible sur les prés, pour qu'il y fasse naître une plus grande quantité d'herbes, et ce travail doit être fait dans le mois de février, à l'époque du croissant

---

[1] Sterquilinia duo sint : unum quod nova purgamenta recipiat, et in annum conservet ; alterum ex quo vetera vehantur ; sed utrumque more piscinarum devexum leni clivo, et exstructum pavitumque solum habeat, ne humorem transmittat ; plurimum enim refert non adsiccato succo fimum vires continere, et assiduo macerari liquore, ut si qua interjecta sint stramentis aut paleis spinarum vel graminum semina, intereant. nec in agrum exportata segetes herbidas reddant. Ideoque periti rustici, quidquid ovilibus stabulisque conversum progesserunt, superpositis virgeis crutibus tegunt, nec arescere ventis sinunt, aut solis incursu patiuntur exuri. (Lib. I, cap. VI.)

[2] La mesure appelée *vehes* par Columelle contenait 80 modius ; le *modius* équivaut à 10 litres suivant les uns, et suivant d'autres à un peu moins de 9 litres ; le *vehes* représente donc de 7 à 8 hectolitres, en d'autres termes, 7 à 8 dixièmes (ou environ trois quarts) de mètre cube.

de la lune; on favorise ainsi notablement la production du foin [1]. »

Enfin, nous terminerons par les préceptes que Palladius nous a laissés sur le même sujet :

« On devra établir le dépôt de fumier dans un lieu où l'humidité soit abondante.....

« Cette humidité fera pourrir les graines d'épines s'il s'en trouve dans le dépôt.

« Le fumier qui a séjourné un an dans la fosse est excellent pour les récoltes et n'engendre pas de mauvaises herbes ; plus vieux, il produit moins d'effet. Le fumier plus récent, au contraire, est bon pour les prés, dont il augmente la fécondité [2]. »

La fosse à purin est bien certainement préférable aux écoulements d'eaux, bourbeuses ou non, dont l'usage est recommandé par les agronomes romains ; mais, si nous voulons bien reconnaître qu'elle est encore bien clair-semée de nos jours, nous trouvons, en résumé, dans l'ensemble de ces préceptes, une foule de choses que la plupart de nos cultivateurs d'aujourd'hui devraient bien apprendre et pratiquer, une foule de prescriptions et un ensemble de connaissances que ne désavoueraient pas beaucoup d'habiles agronomes de nos jours, surtout en ce qui

---

[1] Parum autem diligentes existimo esse agricolas, apud quos minores singulæ pecudes tricenis diebus minus quam singulas, itemque majores denas vehes stercoris efficiunt, totidemque singuli homines, qui non solum ea purgamenta, quæ ipsi corporibus edunt, sed et quæ colluvies cortis et ædificii quotidie gignit, contrahere et congerere possunt. Illud quoque præcipiendum habeo, stercus omne quod tempestive repositum anno requieverit, segetibus esse maxime utile ; nam et vires adhuc solidas habet, et herbas non creat : quanto autem vetustius sit, minus prodesse, quoniam minus valeat. Itaque pratis quam recentissimum debere injici, quod plus herbarum progeneret : idque mense februario luna crescente fieri oportere ; nam ea quoque res aliquantum fructum adjuvat. (Lib. II, cap. xv, *de Re rustica*.)

[2] Stercorum congestio locum suum tenere debebit, qui abundet humore .... Humor abundans hoc præstabit stercori, ut si qua insunt spinarum semina, putrefiant. Stercus quod anno requieverit segetibus utile est, nec herbas creat ; si vetustius sit, minus proderit ; pratis vero recentiora stercora proficiunt ad uber herbarum. (Palladii *de Re rustica*, lib. I, cap. xxxiii.)

4

concerne la quantité de fumier qu'il est possible d'obtenir dans des circonstances données.

En un mot, la science de la préparation des fumiers était déjà portée, il y a plus de dix-huit siècles, à un assez haut degré de perfection, et témoignait surtout de soins que nous ne voyons donner que bien rarement, même aujourd'hui, à cette branche si importante de l'agriculture.

Quant au séjour plus prolongé du fumier dans les fosses, qui semble indiquer un état de décomposition plus avancé qu'on ne l'exige en général de nos jours, il pouvait avoir des avantages. Les opinions sont encore aujourd'hui partagées sur la question, et nous ne devons pas perdre de vue que Columelle et Palladius signalaient déjà l'infériorité du fumier qui avait plus d'un an.

D'ailleurs, n'oublions pas que les procédés de culture, les assolements, etc., différaient alors de ceux que nous suivons aujourd'hui en France ; que le climat et la nature du sol doivent aussi être pris en considération dans cette question si importante et si délicate, avant de chercher à décider si les agronomes romains méritent un blâme à cet égard.

CHAPITRE III.

DE LA MANIERE D'EMPLOYER LES DIVERS ENGRAIS CHEZ LES ROMAINS. DE L'ÉPOQUE DE LEUR EMPLOI ET DES DOSES GÉNÉRALEMENT ADMISES.

Ecoutons d'abord Cassius Dionysius d'Utique sur cette question ; il dit, dans un chapitre ayant pour titre : *De Stercore* (du Fumier) :

« Le fumier améliore la bonne terre, et encore plus la mauvaise.

« La terre de bonne qualité demande peu de fumier ; celle de qualité moyenne en veut un peu davantage ; à la terre légère et sans consistance, il en faut beaucoup.

« Ce n'est pas par monceaux, mais partout, qu'il faut donner du fumier à la terre. Celle qui n'est pas fumée devient froide ; celle qui l'est trop en est en quelque sorte brûlée.

« Celui qui fume des plantes ne doit pas mettre le fumier en contact avec les racines ; mais il doit mettre d'abord sur celles-ci une suffisante quantité de terre ameublie, puis le fumier, et enfin, par-dessus, le reste de la terre. De cette manière, les plantes ne seront pas brûlées, puisqu'elles ne seront pas en contact avec le fumier, et la chaleur de celui-ci ne sera pas perdue pour les plantes, puisqu'il est préservé de la sécheresse par la terre qui le recouvre [1]. »

Caton, dans son langage concis, s'exprime en ces termes :

« Partagez ainsi votre fumier : transportez-en la moitié sur vos terres en labour, au moment des semailles ; s'il s'y trouve des oliviers, déchaussez-les, mettez-y du fumier, et faites ensuite votre ensemencement.

« Vous devez mettre ainsi au pied de vos oliviers découverts le quart de votre fumier dont ils ont grand besoin ; ensuite recouvrez de terre ce fumier. L'autre quart, réservez-le pour vos prés, où vous devrez le répandre lorsque soufflera le Favonius [2]. »

Ailleurs il dit :

« Lorsque vous aurez conduit aux champs votre fumier, répandez-le et divisez-le ; transportez-le en automne [3]. »

[1] Bonam terram stercus meliorem facit, vitiosam autem amplius juvabit. Bona igitur terra stercore multo non habet opus, media paulo ampliore, tenuis vero et imbecilla, multo. Non acervatim autem, sed densius stercorandum est. Cæterum terra non stercorata riget ; amplius stercorata comburitur. Oportet autem eum qui plantas stercorat, non statim ad radices stercus injicere, sed primum terram immittere sufficientem et tenuem, deinde stercus, et postea rursus id ipsum terra occulere. Ita enim neque comburentur plantæ, non injecto statim ipsis stercore, neque caliditas ab ipsis evaporabit, non contectis a sole terra. (Dionysii Cassii Uticensis *de Agricultura*, lib. II, cap. xix.)

[2] Stercus dividito sic : partem dimidiam in segetem, ubi pabulum seras, invehito ; et si ibi olea erit simul ablaqueato stercusque addito ; postea pabulum serito. Partem quartam circum oleas ablaqueatas, qua maxime opus erit, addito, terraque stercus operito. Alteram quartam partem in pratum reservato, idque tum maxime opus erit, ubi Favonius flabit. (Cap. xxix.)

[3] Stercus cum exportaveris spargito, et comminuito ; per autumnum evehito. (Cap. v.)

Enfin, comme indication de l'emploi des diverses sortes d'engrais aux différentes cultures, Caton nous dit, dans une autre partie de son laconique ouvrage, intitulée : *Des substances propres à fumer les récoltes :*

« La fiente de pigeons doit être répandue sur les prés, dans les jardins ou sur les terres à blé.

« Le fumier des chèvres, celui des moutons, celui des bœufs et toute autre espèce de fumier doit être conservée avec le plus grand soin.

« Répandez la lie d'huile en arrosement au pied de vos arbres; une amphore [1] au pied des plus gros, une urne au pied des plus petits, après l'avoir préalablement mélangée avec moitié d'eau, et après avoir découvert vos arbres à une faible profondeur [2]. »

Columelle, dans ce qu'il nous a laissé sur cette question, ajoute encore des conseils généraux sur les soins à donner aux fumiers, tant il était convaincu que la bonne administration de ces engrais est le premier et le principal élément de succès d'une exploitation agricole.

« Si votre exploitation, dit-il, est uniquement composée de terres à blé, il importe peu de séparer les fumiers par espèces ; si, au contraire, elle se compose de vergers, de terres labourables et de prés, il faudra mettre à part les divers genres d'engrais ; par exemple, le fumier de chèvre occupera une place particulière, ainsi que la fiente des oiseaux. Le reste sera entassé dans la fosse dont nous avons parlé et entretenu dans un état constant d'humidité, afin que les graines de mauvaises herbes mêlées aux chaumes et aux autres matières puissent y pourrir.

« Ensuite, dans les mois d'été, pour que l'engrais se putréfie plus facilement et produise de meilleurs effets dans les champs,

---

[1] L'*amphore* vaut de 26 à 29 litres ; l'*urne*, ou demi-amphore, de 13 à 14 1/2 litres.

[2] *Quæ segetem stercorant.* — Stercus columbinum spargere oportet in pratum, vel in hortum, vel in segetem. Caprinum, ovillum, bubulum, item cæterum stercus omne sedulo conservato. Amurcam spargas, vel irriges ad arbores, circum capita majora, amphoras, ad minora urnas cum aquæ dimidio addito, et prius ablaqueato non alte. (Cap. xxxv.)

il faut remuer et mêler tout le fumier avec des râteaux comme on remuerait la terre avec la houe à deux dents [1]. »

Columelle a bien soin de recommander d'enfouir le fumier aussitôt qu'il est répandu sur la terre, et voici en quels termes il s'exprime à ce sujet :

« Aussitôt que le fumier est répandu, il doit être enfoui dans le sol, de peur que l'ardeur du soleil ne lui fasse perdre ses bonnes qualités, et pour que la terre, s'incorporant mieux avec lui, s'engraisse plus uniformément. C'est pourquoi, lorsque des tas de fumier seront déposés dans un champ, on n'en devra étendre que ce que les laboureurs pourront recouvrir dans la journée [2]. »

Un peu plus loin, Columelle dit :

« Avant de *biner* une terre maigre, il est à propos de la fumer ; car le fumier est pour le sol une sorte de nourriture qui l'engraisse. On déposera des tas de fumier d'environ 5 modius chacun (de 45 à 50 litres), plus écartés dans les plaines, plus rapprochés sur les coteaux.

« Dans la plaine, l'intervalle sera d'environ 8 pieds [3] (2m,40) en tous sens et de 6 seulement (1m,80) sur les coteaux [4]. »

[1] Si tantum frumentarius ager est, nihil refert genera stercoris separari; sin autem surculo et segetibus, atque etiam pratis fundus est dispositus generatim quoque reponendum est, sicut caprarum et avium. Reliqua deinde in prædictum locum concavum congerenda, et assiduo humore satianda sunt, ut herbarum semina culmis cæterisque rebus immixta putrescant. Æstivis deinde mensibus, non aliter ac si repastines, totum sterquilinium rastris permisceri oportet, quo facilius putrescat, et sit arvis idoneum. (Lib. II, cap. xv.)

[2] Disjectum protinus fimum inarari et obrui convenit, ne solis halitu vires amittat, et ut permixta humus prædicto alimento pinguescat. Itaque quum in agro disponentur acervi stercoris, non debet major modus eorum dissipari quam quem bubulci eodem die possint obruere. (Lib. II, cap. v.)

[3] Le pied romain vaut à peu près 30 centimètres.

[4] Prius tamen quam exilem terram iteremus, stercorare conveniet; nam eo quasi pabulo gliscit.

In campo rarius, in colle spissius, acervi stercoris instar quinque modiorum disponentur, atque in plano pedes intervalli quoquo versus octo, in clivo duobus minus relinqui sat erit.

Quant à la dose d'engrais la plus convenable, voici l'opinion de Columelle, que, par la suite, nous trouverons citée plus d'une fois par ceux qui ont traité après lui la même question :

« Un arpent (*jugerum*) demande, pour une forte fumure, vingt-quatre voies, et dix-huit pour une fumure faible [1]. »

Comme le *jugerum* équivaut à vingt-cinq ares environ, il diffère peu de la moitié de l'arpent français de cent perches de vingt-deux pieds.

La plus forte de ces deux fumures correspond à 17 ou 19 mètres cubes par 25 ares, ou à 68 à 76 *mètres cubes par hectare;* la plus faible représente 13 à 14 mètres cubes par 25 ares, ou 52 à 57 *mètres cubes par hectare.*

Ces doses, on le voit, surpassent de beaucoup les fumures pratiquées de nos jours, si l'on en excepte quelques fumures que la plupart de nos cultivateurs d'aujourd'hui considèrent en quelque sorte comme fabuleuses.

Dans un autre chapitre de son ouvrage, Columelle nous a laissé des préceptes relatifs au temps le plus convenable pour l'emploi des fumiers, suivant la nature des cultures auxquelles on destine l'engrais. Ce chapitre a pour titre :

En quel temps on doit fumer les champs.

« Celui qui veut préparer ses terres à recevoir du blé, doit déposer, au déclin de la lune, au mois de septembre pour les semailles d'automne, et dans le courant de l'hiver pour celles de printemps, du fumier par petits tas, dans la proportion de 18 voies par *jugerum* (52 à 57 mètres cubes par hectare) en plaine, et de 24 voies (68 à 76 mètres cubes par hectare) sur les coteaux; en outre, comme je l'ai déjà dit, on n'étendra cet engrais qu'au moment d'ensemencer.

« Si pourtant quelque cause empêche de fumer à temps, on aura recours à un autre moyen : avant de sarcler la récolte, on répandra comme de la semence de la fiente d'oiseaux réduite

---

[1] Jugerum desiderat, quod spissins stercoratur, vehes quatuor et viginti ; quod rarius, duodeviginti. (Lib II, cap. v.)

en poudre ; à défaut de cet engrais, on jettera à la main du crottin de chèvre, puis on mêlera l'engrais avec la terre au moyen du sarcloir ; on obtient ainsi de belles récoltes.

« Les cultivateurs ne doivent pas ignorer que, si le sol se refroidit par l'absence de fumure, il est brûlé par une fumure excessive ; qu'il est plus avantageux pour eux de fumer fréquemment que de fumer trop largement.

« Il n'est pas douteux non plus qu'un champ humide exige plus de fumier qu'une terre sèche ; l'un, refroidi par le séjour continuel des eaux, se réchauffe par l'addition de l'engrais ; l'autre, déjà chaud par lui-même en raison de sa sécheresse, sera brûlé si on lui fournit l'engrais avec trop de prodigalité : il faut donc qu'il reçoive dans une juste proportion cet élément de fertilité [1]. »

Nous devons ajouter encore le passage suivant du même auteur, relatif à l'emploi de la fiente de pigeon :

« Là où l'humidité ou tout autre fléau de ce genre fait périr les récoltes, il est avantageux de répandre et d'enterrer à la charrue de la colombine, ou, à défaut, des ramilles de cyprès [2]. »

---

[1] *Quibus temporibus agri stercorandi sint.* — Interim qui frumentis arva præparare volet, si autumno sementem facturus est, mense septembri; si vere, qualibet parte hiemis modicos acervos, luna decrescente, disponat, ita ut plani loci jugerum duodeviginti, clivosi quatuor et viginti vehes stercoris teneant ; et, ut paulo prius dixi, non antea dissipet cumulos quam quum erit saturus. Si tamen aliqua causa tempestivam stercorationem facere prohibuerit, secunda ratio est : antequam sarrias, more seminantis ex aviariis pulverem stercoris per segetem spargere ; si et is non erit, caprinum manu jacere, atque ita terram sarculis permiscere: ea res lætas segetes reddit. Nec ignorare colonos oportet, sicuti refrigescere agrum qui non stercoretur, ita peruri, si nimium stercoretur ; magisque conducere agricolæ frequenter id potius, quam immodice facere. Nec dubium, quin aquosus ager majorem ejus copiam, siccus minorem desideret : alter, quod assiduis humoribus rigens hoc adhibito regelatur ; alter, quod per se tepens siccitatibus, hoc assumpto largiore torretur : propter quod nec deesse ei talem materiam, nec superesse oportet. (Lib. II, cap. XVI.)

[2] Ubi vel uligo, vel aliqua pestis, segetes enecat, ibi columbinum stercus, vel, si id non est, folia cupressi convenit spargi et inarari. (Lib II, cap IX.)

Enfin, Columelle, en parlant de la fumure des champs d'oliviers, donne les prescriptions qui suivent :

« La fumure des plants d'oliviers se pratiquera comme je l'ai indiqué dans mon second livre, si l'on se propose d'en faire profiter les céréales ; mais si l'on ne veut avoir égard qu'aux arbres, il suffira de donner à chacun d'eux six livres de crottin de chèvre, ou un modius (9 à 10 litres) de fumier sec, ou bien un congius (environ 5 litres) de lie d'huile.

« L'engrais devra être déposé en automne, afin que son mélange avec la terre réchauffe pendant l'hiver les racines de l'olivier.

« La lie d'huile doit être versée au pied des moins vigoureux, parce qu'elle jouit de la propriété de faire périr les vers et autres insectes qui, pendant l'hiver, s'introduisent au pied des oliviers [1]. »

Revenant encore, dans le chapitre suivant, sur la fumure des oliviers, il ajoute :

« On peut encore, sans avoir recours aux déchaussemens, les ranimer avec de la lie d'huile non salée, mêlée avec de l'urine vieille de porc ou d'homme, qui l'une et l'autre ne doivent être employées qu'avec mesure ; car pour le plus grand de ces arbres, une urne (13 à 14 1/2 litres) sera plus que suffisante, à moins qu'elle ne soit mêlée avec une égale quantité d'eau [2]. »

Palladius, traitant cette même question de l'emploi des engrais, s'exprime à peu près de la même manière et ne fait en quelque sorte que répéter les prescriptions de Columelle.

---

[1] Eadem ratione stercorabitur olivetum, quam in secundo libro proposui, si tamen segetibus prospicietur. At si ipsis tantummodo arboribus satis servaveris, singulis stercoris caprini sex libræ, stercoris sicci modii singuli, vel amurcæ in singulis congius

Stercus autumno debet injici, ut permixtum hiemi radices oleæ calefiant

Amurca minus valentibus infundenda est, nam per hyemem, si vermes atque alia suberunt animalia, hoc medicamento necantur. (Lib. V, cap. VIII.)

[2] Sed et sine ablaqueationne adjuvanda est amurca insulsa, cum suilla vel nostra urina vetere, cujus utriusque modus servatur: nam maximæ arbori, ni tantumdem aquæ misceatur, urna abunde erit.

Voici en entier ce fragment de Palladius :

« C'est dans ce mois (septembre) que les champs doivent être fumés, plus épais sur les collines, plus clair dans la plaine, au déclin de la lune. Cette dernière *circonstance empêchera les mauvaises herbes de prospérer.*

« Columelle dit que 24 tomberées de fumier suffisent pour un jugerum (68 à 76 mètres cubes par hectare), et même 18 tomberées (52 à 57 mètres cubes par hectare) pour un terrain situé en plaine.

« *Ne répandez que la quantité de fumier que vous pourrez enterrer le même jour, afin qu'il ne perde pas sa qualité en se desséchant.*

« On peut fumer la terre en quelque moment de l'hiver que ce soit. Mais, quand une cause quelconque vous aura empêché de le faire dans le temps convenable, avant les semailles, répandez dans vos champs des engrais pulvérulents comme vous répandriez de la semence, ou jetez-y à la main du crottin de chèvre, que vous mêlerez avec la terre au moyen du sarcloir. Il n'est pas avantageux de fumer trop abondamment ; il vaut mieux le faire plus souvent et avec modération. Un sol humide demande plus d'engrais qu'un terrain sec [1]. »

Plus loin, le même auteur ajoute, en indiquant les travaux du mois d'octobre :

« Engraissez dans ce mois vos prairies permanentes, pendant le croissant de la lune [2]. »

---

[1] *September.* — Agri hoc mense stercorandi sunt, sed in colle spissius, in campo rarius lætamina disponentur, quum luna minuitur ; quæ res si servetur, herbis officiet. Uni jugero asserit Columella xxiv stercoris carpenta sufficere, in plano vero xviii. Sed iidem cumuli tot dissipandi sunt, quot ea die poterunt exarari, ne stercora exsiccata nihil prosint. Ejiciuntur quidem læamina et qualibet hiemis parte. Sed si tempori suo ejici aliqua ratione non poterunt, antequam seras, more seminis, per agros pulverem stercoris sparge, vel caprinum manu projice, et terram sarculis misce. Nec prodest nimium stercorare uno tempore, sed frequenter et modice. Ager aquosus plus stercoris, siccus vero minus requirit. (*De Re rustica*, lib. X, cap. i.)

[2] Prata novella stercorentur luna crescenti lætamine, hoc mense.

Il dit encore, en parlant des travaux du même mois :

« On transporte encore maintenant et l'on étend le fumier dans les champs[1]. »

Quelques chapitres plus loin, il ajoute, à propos de la fumure des oliviers :

« Dans ce mois, si vous le pouvez, fumez tous les trois ans les oliviers dans les pays très-froids ; six livres de crottin de chèvre ou un modius (9 à dix litres) de cendres suffiront pour chacun d'eux[2].

Enfin *Palladius*, dans le chapitre où il traite de la culture des cardons, parle ainsi de leur fumure :

« Dans les temps secs, à l'entrée de l'hiver, répandez-y souvent de la cendre et du fumier[3]. »

Voyons enfin ce que nous a laissé Pline sur le même sujet, dans sa vaste encyclopédie.

Dans un premier chapitre ayant pour titre : *Quibus modis fimo utendum* (de quelle manière on doit employer les fumiers), il s'exprime ainsi :

« On recommande de placer les fumiers en plein air, dans un endroit creux, où l'humidité puisse être retenue, et de les recouvrir de paille, pour les préserver de l'action desséchante du soleil.

« Il est très-important de mêler le fumier à la terre par le vent d'ouest et quand la lune n'est pas pluvieuse. Ordinairement et avec raison, l'on pense que cette opération doit avoir lieu dès que le Favonius commence à se faire sentir, et seulement dans le mois de février. Cependant, pour la plupart des récoltes, il peut être convenable de fumer à d'autres époques de l'année.

« Mais, quelle que soit l'époque choisie, il faudra toujours opérer par le vent du couchant équinoxial, pendant une lune sèche et

---

[1] Nunc etiam lætamen effertur ac spargitur. (Lib. XI, cap. i)

[2] Nunc, si suppetet, intermisso triennio stercoranda sunt oliveta locis maxime frigidis. Caprini stercoris sex libræ uni arbori, vel cineris modii singuli sufficient. (Lib. XI, cap. viii.)

[3] Cinerem sæpe sub hieme diebus siccis fimumque miscebimus. (Lib XI, cap. xi.)

dans le déclin : cette précaution augmente d'une manière étonnante la fertilité des terres et l'abondance des produits . »

Dans un autre chapitre, intitulé *Stercoratio* (fumure), Pline ajoute :

« Le point le plus important ici, c'est la manière de fumer ; nous en avons déjà parlé dans le livre précédent. L'on convient qu'il ne faut pas ensemencer une terre sans l'avoir fumée; toutefois il est ici des règles à suivre.

« Le millet, le panic, les raves, les navets ne peuvent se passer d'engrais.

« Il vaut mieux semer du froment que de l'orge dans un champ non fumé.

« Quoique l'on recommande de semer les fèves dans des terres reposées, elles veulent cependant une terre tout nouvellement fumée.

« Pour les semailles d'automne, il faut, au mois de septembre, enfouir le fumier après une pluie ; pour des semailles de printemps, fumer pendant l'hiver.

« Par *jugerum* il faut 18 voies de fumier (52 à 57 mètres cubes par hectare) ; on doit le répandre avant qu'il se soit desséché, ou immédiatement après avoir semé.

« Si l'on n'a pas pratiqué cette fumure en temps convenable, on pourra le faire ensuite, avant le sarclage, avec la fiente pulvérulente des volières.

« Pour donner une idée des soins que l'on doit apporter dans la préparation des fumiers, il est bon de savoir que chaque tête de menu bétail doit en fournir une voie (7 à 8 dixièmes de mètre cube) par mois ; chaque tête de gros bétail, 10 voies. S'il en est

---

¹ Fimeta sub dio concavo loco, et qui humorem colligat, stramento intecta, ne in sole arescant, fieri jubent.

Fimum miscere terræ plurimum refert Favonio flante. ac luna sitiente. Id plerique prave intelligunt, a Favonii ortu faciendum, ac februario mense tantum : quum id pleraque sata aliis postulent mensibus.

Quocumque tempore facere libeat, curandum ut ab occasu æquinoctiali flante vento fiat, lunaque decrescente ac sicca. Mirum in modum augetur ubertas effectusque ejus observatione tali. (Lib. XVII, cap. VIII.)

autrement, c'est une preuve que le cultivateur a mal soigné les litières de son bétail.

« Il est des personnes qui pensent que l'on obtient une excellente fumure en faisant séjourner les troupeaux en plein air dans des parcs.

« Une terre non fumée manque de chaleur ; trop fumée, elle est brûlée. Il vaut donc mieux la fumer peu et souvent que de la fumer outre mesure. Plus un terrain est chaud par lui-même, moins il demande d'engrais [1]. »

Enfin, je ne sais si ce serait pousser trop loin notre reconnaissante admiration pour les agronomes anciens que de voir l'idée mère des bergeries dont le sol est un plancher à claire-voie, dans le passage de Pline que nous allons citer :

« Dans quelques provinces extrêmement riches en bestiaux, on fait tomber le fumier sur des espèces de cribles, à la manière de la farine. De cette manière, sa mauvaise odeur et son aspect

---

[1] Maximam hujus loci partem stercorationis obtinet ratio, de qua et priore diximus volumine. Hoc tantum enim in confesso est, nisi stercorati seri non oportere, quanquam et hic leges sunt propriæ.

Milium, panicum, rapa, napus, nisi in stercorato non serantur. Non stercorato frumentum potius quam hordeum serito.

Item et novalibus, tametsi in illis fabam seri volunt, eamdem ubicumque quam recentissime stercorato solo.

Autumno aliquid saturus, septembri mense fimum inaret post imbrem. Utique si verno erit saturus, per hiemem fimum disponat.

Justum est, vehes octodecim jugero tribui : dispergere autem priusquam arescat, aut jacto semine.

Si hæc omissa sit stercoratio, sequens est, priusquam sarriat, aviario pulvere.

Quod ut hanc quoque curam determinemus, justum est tricenis diebus singulas vehes fimi denario ire, in singulas pecudes minores ; in majores denas ; nisi contingat hoc, male substravisse pecori colonum appareat.

Sunt qui optime stercorare putent sub dio retibus inclusa pecorum mansione.

Ager si non stercoratur, alget ; si nimium stercoratus est, aduritur : satiusque est id sæpe quam supra modum facere. Quo calidius solum est, eo minus addi stercoris ratio est. (Lib. XVIII, cap. xiii.)

repoussant sont changés par l'effet du temps, au point de le rendre moins désagréable [1]. »

Nous avons parlé, dans le chapitre précédent, du fréquent emploi que les Romains faisaient du lupin comme engrais vert, sans indiquer la manière dont ils s'en servaient. Voici les indications de Columelle sur ce sujet :

« Étendu et enfoui vers les *ides* de septembre dans une terre maigre, et brisé par le soc ou par la houe en temps convenable, il y produira l'effet du meilleur engrais.

« Dans les terrains sablonneux, il faut couper le lupin à la seconde fleur ; dans les terres rouges compactes, à l'apparition de la troisième.

« Dans le premier terrain, on doit l'enfouir encore tendre, afin qu'il pourrisse promptement et se mêle à cette terre sans consistance ; dans le second, on l'emploie plus ferme, afin qu'il tienne plus longtemps soulevées et divisées les mottes trop compactes, de manière que l'ardeur du soleil d'été les pénètre et les ameublisse [2]. »

CHAPITRE IV.

OPINIÒNS DES AGRONOMES ROMAINS SUR LA CLASSIFICATION DES ENGRAIS USUELS D'APRÈS LEUR ÉNERGIE.

L'opinion des agronomes anciens différait peu, à cet égard, de celle des modernes. Il n'en pouvait guère être autrement

[1] Visumque jam est apud quosdam provincialium, in tantum abundante geniali copia pecudum, farinæ vice cribris superinjici stercus, fætore aspectuque, temporis viribus, in quamdam etiam gratiam mutato. (Lib. XVII, cap. VI.)

[2] Quod quum exili loco circa idus septembri sparserit et inaraverit, idque tempestive vomere vel ligone succiderit, vim optimæ stercorationis exhibebit.

Succidi autem lupinum sabulosis locis oportet, quum secundum florem ; rubricosis, quum tertium egerit. Illic dum tenerum est, convertitur, ut celeriter ipsum putrescat permisceaturque gracili solo ; hic jam robustius, quod solidiores glebas diutius sustineat et suspendat, ut eæ solibus æstivis vaporatæ resolvantur. (Lib. II, cap. XVI.)

dans une question toute d'expérience, où les faits et leurs conséquences, reproduits tous les ans, sous toutes les formes et dans toutes les conditions possibles, devaient, à la longue, constituer un véritable enseignement pour chaque observateur habile et sans prévention.

Dionysius Cassius d'Utique disait à ce sujet:

« Le meilleur engrais est la fiente de toute espèce d'oiseaux, excepté celle des oies et des oiseaux aquatiques, à cause de son humidité ; cependant la fiente de ces derniers pourrait produire de bons effets, si elle était mêlée à d'autres engrais.

« La colombine, toutefois, mérite le premier rang à cause de sa chaude énergie.

« C'est pourquoi certains cultivateurs l'emploient telle qu'elle est, sans préparation, et la sèment clair dans les champs en même temps que le grain. Elle agit avantageusement sur les sols sans énergie, qu'elle fortifie et rend plus actifs, plus aptes à faire pousser et à nourrir les semences ; elle fait en outre vigoureusement pousser l'herbe des prairies.

« Après l'engrais des colombiers, on donne le second rang à l'engrais humain, analogue, sous certains rapports, au précédent, mais qui, employé seul, corrompt et gâte les herbes.

« Dans l'Arabie, on lui fait subir la préparation suivante : Après l'avoir suffisamment desséché, on le fait macérer dans l'eau, puis on le dessèche de nouveau. L'on assure qu'il est alors excellent pour la vigne.

« Il vaut mieux cependant, à cause de la répulsion que l'on éprouve pour son emploi direct, diminuer encore cette répugnance par un mélange avec d'autres engrais.

« Le troisième rang appartient au fumier d'âne, parce qu'il est très-efficace de sa nature et qu'il convient parfaitement à toutes les plantes.

« Vient en quatrième lieu celui de chèvre, qui est très-actif ; puis celui des moutons, qui est plus gras ; après eux le fumier de bœuf.

« Mais celui de porc, supérieur à ces derniers, est d'un emploi assez difficile, à cause de sa grande chaleur, car il brûle immédiatement les récoltes.

« Le dernier de tous, le moins efficace, est celui de cheval et de mulet, lorsqu'il est employé seul ; il peut cependant, avec avantage, être mêlé à de plus actifs.

« Il est surtout important que les cultivateurs ne se servent pas de fumier de l'année, car il ne produit aucun effet. Ajoutons à ce désavantage celui d'engendrer beaucoup d'insectes.

« Le fumier de trois à quatre ans est extrêmement bon, car, pendant ce laps de temps plus long, tout ce qu'il renfermait de fétide s'est évaporé, et ce qu'il renfermait de trop dur s'est ramolli [1]. »

---

[1] Optimum stercus est avium omnium, præterquam anserum et aquaticarum volucrum, propter humiditatem ; quanquam et hoc ipsum aliis mixtum utile erit.

Præstat tamen omnibus columbinum multa caliditate præditum

Quapropter aliqui, non præparantes ipsum, sed quale est sinentes, una cum semine in arvum jaciunt rarius. Commodum enim fit impotenti regioni, ipsam et nutriens et potentiorem reddens ad seminum excretionem, sed et gramen abunde extirpat

Secundum locum a columbario obtinet stercus humanum, aliquo modo illi adsimile, privatim autem omnes herbas corrumpit et perdit.

Præparant autem ipsum in Arabia hoc modo : ubi sufficienter exsiccarunt, postea aqua macerant, rursusque siccant, atque hoc vitibus aptissimum esse affirmant. Præstat autem, propter abominationem rei, aliorum stercorum mixtura ejus odium mitigare.

Tertia laus asinino debetur, ut quod fertilissimum natura est, et omnibus maxime plantis commodius existat.

Quarto loco habetur caprinum, acerrimum existens. A quo consequens est ovillum, quod pinguius existit. Post hæc vero bubulum

At vero suillum his præstantius existens, satis ineptum est, ob multam sui ipsius caliditatem. Perurit enim statim sata.

Vilissimum autem et omnium deterrimum est stercus equorum et mulorum, solum per se, acrioribus tamen utiliter ammiscetur.

Illud præ omnibus observare oportet, ne annuo stercore agricolæ utantur. Hoc enim nullius utilitatis est, et ad ea quæ affert detrimenta, etiam plurimas gignit bestiolas.

Triennale et quatuor annorum valde bonum est. Longiori enim tempore

Ecoutons maintenant l'opinion de Varron sur le même sujet :

« D'après Cassius, le meilleur engrais est celui qui provient des oiseaux, excepté celui des oiseaux aquatiques et nageurs.

« Parmi ces engrais, il assigne à la colombine le premier rang, parce qu'elle est douée de beaucoup de chaleur et qu'elle est propre à faire fermenter la terre. Il recommande de la répandre à la volée, à la manière des semences, et de ne pas la déposer par monceaux comme le fumier des bestiaux.

« Je pense que le fumier des volières de grives et de merles lui est supérieur ; il peut servir non-seulement à l'engrais des terres, mais aussi à la nourriture des bœufs et des porcs, qu'il fait engraisser. C'est pourquoi ceux qui louent des volières en rendent un prix moins élevé lorsque le propriétaire s'en réserve le fumier que lorsqu'il revient aux locataires.

« Cassius place au second rang, après la colombine, les déjections humaines, en troisième lieu le fumier de chèvre et celui de mouton, puis celui d'âne. Le fumier de cheval est le moins bon, mais sur les terres en labour, car, sur les prés, il est même meilleur que celui des autres bestiaux qui se nourrissent d'orge parce qu'il fait pousser beaucoup d'herbe [1]. »

quicquid fœtidum inerat evaporabit, et si quid durum erat, emollitum est. *De Agricultura*, lib. II, cap. xix.)

[1] Stercus optimum esse Cassius volucrium, præter palustrium ac nantium.

De hisce præstare columbinum quod sit calidissimum, ac fermentare possit terram. Id ut semen aspergi oportere in agro, non ut de pecore acervatim poni.

Ego arbitror præstare ex aviariis turdorum ac merularum, quod non solum ad agrum utile, sed etiam ad cibum ita bubus et suibus, ut fiant pingues. Itaque qui aviaria conducunt, si caveat dominus, ut stercus in fundo maneat, minoris conducunt quam ii quibus id accedit.

Cassius secundum post columbinum scribit esse hominis ; tertio caprinum, et ovillum, et asininum. Minime bonum equinum, sed in segetes ; in prata enim vel optimum et cæterarum veterinarum, quæ hordeo pascuntur, quod multam facit herbam. (Varronis lib. I, cap. xxxviii, *de Re rustica.*)

Voici maintenant ce qu'écrivait et ce que pensait Columelle :

« Il y a trois sortes principales de fumier : celui que nous donnent les oiseaux, celui qui provient des hommes, et celui que fournissent les troupeaux.

« Parmi les fumiers d'oiseaux, celui qui passe pour le meilleur est celui que l'on retire des colombiers ; vient ensuite celui que donnent les poules et autres volatiles, en exceptant les oiseaux aquatiques et nageurs, tels que le canard et l'oie, dont la fiente est même nuisible.

« Nous faisons grand cas de la fiente de pigeons, que nous avons reconnue très-propre à faire fermenter la terre, lorsqu'elle y est répandue modérément.

« Au second rang sont les excréments de l'homme, si on les mélange avec les autres immondices de la cour ; car, seule, cette espèce d'engrais est naturellement trop chaude, et par conséquent brûle la terre.

« L'urine humaine, toutefois, est plus propre aux vergers, quand on l'a laissée vieillir pendant six mois. Répandue au pied des vignes ou des arbres fruitiers, elle en augmente la fécondité plus que tout autre engrais ; non-seulement elle en accroît le produit, mais elle améliore aussi la saveur et le parfum du vin et des fruits.

« L'on peut avec avantage mélanger avec l'urine humaine la vieille lie d'huile, *pourvu qu'elle ne soit pas salée*, et se servir du mélange pour arroser les arbres fruitiers, surtout les oliviers, car, employée seule, la lie d'huile leur est elle-même aussi très-favorable. Mais c'est principalement en hiver qu'il faut faire usage de l'un et de l'autre engrais, ou bien encore au printemps, avant les chaleurs de l'été, pendant que la vigne et les arbres sont encore déchaussés.

« Au troisième rang se place le fumier provenant des bestiaux, et il en est de plusieurs qualités ; en effet, celui de l'âne est regardé comme le meilleur, parce que cet animal mange très-lentement, et, par suite, élabore mieux sa digestion, ce qui rend immédiatement propre aux cultures le fumier qu'il produit.

« Vient ensuite le fumier de brebis, puis celui de chèvres, et enfin le fumier des autres bestiaux et des bêtes de somme.

« On considère comme le moins bon de tous le fumier des pourceaux [1]. »

Palladius dit à peu près la même chose en peu de mots :

« Le meilleur fumier est celui d'âne, surtout pour les jardins. Viennent ensuite ceux de mouton, de chèvre et du gros bétail ; mais celui de porc est le moins bon. Les cendres produisent d'excellents effets. Le fumier de pigeon et des autres oiseaux est utile aux récoltes, excepté celui des oiseaux aquatiques [2]. »

---

[1] Tria stercoris genera sunt præcipua : quod ex avibus, quod ex hominibus, quod ex pecudibus confit.

Avium primum habetur, quod ex columbariis egeritur, deinde quod gallinæ cæteræque volucres edunt ; exceptis tamen palustribus aut natantibus, ut anatis et anseris ; nam id noxium quoque est.

Maxime tamen columbinum probamus, quod modice sparsum terram fermentare comperimus.

Secundum, deinde, quod homines faciunt, si et aliis villæ purgamentis immisceatur, quoniam per se naturæ est ferventioris, et idcirco terram perurit.

Aptior est tamen surculis hominis urina, quam sex mensibus passus fueris veterascere ; si vitibus aut pomorum arboribus adhibeas, nullo alio magis fructus exuberat : nec solum ea res majorem facit proventum, sed etiam saporem et odorem vini pomorumque reddit meliorem.

Potest et vetus amurca quæ salem non habet, permixta huic commode, frugiferas arbores, et præcipue oleas rigare ; nam per se quoque adhibita multum juvat. Sed usus utriusque maxime per hiemem est, et adhuc vere, ante æstivas vapores, dum etiam vites et arbores ablaqueatæ sunt.

Tertium locum obtinet pecudum stercus, atque in eo quoque discrimen est : nam optimum existimatur, quod asinus facit, quoniam id animal lentissime mandit, ideoque facilius concoquit, et bene confectum atque idoneum protinus arvo fimum reddit.

Post hæc, quæ diximus, ovillum et ab hoc caprinum est, mox cæterorum jumentorum armentorumque.

Deterrimum ex omnibus suillum habetur. (*De Re rustica*, lib. II, cap. xv)

[2] Stercus asinorum primum est, maxime hortis ; deinde ovillum et caprinum, et jumentorum. Porcinum vero pessimum : cineres optimi. Sed

Palladius avait déjà dit précédemment :

« La fiente des oiseaux est une excellente ressource pour l'agriculture ; il faut en excepter celle des oies, qui est nuisible à toute espèce de récolte [1] :

Il dit encore ailleurs, au sujet de la fiente d'oie :

« L'oie est le fléau des lieux ensemencés, auxquels sa fiente ne fait pas moins de tort que son bec [2]. »

Enfin nous allons terminer par le chapitre que Pline a consacré à la même question, chapitre où l'auteur, comme sur beaucoup d'autres points, expose plutôt le résumé des opinions de ses devanciers, qu'il n'expose la sienne propre :

« Il y a plusieurs sortes de fumiers. La fumure est elle-même un usage fort ancien. Dans Homère on voit déjà un royal vieillard fumer son champ de ses propres mains [3].

« Le roi Augias, dit-on, imagina cette pratique en Grèce : on ajoute qu'Hercule répandit en Italie cette invention que le pays attribua cependant à son roi *Sterculius*, fils de Faune, et à qui ce service valut l'immortalité.

« Selon Varron, le meilleur de tous les fumiers est la fiente des grives de volière, qu'il vante aussi beaucoup comme nourriture des bœufs et des porcs ; il affirme même qu'aucun autre aliment ne les engraisse plus rapidement [4].

---

columbinum fervidissimum cæterarumque avium satis utile est, excepto palustrium. (Pallad., *de Re rustica*, lib. I, cap. xxxiii.)

[1] Stercus avium maxime necessarium est agriculturæ, excepto anserum lætamine, quod satis omnibus inimicum est. (Lib. I, cap. xxiii.)

[2] Locis consitis inimicus est anser, quia sata et morsu lædit et stercore. (Lib. I, cap. xxx.)

[3] Le passage de l'*Odyssée* auquel Pline fait allusion est le suivant, et le vieux roi est Laërte.

    Τόν δ'οἶον πατερ' εὗρεν εὐκτιμνη ἐν ἀλωῇ,
    Διττρεύοντα φύτον. . . . .

             (Dernier livre, v. 230.)

[4] Quelques traducteurs ont interprété différemment ce passage de Pline ; ils ont compris que cette substance n'était pas donnée en nature comme aliment, mais que c'était l'herbe des prairies qui avaient reçu cet engrais qui jouissait de la propriété d'engraisser avec une admirable facilité les bœufs et les porcs qui s'en repaissaient. Je pense

« Il n'y a pas lieu de désespérer des mœurs de notre époque, puisque nos ancêtres ont eu des volières assez considérables pour fournir d'engrais leurs champs.

« Columelle place d'abord la fiente des pigeons, puis celle des poules, et condamne celle des oiseaux nageurs. Les autres auteurs s'accordent à regarder les excréments de l'homme comme l'un des meilleurs engrais. Quelques-uns préfèrent l'urine humaine mêlée aux poils des peaux que l'on travaille dans les tanneries. D'autres emploient l'urine en nature après l'avoir étendue d'assez d'eau pour l'amener au moins au volume de la boisson consommée.

« Tels sont les moyens à l'aide desquels les hommes luttent à l'envi à qui entretiendra le mieux la fertilité du sol.

« Après les engrais fournis par l'homme, on considère comme les meilleurs les excréments du porc. Columelle seul en blâme l'usage.

« D'autres font grand cas du fumier de toute espèce de quadrupède nourri de cytise; quelques-uns lui préfèrent la fiente de pigeons.

« Viennent ensuite les fumiers de chèvres, de moutons, de bœufs, et enfin celui des bêtes de somme.

« Telles sont les différentes opinions des anciens et les préceptes qu'ils ont laissés (à ma connaissance) sur l'usage des engrais; leur ancienneté même ajoute à leur utilité.

« Varron ajoute à ses autres préceptes celui d'engraisser les terres à blé avec le fumier de cheval, à cause de sa légèreté; il dit qu'un fumier plus lourd, comme celui des bêtes que l'on nourrit d'orge, convient aux prairies, dans lesquelles il fait pousser beaucoup d'herbes.

« Il est des personnes qui préfèrent au fumier du bœuf celui

que c'est peut-être user un peu trop largement du droit d'interprétation. L'espèce de sentiment de répugnance que les traducteurs ont cru devoir attribuer aux bœufs et aux porcs pour une nourriture de ce genre ne les aurait pas arrêtés, s'ils s'étaient rappelé qu'en certains pays les hommes considèrent comme un mets fort recherché des nids d'hirondelles.

des bêtes de somme ; à celui des chèvres, le fumier de moutons ; enfin à tous, celui de l'âne, parce que ce dernier animal mâche très-lentement.

« L'expérience prononce contre chacune de ces opinions, prise d'une manière trop absolue [1].

Nous voyons que, depuis le premier de ces auteurs jusqu'au dernier, il est un grand nombre de points sur lesquels les opinions n'ont pas varié.

Il n'est guère que le fumier de porc et la fiente des oiseaux aquatiques au sujet desquels on aperçoive des variantes, et nous n'en devons pas être trop surpris, puisque, faute de poser la question en termes suffisamment précis, on n'est pas encore aujourd'hui toujours d'accord sur la même question.

Chose remarquable et bien digne de réflexion ! ce sont les

[1] Fimi plures differentiæ: ipsa res antiqua. Jam apud Homerum regius senex agrum ita suis manibus lætificans reperitur.

Augeas rex in Græcia excogitasse traditur ; divulgasse vero Hercules in Italia, quæ regi suo Stercutio Fauni filio ob hoc inventum immortalitatem tribuit.

M. Varro principatum dat turdorum fimo ex aviariis ; quod etiam pabulo boum suumque magnificat ; neque alio cibo celerius pinguescere adseverat.

De nostris moribus bene sperare est, si tanta apud majores fuere aviaria ut ex his agri stercorarentur.

Proximum Columella columbariis, mox gallinariis facit, natantium alitum damnato.

Cæteri auctores consensu humanas dapes ad hoc in primis advocant. Alii ex his præferunt hominum potus, in coriariorum officinis pilo madefacto. Alii per sese, aqua iterum largiusque etiam quam quum bibitur admixta.

Hæc sunt certamina, quibus invicem ad tellurem quoque alendam utuntur homines.

Proxime spurcitias suum laudant. Columella solus damnat.

Alii cujuscumque quadrupedis ex cytiso : aliqui columbaria præferunt.

Proximum deinde caprarum est, ab hoc ovium, deinde boum, norissimum jumentorum.

Hæ fuere apud priscos differentiæ, simulque præcepta (ut invenio), re tali utendi, quando et hic vetustas utilior.

deux auteurs les plus anciens qui, d'après les agronomes modernes les plus accrédités, ont le mieux observé et se sont le plus approchés de la vérité.

CHAPITRE V.

DE L'ÉTAT DES CONNAISSANCES DES AGRONOMES ROMAINS SUR LES AMENDEMENTS.

D'après les écrits que nous ont laissés les agronomes romains, nous devons penser que la science des amendements ne leur était pas étrangère. Ainsi Varron fait dire à Scrofa, l'un des interlocuteurs qu'il met en scène dans son ouvrage :

« Lorsque je commandais dans la Gaule Transalpine, j'ai vu des contrées, sur les bords et en deçà du Rhin, où l'on employait comme engrais une sorte de craie blanche que l'on tirait du sein de la terre [1]. »

Nous trouvons aussi, dans l'ouvrage de Columelle, l'indication qui va suivre :

« Si pourtant l'on était dépourvu de toute espèce de fumier, l'on se trouverait bien de faire ce que je me rappelle avoir vu souvent pratiquer par Marcus Columella, mon oncle paternel, agriculteur très-instruit et très-actif. Il mêlait de l'argile aux terrains sablonneux, et du sable aux terres argileuses et trop compactes. Par ce moyen, non-seulement il se préparait d'abondantes récoltes, mais encore il rendait ses vignes magnifiques. Au surplus, il n'était pas d'avis de fumer les vignes, parce que, disait-il, on gâte ainsi la saveur du vin [2]. Ce qu'il regardait comme le meilleur amendement pour augmenter l'abondance des vendanges, c'étaient des terreaux ramassés dans les chemins, dans les haies, en un mot, toute espèce de terre transportée [3]. »

[1] In Gallia Transalpina, intus ad Rhenum, quum exercitum ducerem, aliquot regiones accessi, ubi agros stercorarent candida fossilia creta. (*De Re rustica*, lib. I, cap. vii.)

[2] Cette phrase est en opposition avec le passage de Columelle cité dans la page 57.

[3] Si tamen nullum genus stercoris suppetet, ei multum proderit fecisse,

Palladius semblait avoir ce chapitre sous les yeux lorsqu'il disait :

« Si vous avez peu d'engrais, vous lui substituerez avec succès de la craie ou de l'argile pour les terres sablonneuses, et du sablon pour les terres crétacées et trop compactes. Cette pratique est même avantageuse pour les récoltes et rend les vignes très-belles ; la fumure d'un vignoble, au contraire, a pour effet ordinaire de gâter le bouquet du vin [1]. »

Mais c'est à Pline surtout que nous devons des renseignements un peu étendus sur la pratique des amendements, et plus spécialement du marnage chez les anciens [2]. Voici le chapitre qu'il a consacré à cette importante question qui fixe chaque jour davantage l'attention des amis du progrès de l'agriculture :

« L'on a trouvé, en Bretagne et dans les Gaules, un moyen d'améliorer la terre avec la terre elle-même. Cette dernière terre, qui passe pour renfermer plus de principes de fécondité, s'appelle *marne*.

« C'est une espèce de graisse de la terre, qui, en s'épaississant, forme des noyaux analogues aux glandes de l'organisme vivant.

« Elle n'était pas inconnue des Grecs, car quelle chose n'ont-ils pas essayée ? Ils donnaient le nom de *leucargile* (argile blanche) à une sorte d'argile blanche employée dans les plaines de Mégare, mais seulement sur les terres humides et froides.

« Comme la marne est une richesse pour les Gaules et

quod Marcum Columellam, patruum meum, doctissimum et diligentissimum agricolam, sæpenumero usurpasse memoria repeto, ut sabulosis locis cretam ingereret ; cretosis ac nimium densis sabulum : atque ita non solum segetes lætas excitaret, verum etiam pulcherrimas vineas efficeret. Nam idem negabat stercus vitibus ingerendum, quod saporem vini corrumperet : melioremque censebat esse materiam vindemiis exuberandis congestitiam vel de vepribus, vel denique aliam quamlibet arcessitam et advectam humum. (Lib. II, cap. xvi.)

[1] Si lætaminis copia non abundat, hoc pro stercore optime cedit, ut sabulosis locis cretam, vel argillam spargas, cretosis ac nimium spissis sabulonem. Hoc etiam segetibus proficit et vineas pulcherrimas reddit : nam lætamen in vincis saporem vini vitiare consuevit. (*De Re rustica*, lib. X, cap. i.)

[2] Pline écrivait son ouvrage vers l'an 70 de notre ère.

pour la Bretagne, elle mérite une mention détaillée. On n'en distinguait autrefois que de deux sortes ; depuis, par suite du progrès de nos connaissances, on en a reconnu un plus grand nombre de variétés. L'on connaît, en effet, la marne blanche, la rousse, la bleuâtre [1], l'argileuse, la tufacée, la sablonneuse. Une marne est grasse ou rude au toucher, car c'est par le toucher qu'on apprécie leurs différences. On les applique tantôt pour favoriser la production du grain, tantôt pour améliorer les prairies.

« La marne blanche tufacée fait prospérer les grains ; lorsqu'elle a été tirée du voisinage d'une source, la terre acquiert, par son emploi, une fertilité extraordinaire. Elle est rude au toucher, et si l'on en répand trop, elle brûle le sol.

« Vient ensuite la marne rousse, que l'on appelle *acaunu-marga* (mot à mot, marne sans amertume) ; menue, arénacée, elle est mêlée de pierres que l'on brise dans le champ même et qui, pendant les premières années, rendent plus difficile la coupe des chaumes.

« Comme cette marne est beaucoup plus légère que les autres, son transport coûte moitié moins. On la sème clair. Elle contient, dit-on, des matières salines.

« Une terre amendée par l'une ou l'autre de ces deux sortes de marnes peut donner en abondance, pendant cinquante ans, du grain et du fourrage.

« Parmi les marnes grasses, la blanche est la plus importante ; on en distingue plusieurs variétés. La plus énergique est celle dont nous avons parlé plus haut. L'autre est l'espèce de craie blanche qui sert à polir l'argent. On la tire de puits profonds qui descendent souvent à cent pieds sous terre. Étroits à leur ouverture, ils s'élargissent en galeries comme celles qui servent à l'extraction des minerais métalliques. C'est celle-là surtout que l'on emploie en Bretagne. Elle dure quatre-vingts ans, et il n'est point d'exemple que le même homme en ait répandu deux fois dans le même champ.

« La troisième variété blanche est connue sous le nom de

____
[1] Mot à mot, la marne de couleur gorge de pigeon.

glyssomarga (marne douce); c'est une espèce de terre à foulon mêlée de terre grasse, meilleure pour les prairies que pour les terres à blé; elle y fait pousser, depuis l'époque de la moisson jusqu'à celle des semailles, une vigoureuse récolte de nouvelle herbe. Mise dans les terres à grain, elle n'y fait pousser aucune autre herbe. Ses effets se font sentir pendant trente ans. Mise en trop forte proportion, elle encroûterait le sol comme la pâte de *signinum* [1].

« La marne bleuâtre, *glecopala* (chatoyante, mot à mot, semblable à l'opale) dans l'idiome gaulois, se tire par blocs à la manière des pierres; par les effets du soleil et de la gelée, elle se divise en feuillets d'une ténuité extrême. Les herbes et les grains s'en accommodent également bien.

« A défaut de toute autre, on emploie la marne sablonneuse; toutefois, on la préfère à toutes les autres pour les sols marécageux.

« Seuls de tous les peuples que je connais, les Ubiens [2], qui cultivent un territoire extrêmement fertile, le bonifient avec une terre quelconque tirée à trois pieds sous le sol, et qu'ils disposent en couches d'une faible épaisseur; mais l'effet de cet amendement ne se fait pas sentir au delà de dix années.

« Tout marnage doit être fait sur un sol préparé par le labour, pour que l'amendement s'y incorpore facilement. Il faut y joindre un peu de fumier, surtout si la marne est maigre au toucher et si elle n'est pas répandue sur des herbages; autrement, la marne, quelle qu'elle soit, exercera dans sa nouveauté un fâcheux effet sur le sol, qui ne recouvrerait même pas sa fertilité après une année entière.

« Il est important aussi de tenir compte de la nature du sol. La marne sèche est préférable pour une terre humide, la marne grasse pour un sol aride. Un sol intermédiaire s'accommodera de la marne crétacée ou de la marne bleuâtre [3]. »

---

[1] Cette pâte se préparait avec un mélange de chaux éteinte et de vieille poterie pulvérisée.

[2] Peuple ancien des environs de Trèves.

[3] Alia est ratio, quam Britannia et Gallia invenere alendi terram ipsa : quod genus vocant *margam*. Spissior ubertas in ea intelligitur.

Nous avons déjà parlé plusieurs fois de l'usage que les **Romains** faisaient de la chaux en agriculture ; les fragments que nous allons citer nous montreront qu'à cette époque, l'emploi de la

Est autem quidam terræ adeps, ac velut glandia in corporibus, ibi densante se pinguitudinis nucleo.

Non omisere et hoc Græci : quid enim intentatum illis ? *Leucargillam* vocant candidam argillam, qua in Megarico agro utuntur, sed tantum in humida frigidaque terra.

Illam Gallias Britanniasque locupletantem cum cura dici convenit. Duo genera fuerant. Plura nuper exerceri cœpta proficientibus ingeniis. Est enim alba, rufa, columbina, argillacea, tofacea, arenacea. Natura duplex : aspera, aut pinguis. Experimenta utriusque in manus : ususque geminus, aut ut fruges tantum alant, aut edant et pabulum.

Fruges alit tofacea alba quæ, si inter fontes reperta sit, est ad infinitum fertilis ; verum aspera tractatu, et si nimis injecta est, exurit solum.

Proxima est rufa, quæ vocatur *acaunumarga*, intermixto lapide terræ minutæ, arenosæ. Lapis contunditur in ipso campo : primisque annis stipula difficulter cæditur propter lapides.

Impendio tamen minimo levitate, dimidio minoris quam cæteræ, invehitur. Inspergitur rara : sale eam misceri putant. Utrumque hoc genus semel injectum in quinquaginta annos valet, et frugum et pabuli ubertate.

Quæ pingues esse sentiuntur, ex his præcipua alba. Plura ejus genera. Mordacissimum, quod supra diximus. Alterum genus albæ cretæ argentaria est. Petitur ex alto, in centenos pedes actis plerumque puteis, ore angustatis ; intus, ut in metallis, spatiante vena.

Hac maxime Britannia utitur. Durat annis LXXX. Neque est exemplum ullius qui bis in vita hanc eidem injecerit.

Tertium genus candidæ *glyssomargam* vocant. Est autem creta fullonia mixta pingui terra, pabuli quam frugum fertilior ; ita ut messe sublata ante sementem alteram lætissimum secetur. Dum in fruge est, nullum aliud gramen emittit. Durat XXX annis. Densior justo, signini modo strangulat solum.

Columbinam Galliæ suo nomine *glecopalam* appellant : glebis excitatur lapidum modo ; sole et gelatione ita solvitur, ut tenuissimas bracteas faciat. Hæc ex æquo fertilis.

Arenacea utuntur, si alia non sit : in uliginosis vero, et si alia sit.

Ubios gentium solos novimus, qui, fertilissimum agrum colentes, quacumque terra infra tres pedes effossa, et pedali crassitudine injecta lætificent. Sed ea non diutius annis X prodest.

Omnis autem marga arato injicienda est, ut medicamentum facile rapiatur. Et fimi desiderat aliquantulam, quæ primo plus aspera, et quæ in chaux, moins général qu'aujourd'hui, c'est vrai, avait acquis déjà quelque importance.

Nous lisons dans Columelle, outre les citations que nous avons déjà faites, les lignes suivantes :

« Quelquefois aussi, par un vice du sol, les oliviers refusent de donner des fruits. Voici comment on peut y porter remède : on déchaussera les arbres au moyen de grands trous circulaires ; ensuite, suivant la grandeur de l'olivier, on l'entourera d'une plus ou moins grande quantité de chaux ; toutefois, le plus petit en demande un modius (*environ 9 ou 10 lit.*) [1]. »

Le renseignement suivant, fourni par Pline, indique un emploi sur une plus grande échelle :

« Les Éduens et les Pictons [2] ont rendu leurs champs très-fertiles par l'usage de la chaux. On a trouvé aussi que cette substance est excellente pour les oliviers et pour la vigne [3]. »

Les brûlis, dont on a dit, depuis bien longtemps, tant de bien et tant de mal, qui ont eu tant d'admirateurs et tant de détracteurs, également fondés, peut-être, dans leur opinion, si elle n'eût été généralisée à l'extrême (car nous cédons trop souvent, comme les enfants, au penchant qui nous entraîne à tout généraliser) ; les brûlis étaient assez souvent pratiqués chez les anciens. Ainsi nous lisons, dans l'admirable chef-d'œuvre des *Géorgiques* de Virgile (livre Ier) :

« Souvent aussi l'on a pu avec avantage brûler les champs

---

herbas non effunditur : alioqui novitate, quæcumque fuerit, solum lædet, ne sic quidem primo post anno fertilis.

Interest et quali solo quæratur. Sicca enim humido melior, arido pinguis. Temperato alterutra, creta vel columbina, convenit. (Plinii lib. XVII, cap. IV.)

[1] Solent etiam vitio soli fructum oleæ negare : cui rei sic medebimur : altis gyris ablaqueabimus eas, deinde calcis pro magnitudine arboris plus minusve circumdabimus : sed minima arbor modium postulat. (Lib. V, cap. IX.)

[2] Les *Ædui* habitaient les environs d'Autun ; les *Pictones* étaient les anciens habitants du Poitou.

[3] Ædui et Pictones calce uberrimos fecere agros : quæ sane et oleis et vitibus utilissima reperitur. (Lib. XVII, cap. IV.)

stériles et livrer le chaume léger à la flamme petillante; soit que cette pratique communique à la terre une force secrète et une nouvelle abondance de principes nutritifs ; soit que le feu purifie le sol et en expulse l'humidité superflue ; soit que cette chaleur ouvre les pores et les canaux invisibles qui portent la séve aux herbes naissantes ; soit qu'il donne au sol plus de consistance en resserrant ses veines trop ouvertes, et en ferme l'entrée aux pluies, aux rayons brûlants du soleil, au souffle glacé de *Borée* [1].»

Pline avait entrevu encore un autre effet de ces brûlis, la destruction des mauvaises graines, car il dit :

« Il est des personnes qui brûlent les chaumes dans leurs champs, à la grande satisfaction de Virgile. La principale raison de cette pratique, est qu'on veut brûler les graines des mauvaises herbes [2]. »

Pline aurait pu ajouter que *l'on brûle en même temps les œufs ou les larves de beaucoup d'insectes qui font au pied de ces chaumes leur séjour d'hiver.*

Le brûlis des pâturages devait aussi être fréquemment pratiqué dans ces temps anciens, puisque *Palladius*, en détaillant les travaux du mois d'août, s'exprime ainsi :

« C'est maintenant qu'on doit mettre le feu aux pâturages afin de réduire à leurs souches les brins trop montés, et pour,

> Sæpe etiam steriles incendere profuit agros,
> Atque levem stipulam crepitantibus urere flammis ;
> Sive inde occultas vires et pabula terræ
> Pinguia concipiunt, sive illis omne per ignem
> Excoquitur vitium, atque exsudat inutilis humor ;
> Seu plures calor ille vias et cæca relaxat
> Spiramenta, novas veniat qua succus in herbas ;
> Seu durat magis, et venas astringit hiantes,
> Ne tenues pluviæ, rapidive potentia solis
> Acrior, aut Boreæ penetrabile frigus adurat.

[2] Sunt qui accendunt in arvo et stipulas magno Virgilii præconio. Summa autem ejus ratio, ut herbarum semina exurant. (Lib. XVII, cap. LXXII.)

faire succéder à ces tiges desséchées que l'on brûle une végétation nouvelle et vigoureuse [1]. »

Le *drainage*, si fort préconisé de nos jours, avait déjà été étudié aussi et pratiqué par les agronomes de l'antiquité, puisque Columelle dit :

« Là où l'humidité ou tout autre fléau de ce genre fait périr les récoltes,... on a, *depuis très-longtemps*, l'habitude d'en faire écouler toute l'eau nuisible au moyen de rigoles ; sans cette précaution, les autres remèdes seraient inefficaces [2]. »

Ailleurs, Columelle indique la manière de disposer ces rigoles de desséchement :

« Si le sol que vous voulez mettre en culture, dit-il, est trop humide, vous commencerez par le dessécher au moyen de rigoles.

« Nous connaissons deux sortes de rigoles : celles qui sont cachées, celles qui sont à ciel ouvert.

« Dans les terrains compactes et argileux, on préfère ces dernières ; mais partout où la terre est moins tenace, on creuse quelques rigoles à ciel ouvert, et les autres sont recouvertes, mais disposées de telle manière que leurs ouvertures convergent vers les fossés creusés à ciel ouvert. Les saignées ouvertes seront plus larges à leur partie supérieure qu'à leur fond, vers lequel la pente sera inclinée, et elles présenteront l'apparence concave d'une tuile renversée [3], car si leurs côtés étaient verticalement taillés, elles seraient bientôt dégradées par les eaux et se combleraient par les éboulements du sol supérieur.

« Pour la confection des rigoles couvertes, on creuse une sorte de sillon de *trois pieds* de profondeur; quand on l'a rempli à moitié avec des petites pierres ou avec du gravier pur, on

---

[1] Nunc urenda sunt pascua, ut et aliorum fruticum festinatio reprimatur ad stirpes, et incensis aridis nova latius succedant. (Lib. IX, cap. iv.)

[2] Ubi vel uligo, vel aliqua ejusmodi pestis segetes enecat... antiquissimum est omnem inde humorem, facto sulco, deducere; aliter vana erunt alia remedia. (Lib. II, cap. ix.)

[3] Les tuiles dont il est ici question sont les tuiles en forme de gouttière, encore employées dans le Midi, et dont nous ne nous servons guère que comme de faîtières dans nos départements septentrionaux.

achève de le combler avec la terre qui en avait été extraite. Si l'on n'avait à sa disposition ni pierres ni gravier, l'on ferait, avec des sarments, une espèce de câble (fascine) assez gros pour occuper tout le fond du fossé, qui en est la partie la plus étroite, et dans laquelle on l'ajustera et le comprimera.

« Alors on recouvrira cette fascine avec des ramilles de cyprès ou de pin, ou, à leur défaut, avec des feuillages quelconques que l'on pressera fortement avec les pieds et que l'on recouvrira de terre. On aura soin d'établir, aux deux extrémités de la rigole, des espèces de petits ponts formés par deux pierres servant de piles et recouvertes par une troisième pierre. Cette construction soutiendra les bords et empêchera les obstructions que pourraient occasionner la chute ou la sortie des eaux [1]. »

La lecture des chapitres que Columelle a consacrés à la formation et à l'entretien des prairies nous montrera que la pratique des irrigations ne lui était pas non plus inconnue. Nous citerons entre autres le passage suivant :

Dans un terrain soit compacte, soit léger, l'on peut, bien qu'il soit maigre, établir un pré, *pourvu qu'on ait la faculté de*

---

[1] **Si** humidus erit locus colendus, abundantia uliginis ante siccetur fossis.

Earum duo genera cognovimus, cæcarum et patentium. Spissis atque cretosis regionibus apertæ relinquuntur ; at ubi solutior humus est, aliquæ fiunt patentes, quædam etiam obcæcantur, ita ut in patentes ora hiantia cæcarum competant : sed et patentes latius, et apertas summa parte, declivesque, et ad solum coarctatas, imbricibus supinis similes facere conveniet ; nam quarum recta sunt latera, celeriter aquis vitiantur et superioris soli lapsibus replentur. Opertæ rursus obcæcari debebunt, sulcis in altitudinem trepidaneam depressis : qui, quum parte dimidia lapides minutos, vel nudam glaream receperint, æquentur superjecta terra quæ fuerat effossa ; vel si nec lapis erit nec glarea, sarmentis connexus velut funis informabitur in eam crassitudinem quam solum fossæ possit angustæ quasi accommodatum coarctumque capere. Tum per imum contendetur, ut super calcatis cupressinis vel pineis, aut si cæ non erunt, aliis frondibus terra contegatur ; in principio atque exitu fossæ more ponticulorum binis saxis tantummodo pilarum vice constitutis, et singulis superpositis, ut ejusmodi constructio ripam sustineat, ne præcludatur humoris illapsu atque exitu. (Lib. II, cap. II.)

l'arroser ; mais il ne doit pas être situé dans un bas-fond ni sur une pente rapide : dans le premier cas, il retiendrait trop longtemps l'eau qui s'y amasse ; dans le second, l'eau s'en précipiterait trop rapidement. Toutefois, sur une pente douce, on peut créer un pré, si le terrain est gras ou *facile à arroser*. Mais une terre plane, surtout, est excellente pour cet objet, lorsque sa pente légère ne permet pas aux eaux pluviales d'y séjourner longtemps et ne retient pas trop les eaux des rigoles qui s'y déchargent ; en un mot, lorsqu'elle permet l'écoulement lent, mais régulier, des eaux qu'elle peut recevoir.

« En conséquence, si vous y trouvez quelques parties marécageuses et retenant des eaux stagnantes, il faut faire écouler ces dernières par des rigoles ; car la surabondance des eaux n'est pas moins préjudiciable aux herbes que sa pénurie [1]. »

Si je ne craignais pas de sortir de mon sujet, je montrerais que l'emploi des liqueurs prolifiques, vantées pendant ces dernières années sous le nom d'engrais concentrés, n'est lui-même qu'une imitation de pratiques déjà connues des anciens, puisque Virgile, dans le premier livre de ses *Géorgiques*, s'exprime ainsi :

> Semina vidi equidem multos medicare serentes,
> Et nitro prius et nigra perfundere amurca,
> Grandior ut fœtus siliquis fallacibus esset.

« J'ai vu bien des cultivateurs préparer leurs semences en les trempant dans de l'eau nitrée, puis dans de la noire lie d'huile,

---

[1] In densa et resoluta humo, quamvis exili, pratum fieri potest, quum facultas irrigandi datur. Ac nec campus concavæ positionis esse, neque collis præruptæ debet : ille, ne collectam diutius contineat aquam ; hic, ne statim præcipitem fundat Potest tamen mediocriter acclivis, si aut pinguis est, aut riguus ager, pratum fieri. At planities maxime talis probatur, quæ exigue prona non patitur diutius imbres, aut influentes rivos, immorari, aut si quis eam supervenit humor, lente prorepit. Itaque si palus in aliqua parte subsidens restagnat, sulcis derivanda est ; quippe aquarum abundantia atque penuria graminibus æque est exitio. (Lib. II, cap. xvii.)

afin que les graines devinssent plus grosses dans leurs siliques trompeuses [1]. »

En résumé, les Romains paraissent avoir connu et employé comme engrais presque toutes les matières recommandées par les agronomes les plus habiles des temps modernes.

Ils devaient attacher une grande valeur aux engrais qui peuvent se retirer des grandes villes, puisque celui que l'on retirait des cloaques de Rome fut une fois vendu plus de 2 millions de notre monnaie actuelle.

Quant aux soins à donner à la préparation de la plupart de ces engrais, nous aurions, même aujourd'hui, bien peu de chose à apprendre aux agronomes tels que Varron, Columelle, etc. Ils pourraient même, au contraire, donner sur ce point d'utiles leçons à la plupart des cultivateurs de nos jours. Combien, parmi ces derniers, pourraient se vanter de ne pas mériter, aux yeux de Columelle le reproche de négligents, et lui montrer 7 à 8 dixièmes de mètre cube de fumier par tête de menu bétail et par mois, 7 à 8 mètres cubes par tête de gros bétail et autant pour chacun des habitants de la ferme ?

Posons des chiffres. Une ferme est habitée par huit personnes, adultes (sans compter les enfants et les étrangers visiteurs ou employés pour peu de temps) ; elle a 12 vaches, 5 chevaux, 2 porcs, 400 moutons (nous ne compterons ni les veaux, ni les agneaux). Elle devrait produire *mensuellement* de 455 à 520 mètres cubes de fumier, c'est-à-dire de quoi fumer plus de 10 à 11 hectares et demi à raison de 45 mètres cubes, ou plus de 139 hectares chaque année, pour que son chef ne pût encourir, d'après Columelle, un reproche de négligence.

Si, dans notre siècle de progrès, mais aussi de grande présomption, ce minimum de production était mis au concours, trouverait-on beaucoup de concurrents ?

La lecture des fragments relatifs aux fumures adoptées par les Romains nous apprend que ces fumures étaient beaucoup plus

[1] Je m'occupe depuis longtemps de rassembler tous les documents relatifs à l'emploi des liqueurs prolifiques avant le xixe siècle.

fortes que les nôtres. Seulement nos agronomes modernes ne sont plus d'accord avec les anciens relativement à l'âge que doit avoir le meilleur fumier au moment de son emploi. Les agronomes romains pensaient que le fumier devrait être conservé au moins un an avant d'être employé; l'on pense généralement aujourd'hui qu'il ne faut pas attendre aussi longtemps pour en faire usage. Cependant les anciens avaient déjà reconnu que, passé un certain terme, plus le fumier vieillit, moins il a d'énergie et d'efficacité.

Le désaccord que nous signalions entre les anciens et les modernes ne doit pas trop nous surprendre, car nous savons que la manière dont le fumier est préparé, ainsi que les éléments dont il se compose, exercent une assez grande influence sur le temps nécessaire pour opérer le commencement de désagrégation que l'on cherche à obtenir dans la confection des fumiers.

La plupart des conseils que nous donnent les maîtres du temps que j'ai cherché à rappeler dans cette revue, relativement aux soins donnés à l'épandage et à l'enfouissement des fumiers, sont encore journellement répétés de notre temps.

Sur les questions qui concernent la valeur relative des engrais de diverse nature, les opinions des anciens sont à peu près unanimes et s'accordent avec celles de nos praticiens modernes; il n'y a guère qu'au sujet du fumier de porc et de la fiente des oiseaux aquatiques que les avis soient divergents; n'en soyons pas surpris, car nous ne sommes pas beaucoup plus avancés aujourd'hui.

C'est tout au plus si, par exemple, les agronomes modernes les plus distingués osent conseiller comme engrais la fiente des oies, qu'on se garde cependant bien de laisser perdre dans les pays où l'on élève et où l'on engraisse ces oiseaux en grand nombre. Le succès obtenu par les diverses sortes de guano ne permet plus, d'ailleurs, de répéter *à priori* les sentences réprobatives prononcées contre la fiente des oiseaux aquatiques, sentences transmises de génération en génération, d'après des observations imparfaites sans aucun doute [1].

[1] Ce que j'ai vu faire de mieux pour tirer parti de la fiente des oies

Nous avons pu observer que la fiente des oiseaux de volière avait, pour l'agriculture romaine, une importance plus grande que, de nos jours, pour notre agriculture française. La raison de cette différence est facile à concevoir : aujourd'hui, la stricte application des lois de police rurale, en augmentant les charges des propriétaires de pigeons de volière, tend à les faire disparaître de nos colombiers. Depuis une vingtaine d'années surtout, cette dépopulation a fait de rapides progrès. Au contraire, dans les derniers temps de la république romaine et au commencement de l'empire, on voyait des volières peuplées d'une manière presque fabuleuse.

Il n'était pas rare alors de trouver dans les environs des grandes villes, dans les environs de Rome surtout, des volières contenant cinq à six mille pigeons ou pareil nombre d'autres oiseaux, tels que grives, merles, cailles, perdrix, etc., dont l'éducation et l'engraissement étaient très-lucratifs.

Les grives, particulièrement, rapportaient d'énormes bénéfices à ceux qui pouvaient ainsi les fournir, hors de leur saison ordinaire, aux tables somptueuses des Lucullus de ce temps-là, et ils étaient nombreux.

Si les fosses à purin n'étaient pas encore usitées, l'on n'en comprenait pas moins déjà l'importance de ne pas perdre les sucs qui pouvaient s'écouler des fumiers, puisque Palladius disait expressément :

« Le jardin devra être tout près et en contre-bas du tas de fumier, *dont les sucs le fertiliseront naturellement* [1]. »

Enfin nous avons vu les brûlis, le marnage, le chaulage et même le drainage connus et pratiqués dans ces temps reculés,

dans le Gatinais, l'un des pays de France où l'engraissement de ces volatiles se fait sur la plus grande échelle, c'est de leur faire de fréquentes litières de paille, en ayant soin d'arroser la masse du fumier assez abondamment avant chaque nouvelle addition de litière. De cette manière, les oies sont maintenues constamment dans un état convenable de propreté, et l'on obtient en peu de temps une quantité assez considérable d'un fumier extrêmement énergique.

[1] Hortus sit sterquilinio maxime subjectus, cujus eum succus sponte fecundet. (Lib. I, cap. xxxiv.)

dont je me suis efforcé de tracer une faible esquisse au point de vue spécial qui nous occupe.

Je serais désespéré que la lecture de ces fragments pût faire soupçonner que j'aie eu la moindre idée de rabaisser le mérite des agronomes habiles qui s'efforcent de faire descendre dans nos campagnes la lumière et le progrès.

Les éminents services qu'ils ont rendus et les travaux remarquables qu'ils ont produits les ont mis depuis longtemps au-dessus de pareilles attaques, et je pense n'avoir, jusqu'à ce jour, rien fait pour mériter un pareil soupçon. Je serais d'ailleurs bien aveugle de vouloir nier le progrès qui s'opère en toutes choses autour de nous, même en agriculture. Cependant je crois pouvoir répéter, avec autant de justesse que de conviction, les paroles de Columelle, que je citais au commencement de cette notice :

« Quelles que soient les différences entre les temps anciens et l'époque actuelle par rapport aux préceptes d'agriculture et à leur application, cette considération ne doit pas détourner de leur étude celui qui veut s'instruire ; car nous trouvons chez les anciens beaucoup plus de choses à approuver qu'à rejeter. »

DU MÉLILOT

COMME FOURRAGE.

Le *mélilot*, et particulièrement le *mélilot jaune*, a été quelquefois recommandé comme fourrage, parce qu'il est mangé avec plaisir par tous les animaux, parce qu'il communique aux foins et aux fourrages qui le contiennent en mélange, une odeur qui les fait rechercher par le bétail, alors même que leur qualité propre laisserait un peu à désirer.

Le mélilot se recommande encore par d'autres qualités précieuses ; il est vert toute l'année ; il résiste aux grandes sécheresses et prospère sur des terres très-médiocres où les autres plantes constituant habituellement les prairies artificielles ne viennent qu'avec peine.

Le mélilot, comme beaucoup d'autres plantes, a eu de chauds partisans et des détracteurs. Ses partisans font observer que cette plante, lorsqu'elle se plaît dans le sol qui la produit, peut s'élever jusqu'à un mètre ; que là où le sainfoin, le trèfle ou la luzerne ne pourraient donner que des récoltes plus que médiocres, le mélilot donne encore un produit satisfaisant, et que les principes aromatiques qu'il renferme, particulièrement dans ses fleurs, permettent de le faire consommer abondamment lorsqu'il est encore tendre et même un peu couvert de rosée, avec plus de sécurité que le trèfle ou la luzerne, parce qu'il n'est pas susceptible de météoriser les animaux.

Les détracteurs de cette plante prétendent qu'elle perd beaucoup par la dessiccation, lorsqu'on la fauche de bonne heure, et qu'à l'époque de sa floraison elle devient tellement ligneuse, que les animaux n'en broutent plus que les sommités.

Ayant eu l'occasion de voir, cette année, dans le département du Loiret, dans des terres très-médiocres, des champs de sainfoin où le mélilot jaune était tellement abondant que, dans certaines parties, il devait certainement constituer plus de la moitié de la récolte, j'ai pensé que cette plante méritait un examen chimique dont, à ma connaissance du moins, on ne s'était pas encore occupé. J'en ai donc fait récolter en fleurs, mais non complétement fleuri, une quantité suffisante pour les essais que je me proposais de faire, et j'ai pu constater d'abord que le mélilot, dans cet état, n'est pas plus ligneux que la luzerne, que l'on s'accorde cependant, depuis bien des siècles, à considérer comme une excellente plante fourragère.

En admettant que les animaux d'espèces ovine et bovine, quand ils paissent en liberté, ne broutent que les sommités du mélilot, il est d'observation usuelle que, dans des conditions analogues, ces mêmes animaux ne brouteraient qu'incomplétement la luzerne sur pied, tandis qu'ils n'en laisseraient rien, si on la leur faisait consommer à l'étable ou à la bergerie.

Il résulte de mes expériences que le mélilot, à poids égal, est plus riche en matières azotées que la luzerne ; et comme, en général, les plantes fourragères sont d'autant moins ligneuses, toutes choses égales d'ailleurs, qu'elles sont plus riches en azote, rien ne paraît justifier suffisamment cette infériorité relative que l'on croyait pouvoir attribuer au mélilot. Quant à la grande proportion d'eau qu'il devait contenir lorsqu'il est encore tendre, je n'ai rien trouvé non plus, dans les essais de dessiccation du mélilot jaune, qui puisse justifier le reproche qui lui était adressé, de constituer, quand on le fauche de bonne heure, un fourrage très-aqueux. En effet le mélilot vert et frais, soumis à une complète dessiccation, m'a fourni, par kilogramme :

matière sèche . . . . 271 grammes,
eau. 729,

tandis que la proportion d'eau contenue dans un kilogramme de fourrage vert et frais s'élève :

dans la *luzerne* qui commence à fleurir, à 778 grammes,
dans la luzerne en pleine fleur, à 760
dans le *trèfle* en fleur, à 770
dans le sainfoin en fleur, à 776
dans le trèfle blanc, à 777
dans le foin de prairie naturelle, 25 jours
   avant la coupe, à 763
   60 jours avant la coupe, à 719

Dosage de l'azote combiné.

J'ai trouvé, dans le mélilot complétement privé d'humidité, *azote combiné* par kilogramme :

	gram.
Première analyse	30, 45
Deuxième analyse.	30, 50
Moyenne.	30, 47

Comme la plupart des fourrages fanés, en Normandie du moins, contiennent, en moyenne, à peu près 20 pour cent d'humidité, si nous rapportons à cet état de dessiccation la richesse en azote combiné du mélilot, nous trouvons 24 grammes 38 centigrammes par kilogramme.

J'ai trouvé, dans des recherches antérieures, pour le trèfle, la luzerne et le sainfoin, des résultats qu'il peut être intéressant de comparer à celui que fournit le mélilot :

	Fourrage complétement sec. Azote par kilog.	Fané à 20 0/0 d'humidité. Azote par kilog.
luzerne fleurie.	20, 8	16, 6
à l'apparition des premières fleurs.	29, 5	23, 6
avant la fleur	30	24
regain tardif	30	24
trèfle en fleurs.	21, 7	17, 4
sainfoin (petite graine)	22, 5	18
sainfoin (grande graine). . . .	21, 6	16, 3
mélilot	30, 47	24, 38

Le mélilot dont il est ici question devrait donc être placé à côté de la luzerne, à laquelle il doit être au moins équivalent comme fourrage, au point de vue alimentaire, bien entendu. Mais, lorsqu'on examine la question au point du vue purement pratique, il faut encore considérer les rendements respectifs de ces deux plantes et les conditions de leur bonne réussite; c'est une question d'une nature toute particulière dont nous ne nous occuperons pas ici.

A l'examen fait exclusivement au point de vue de la richesse en principes azotés, il pourrait être intéressant d'ajouter quelques notions complémentaires sur la nature et la proportion des substances minérales que renferme cette plante; j'en ferai l'objet d'une étude spéciale dont j'espère communiquer prochainement les résultats à la Société, si elle juge que ce travail puisse offrir quelque intérêt, ou quelques renseignements uti.es sur la nature des terrains susceptibles de convenir à la culture de cette rustique plante fourragère.

ANALYSE

DU

TOURTEAU DE MOUTARDE SAUVAGE

Dans un travail publié il y a quelques années [1], j'avais examiné un certain nombre de plantes considérées à bon droit comme nuisibles à nos récoltes usuelles, dans le but d'étudier leur valeur comme aliment du bétail, et l'analyse chimique m'avait conduit à confirmer, sous ce dernier point de vue, l'opinion de quelques praticiens intelligents.

Au nombre de ces plantes se trouvait la *moutarde sauvage* (*sinapis arvensis* des botanistes), connue dans la basse Normandie sous le nom de *Guélot*, et sous le nom de *Jotte* dans certaines parties de la Beauce et du Gâtinais.

Cette plante, en 1861, s'est tellement multipliée dans certaines parties du Calvados et ailleurs, qu'au moment de sa floraison il eût été difficile d'en distinguer à une petite distance, dans bien des champs, les blés et surtout les avoines de printemps, que la moutarde sauvage couvrait d'un immense tapis jaune continu, tant elle avait pullulé, au grand dommage de la céréale qu'elle étouffait et qu'elle affamait. On eût dit une culture spéciale parfaitement réussie. Lorsque cette plante est si abondante, on en récolte la graine, dont on trouve assez facilement le placement comme graine oléagineuse. Nous

[1] *Recherches analytiques sur quelques plantes nuisibles aux récoltes, et susceptibles d'être employées utilement à l'alimentation du bétail.*

n'examinerons pas la moutarde sauvage à ce point de vue, nous nous bornerons à dire que, dans des analyses récentes faites au moyen de son élaïomètre, M. Berjot a constaté que cette graine peut, suivant la qualité, fournir jusqu'à 35 ou 40 pour 100 d'huile, dont près des trois quarts peuvent être obtenus en fabrique. Mais il faut, pour obtenir ce rendement, que la graine soit bien nettoyée. Le rendement peut descendre jusqu'à 20 pour 100, si la graine est mauvaise et malpropre.

Il y déjà longtemps que l'extraction de cette huile se fait sur une assez grande échelle, et cette industrie donne lieu à une production de tourteaux qu'on a vendus souvent pour tourteaux de colza.

La vente des tourteaux de guélot comme tourteaux de colza devrait-elle être considérée comme une fraude ? Cette substitution peut-elle porter préjudice au cultivateur qui en fait emploi comme engrais? C'est ce que la pratique seule aurait le droit de décider.

J'ai pensé, toutefois, que l'analyse chimique pourrait, sinon juger la question en dernier ressort, en faire pressentir du moins la solution avec quelque chance de certitude, et c'est ce qui me décide à présenter aujourd'hui à la Société les résultats sommaires de cet examen.

Sur mille parties en poids j'ai trouvé :

Eau hygrométrique.	121,3
Matières grasses.	107,5
Matières organiques diverses. . . .	644,24
Substances minérales.	126,96
Total. . . .	1000,00

Azote : Premier essai.	51,1
Deuxième essai	51,2
Moyenne.	51,15

L'analyse de la partie minérale a fourni :

Sable siliceux.	63,84
Oxyde de fer et alumine.	7.54
Phosphate de chaux.	43,14
Carbonate de chaux.	1,12
Magnésie, sels solubles divers, principalement des chlorures et des sulfates, perte.	14,32
Total.	126,96

Si, par le calcul, on rapporte ces résultats à 1000 parties de tourteaux complétement privés d'humidité, on trouve :

Matières grasses	122,3
Matières organiques diverses	729,8
Phosphate de chaux.	45,8
Azote.	58,2

Ce premier échantillon de tourteaux, analysé en 1852, provenait de la récolte de 1851.

Un autre échantillon de tourteaux de guélot provenant d'une autre source, et de la récolte de 1839, m'a donné des résultats notablement différents sur plusieurs points, comme on en pourra juger par les nombres qui vont suivre, rapportés, comme ceux de l'analyse précédente, à 1000 parties de tourteaux :

Eau hygrométrique.	100
Matières grasses.	74,1
Matières organiques diverses.	589,3
Substances minérales	236,6
Total.	1000,0
Azote.	38,01

Les **236,6** de substances minérales renfermaient :

Silice un peu ferrugineuse.	132,8
Phosphate de chaux.	35,8
Oxyde de fer avec un peu d'alumine. .	3,0
Chaux et carbonate de chaux	43,4
Magnésie, sels solubles divers, principalement des chlorures et sulfates alcalins. .	21,6
Total.	236,6

C'est-à-dire que ce nouvel échantillon de tourteau contenait, pour 1000 parties de matière entièrement privée d'humidité :

Matières grasses	82,3
Matières organiques diverses	654,8
Phosphate de chaux	39,8
Azote.	42,47

La comparaison des résultats de ces deux analyses permet de constater entre elles des différences beaucoup plus grandes qu'on n'en rencontre habituellement entre deux échantillons de tourteaux de lin ou de colza de provenances et d'années différentes. Il est permis de s'en rendre compte jusqu'à un certain point par le peu de soin qu'on apporte en général au nettoyage de la graine, dans laquelle on trouve des proportions *beaucoup plus considérables* et beaucoup plus *variables* de matières terreuses, de débris de siliques et de graines avortées ou même de graines étrangères.

Comme engrais, le tourteau de guélot serait donc susceptible de présenter des différences qui, évaluées d'après les analyses précédentes, pourraient s'élever :

Pour l'azote, à 25 ou 30 pour 100 de la richesse de l'engrais ; et pour les phosphates, à 22 ou 28 pour 100.

En somme, ce tourteau est véritablement inférieur à celui

de colza comme engrais, puisque la moyenne des deux analyses donnerait, pour l'engrais entièrement privé d'eau :

Azote. . . . . 50,33 gram. par kilog.
Phosphate 42,8

tandis que le tourteau de colza, dans les mêmes conditions, renferme, sur 1000 parties :

Azote. 55,0
Phosphate. . . . 49,8.

NOTE

SUR

L'HERBE DE FER

OU

SARRASIN DES OISEAUX.

———

On trouve souvent, sur le bord des chemins, une plante extrêmement rustique, dont la racine vigoureuse, peu ramifiée, parvient à pénétrer dans les sols les plus fortement tassés, dont les rameaux flexibles, pourvus de nombreuses et très-petites feuilles, rampent dans tous les sens sur la terre, qu'ils couvrent dans un rayon de 15 à 20 cent., et souvent plus. Cette plante, connue sous des appellations très-diverses, et particulièrement sous les nom d'*herbe de fer, renouée, sarrasin des oiseaux*, etc. (*Polygonum aviculare* des botanistes), est bien connue des petites ménagères des pays pauvres en prairies. Lorsque, par suite de l'état avancé de la végétation, le sarclage des céréales est prohibé, l'herbe de fer entre souvent pour une proportion considérable dans la ration quotidienne de la vache du pauvre ; elle en constitue même parfois, pendant des semaines entières, l'unique nourriture, et cette alimentation paraît donner des résultats satisfaisants.

Si cette plante ne poussait que sur le bord des chemins, l'usage que nous venons de rappeler justifierait sans doute la mention qu'on en pourrait faire parmi les fourrages verts de bonne qualité ; mais le *sarrasin des oiseaux* peut encore, à un autre titre, attirer l'attention des agriculteurs.

Cette plante s'est multipliée, cette année, d'une manière extraordinaire dans plusieurs départements, notamment dans ceux du Loiret, de Seine-et-Marne et de Seine-et-Oise. Je l'ai vue si abondante et si touffue dans plusieurs cantons de ces trois, départements, au commencement de septembre 1861, que ses rameaux, soutenus par les chaumes des céréales, donnaient à ceux-ci l'aspect d'une prairie artificielle d'un vert tirant sur le roux, et que, dans beaucoup de champs, on en aurait pu faire une coupe régulière à la sape ou à la faux.

J'en avais fait l'analyse, il y a quelques années, sur un échantillon recueilli le 10 septembre (1857) sur le bord d'un chemin, et cette analyse m'avait donné les résultats suivants :

Un kilogramme de plante fraîche ou 1000 grammes con-

tient :
$\begin{cases} \text{Eau.} & \dots \dots \dots \quad \textbf{754 gr.} \\ \text{Matière organique complétement} & \\ \text{privée d'eau.} & \dots \dots \quad \textbf{246.} \end{cases}$

La proportion d'azote en combinaison dans la matière organique s'élevait, par kilogramme :
dans la plante *fraîche*, à . . . . . .   **5 gr. 61 c.**
dans la plante *complétement sèche*, à. .   **22**   **8**

Enfin, dans la plante contenant encore 20 pour 100 d'humidité, c'est-à-dire à peu près ce qu'on en trouve dans la plupart des fourrages fanés de la régiou du nord-ouest, la proportion d'azote s'élevait à 18 grammes 1/4.

Comme fourrage vert, l'herbe de fer des chemins viendrait se placer, par sa richesse en principes azotés, exactement sur la même ligne que les fourrages verts des prairies artificielles à base de trèfle, de luzerne ou de sainfoin, ce qui justifierait l'empressement avec lequel certaines personnes recherchent cette plante, et les bons effets qu'elle produit sur les animaux qui s'en nourrissent.

Considéré à l'état de fourrage sec, fané dans les conditions ordinaires, le *sarrasin des oiseaux* viendrait également se placer sur la même ligne que les foins de trèfle, de luzerne et de sainfoin.

Seulement ne perdons pas de vue qu'il s'agit ici de la plante telle qu'on la récolte sur le bord des chemins, c'est-à-dire plus verte et plus feuillue que celle des chaumes des céréales.

Il était donc indispensable, avant de généraliser nos conclusions, de faire un examen spécial de la plante telle qu'on la trouve dans ces dernières conditions. C'est ce que j'ai fait dans le courant de l'automne dernier, sur un échantillon prélevé dans plusieurs champs, sur un grand nombre de points.

Voici, en quelques mots, les résultats de cet examen :

La plante contenait par kilogramme, au moment où elle a été coupée au niveau du collet de la racine,

matière organique complétement privée d'humidité, 279 gr.
eau. 721
                                   ————
                    Total. . . . . 1000 gr.

La proportion d'azote en combinaison dans la matière organique, s'élevait, par kilogramme,

dans la plante fraîche, à. . . . . 4 gr. 3 cent.
dans la plante complétement sèche, à. . . . 15   45

Enfin, dans la plante fanée à 20 pour 100 d'humidité naturelle, la proportion d'azote s'élevait à 13 grammes 36 centigrammes par kilogramme. Par sa richesse en matières azotées, la plante qui nous occupe, récoltée dans les conditions que nous venons de définir, viendrait se placer à côté des foins de qualité commune.

Lorsque le *sarrasin des oiseaux* pullule comme cette année dans les chaumes de céréales, on cherche bien un peu à en tirer un parti utile en le faisant pâturer par les moutons, et même quelquefois par les vaches, mais le dépouillement laisse alors beaucoup à désirer.

En effet, le moment le plus favorable pour faire consommer cette plante sur pied coïncide avec l'époque du dépouillement des regains de prairies artificielles par les animaux d'espèce bovine, avec l'abondance des premières herbes de toute espèce, dans les chaumes, pour les animaux d'espèce ovine. La plante dont il est ici question est alors un peu dure, et l'aiguillon de la faim ne stimulant pas les animaux, ils se contentent de brouter en courant les sommités les plus tendres, et, salissant le reste avec leurs pieds ou avec leurs excréments, ils le rebutent ensuite quand on les y ramène.

On pourra dire, je le sais, que tout ne sera pas perdu ; que la partie rebutée par les animaux servira d'engrais pour les récoltes à venir.

D'abord l'emploi comme engrais d'une matière quelconque susceptible d'être employée comme fourrage, est une spéculation qu'en bonne agriculture on ne saurait recommander ; ensuite, je pense qu'il doit y avoir un inconvénient sérieux à laisser fleurir et fructifier jusqu'aux gelées une plante dont les nombreuses graines se répandent sur le sol, qu'elles épuiseront plus tard, comme l'a épuisé la plante mère, sans profit bien réel, parce qu'on n'en a pas tiré le meilleur parti possible.

Je disais, au commencement de cette *note*, que j'avais vu, dans certains champs, le *sarrasin des oiseaux* assez abondant et assez développé pour être réellement fauchable. Je dois reconnaître, toutefois, que ce mode de récolte n'eût été praticable que dans des cas exceptionnels, à cause de la tendance des rameaux à ramper sur le sol. Aussi procède-t-on autrement dans quelques communes de Seine-et-Marne et du Loiret. On fait, par un temps sec, un véritable ratissage des chaumes, et après avoir laissé l'herbe sécher sur place, ce qui ne demande souvent qu'une journée, on ramasse au râteau l'herbe et le chaume qui l'accompagne. Lorsque l'opération a été faite dans de bonnes conditions, le mélange est presque entièrement dépouillé de terre. Le tout est mis en petites meules et conservé pour l'hiver.

Tout en nettoyant son champ, le petit cultivateur se procure du fourrage et de la litière, car ce qui n'est pas mangé par les animaux pourrit sous leurs pieds, imprégné de leurs déjections.

Comme le fourrage ainsi récolté devait différer notablement de celui que j'avais analysé après l'avoir récolté moi-même à la main avec le plus de soin et sans mélange, j'étais naturellement curieux de constater et d'évaluer la différence.

Après avoir pris sur six meules distinctes, et par parties à peu près égales sur chacune d'elles, un échantillon du poids de 3 kilogrammes bien exempt de petites mottes de terre, j'en ai formé trois lots d'un kilogramme chacun.

Le premier a été examiné en nature, et dans chacun des deux autres j'ai séparé les chaumes des herbes avec lesquelles ils étaient mélangés.

J'ai trouvé, par ce triage,

Dans le 2e lot, { Chaumes. . . . . . . 402 grammes.
{ Herbes. . . . . 598 —

Total. . . . 1000 grammes.

Dans le 3e lot, { Chaumes. . . . . . . 385 grammes.
{ Herbes. . . . . 615 —

Total. . . . 1000 grammes.

Moyenne des deux déterminations :

Chaumes. . . . . 394 grammes.
Herbes. . . . . 606 —

Total. . . . . . . 1000 grammes.

Le sarrasin des oiseaux constituait très-visiblement, dans cet échantillon, la majeure partie, mais non la totalité de l'herbe mélangée au chaume ; toutefois, sans avoir déterminé les autres espèces, ni leur proportion dans le mélange, je crois pouvoir affirmer que l'herbe de fer devait représenter *au moins les cinq sixièmes* du poids des herbes.

Ce mélange, dans l'état où il se trouvait au moment de la mise en meules, dosait 8 grammes 1 décigramme d'azote par kilogramme, c'est-à-dire que, considéré à ce point de vue particulier, il représenterait environ les trois quarts de son poids de foin ordinaire de prairie naturelle. Plusieurs praticiens l'avaient estimé à un peu moins des deux tiers, mais il est utile d'ajouter que, cette année, l'abondance relative du sarrasin des oiseaux devait en avoir augmenté notablement la richesse en principes azotés, et par suite la valeur alimentaire.

Si l'on tient compte de cette circonstance que, dans les conditions où nous venons de nous placer, la récolte de ces herbes se fait au moyen d'une façon de nettoyage donnée à la terre, les frais que cette récolte nécessite se réduisent *en réalité* au râtelage, au ramassage et à un emmeulonnement bien facile, puisque le fourrage se met en vrac.

Bien des champs ont ainsi fourni, cette année, plus de 1000 kilogrammes d'un pareil mélange par hectare.

Le ratissage d'un champ, lorsqu'il est fait de bonne heure, peut faciliter la levée avant l'hiver de beaucoup de mauvaises herbes que le premier labour enfouit ensuite, ce qui contribue efficacement au nettoyage du sol pour l'année suivante.

Au point de vue spécial qui nous occupe ici, cette opération offre encore l'avantage de restreindre beaucoup pour l'avenir la multiplication de la plante, *en prévenant la maturation de la plus grande partie des graines.*

Il est maintenant tout naturel de se demander si le sarrasin des oiseaux,

Qui se reproduit spontanément avec tant de facilité, qu'on a de la peine à s'en débarrasser,

Qui paraît constituer un bon fourrage pour les animaux d'espèces ovine et bovine,

Ne serait pas susceptible d'une culture directe et régulière.

La minette ou lupuline (*medicago lupulina*), qu'on rencontre souvent dans d'aussi humbles conditions, qui, comme le sarrasin des oiseaux, rampe souvent aussi sur le bord de nos chemins, a pu être cultivée avec succès sur une assez grande échelle. Ne serait-il pas à désirer qu'on fît quelques essais de culture de la plante rustique et modeste qui fait l'objet de cette note?

Sans doute un pareil vœu a bien peu de chance d'être exaucé dans notre riche plaine de Caen, où poussent avec tant de vigueur d'autres plantes fourragères justement estimées, qui ont depuis longtemps fait leurs preuves, mais la science agronomique doit remplir la double mission d'encourager et de proclamer le bien qui se fait depuis longtemps, et de rechercher avec prudence, même au prix de plusieurs échecs, le bien encore inconnu que l'avenir peut nous tenir en réserve.

Quoi qu'il en soit de ce vœu, que je n'émets d'ailleurs qu'avec discrétion, qu'il me soit permis de résumer en quelques mots les faits de pratique positive que je me suis proposé de mettre en lumière dans cette note :

1° Le sarrasin des oiseaux, ou herbe de fer, qu'on trouve sur le bord des chemins constitue un bon fourrage vert, recherché par les animaux d'espèce ovine, et surtout par les animaux d'espèce bovine ;

2° Par sa composition chimique, il viendrait se placer à côté du trèfle, de la luzerne et du sainfoin.

3° Celui qu'on trouve dans les chaumes des céréales au mois de septembre n'a pas tout à fait la même valeur comme fourrage ; cependant il pourrait prendre place à côté des foins communs de prairies naturelles.

4° Enfin le produit du ratissage des chaumes où domine le sarrasin des oiseaux, lorsque ce ratissage est fait en septembre par un beau temps, paraît constituer, après sa dessiccation spontanée, un fourrage qu'on peut estimer approximativement aux deux tiers ou aux trois quarts de son poids de foin ordinaire, suivant l'abondance des herbes [1].

[1] Il est bien entendu qu'il s'agit ici des chaumes ordinaires, et non pas des chaumes sciés très-haut pour être employés à la couverture des bâtiments ruraux.

ANALYSE

DES TOURTEAUX

DE QUELQUES GRAINES OLÉAGINEUSES

NOUVELLEMENT INTRODUITES DANS LE COMMERCE.

NOTE LUE A LA SOCIÉTÉ D'AGRICULTURE ET DE COMMERCE
DE CAEN, EN NOVEMBRE 1861.

On a introduit dans le commerce, depuis quelques années,
plusieurs espèces de graines oléagineuses dont les tourteaux
sont offerts aux agriculteurs, qui ne les acceptent souvent
qu'avec réserve, faute d'en connaître la composition chimique
et le mérite probable comme engrais.

Tels sont, notamment, les tourteaux de *Beraf* ou de melon
d'eau du Sénégal, ceux du *Niger* de l'Inde, ceux des *colzas de
l'Inde, blancs* ou *panachés* (c'est-à-dire mélangés), et ceux de
pavots de l'Inde.

Nous les étudierons dans l'ordre suivant lequel nous venons
de les énoncer, parce que c'est dans cet ordre qu'ils nons sont
parvenus.

Tourteaux de Beraf.

Ces tourteaux, dans lesquels on voyait distinctement, en
larges écailles, les débris ligneux du périsperme de la graine,
étaient difficiles à moudre ; les graines devaient avoir été mal

nettoyées, parce qu'on y trouvait des fragments siliceux en assez grand nombre.

L'analyse a fourni les résultats suivants, rapportés à un kilogramme de matière telle qu'on la trouve dans le commerce.

Humidité.	111,$^{gr.}$05
Matières grasses.	70, 19
Matières organiques autres que les matiè-res grasses.	678, 20
Substances minérales.	140, 56
Azote.	48, 9

Les substances minérales qui constituaient les cendres de ces tourteaux se composaient ainsi :

Résidu siliceux insoluble dans les acides. .	87,$^{gr.}$00
Silice soluble.	1, 12
Oxyde de fer.	1, 50
Acide phosphorique.	14, 03
Chaux.	11, 65
Sels alcalins, et matières diverses. . . .	25, 26
Total.	140, 56

La proportion d'acide phosphorique représenterait un peu plus de 30 grammes de phosphate de chaux.

Si l'on supposait le tourteau complétement privé d'humidité, les nombres précédents se trouveraient ainsi modifiés, pour un kilogramme.

Matières grasses.	78,$^{gr.}$05
Matières organiques autres que les matiè-res grasses.	762, 92
Substances minérales.	158, 1
Azote. 55. 01	
Acide phosphorique. . 15. 79	
Représentant. . . . 34, 20 de phosphate de chaux	

Tourteaux de Niger de l'Inde.

C'est sans doute à sa couleur noire que cette graine doit le nom qui lui a été donné.

Cette graine doit être, en fabrique, susceptible d'un travail facile et régulier, si l'on en juge par la petite quantité d'huile qui restait dans le tourteau.

Les résultats de l'analyse de ces tourteaux, rapportés au kilogramme de matière telle qu'on la trouve dans le commerce, ont été les suivants :

Humidité.	111,$^{gr.}$ 1
Matières grasses.	44, 75
Matières organiques autres que les matières grasses.	765, 22
Substances minérales.	78, 93
Total.	1000,$^{gr.}$

Composition des cendres :

Phosphates de chaux et de protoxyde de fer.	43,$^{gr.}$73
Chaux.	1, 07
Silice et matières insolubles dans les acides.	15, 64
Sels alcalins et matières diverses.	18, 69

En supposant le tourteau de Niger complétement privé d'eau, les principaux résultats de l'analyse précédente se trouveraient ainsi modifiés :

Matières grasses (par kilog.)	50,$^{gr.}$44
Matières organiques autres que les matières grasses.	860, 76
Cendres.	88, 80
Total.	1000, »»
Azote.	59,$^{gr.}$29
Phosphates.	49, 19

Tourteau de colza panaché de Bombay.

L'échantillon qui m'a servi pour l'analyse m'avait été remis, ainsi que le tourteau de Niger, par un des habiles industriels de notre cité, par notre collègue M. Charles *Paulmier*, armateur à Caen.

Ce tourteau provenait du traitement d'un mélange de 75 pour 100 de colza brun de l'Inde et de 25 pour 100 de colza blanc de la même provenance, d'où le nom de *colza panaché* donné au mélange. Dans l'état où se trouvait cette matière lorsqu'elle était livrée au commerce, elle contenait, par kilog. :

Humidité. . . . . 90,$^{gr.}$26
Matières grasses. 71, 3
Matières organiques autres que les matières grasses. 759, 48
Substances minérales. 78, 96

Total. 1000,

Azote. . . . . 55,$^{gr.}$66

La partie minérale qui constituait les cendres contenait :

Silice ferrugineuse. . . . . 13, $^{gr.}$83
Silice soluble. 1, 09
Phosphate de chaux. 34, 41
Oxyde de fer. 1, 80
Chaux du carbonate. 2, 65
Acide carbonique et sels solubles divers. . 25, 48

En considérant le tourteau dans l'état où il est complétement privé d'humidité, on trouve, pour la proportion de ses principes constituants les plus importants, les nombres qui suivent, rapportés à un kilogramme :

Matières grasses. 78,gr. 4
Matières organiques, non compris les matières grasses. . . . . , . 834, 8
Substances minérales obtenues par incinération. 86, 8

        Total. . . . . 1000, »

Azote. 61,gr.84
Phosphate de chaux. 42, 48

Tourteau de graine de pavot de l'Inde.

Ce tourteau provenait, comme les deux précédents, de l'u-
sine de M. Ch. Paulmier.

Il a donné à l'analyse des résultats qui peuvent se résumer
ainsi, en les rapportant à un kilogramme :

Humidité. . . . . 120,gr.
Matières grasses. 75, 4
Matières organiques, non compris les ma-
tières grasses. 675, 6
Substances minérales. . . . . 129, »

        Total. . . . . 1000, »

        Azote. . . . . 61,gr.

La partie minérale obtenue par incinération était ainsi
composée :

Matière siliceuse insoluble dans les acides. 23,gr. 4
Phosphate de chaux. 65, 6
Silice soluble. 2, 2
Chaux du carbonate. 15, 0
Acide carbonique, sels solubles divers. . . 22, 8

Complétement privé d'humidité par la dessiccation, ce tourteau contiendrait, par kilogramme :

Matières grasses. 85gr., 7
Matières organiques autres que les matiè-
res grasses. 767, 7
Cendres. 146, 6

Total. . . . . 1000, »

La proportion d'azote s'élèverait à 69,gr.3 par kilogramme, et la proportion des phosphates à 74,gr.54.

Comparé à nos tourteaux d'œillette indigène, le *tourteau de pavot de l'Inde* n'offre rien de particulier dans sa richesse en phosphates, mais il paraît notablement plus riche en azote.

Le *tourteau de colza panaché* de Bombay, dont la richesse en phosphates ne diffère pas sensiblement de celle de nos tourteaux de colza indigènes, présente au contraire, sous le rapport de sa richesse en principes azotés, une différence notable qu'on peut évaluer à environ 17 pour 100.

Le *tourteau de Niger*, par sa richesse en azote, et par sa richesse en phosphates, peut être placé sur la même ligne que nos meilleurs tourteaux de colza indigène, puisque les résultats de notre analyse tendraient à lui assigner une place notablement supérieure.

Enfin *le tourteau de Beraf*, le moins riche des quatre, soit en principes azotés, soit en phosphates, contient cependant autant d'azote en combinaison que le tourteau de colza ordinaire, mais il est notablement plus pauvre en phosphates.

Il reste à savoir maintenant si les expériences pratiques viendront confirmer ces données de l'analyse, en tenant compte toutefois de la durée de chacun de ces engrais.

NOTE

SUR

L'EMPLOI DE L'URINE

DANS L'ALIMENTATION

DES ANIMAUX D'ESPÈCE BOVINE

(Mars 1862).

***

Dans la séance de février 1862, j'ai eu l'honneur de communiquer à la Société une lettre de M. de Raynal, avocat général à la Cour de cassation, au sujet d'une pratique singulière qu'il avait observée dans un orphelinat agricole dont l'inspection lui était confiée. Cette pratique consiste à employer les urines du personnel de l'établissement pour arroser des fourrages plus que médiocres, acceptés alors avec plaisir par les vaches de l'établissement, qui les refuseraient souvent à l'état naturel à cause de leur basse qualité.

Les animaux paraissent bien se trouver de ce régime, ajoutait l'honorable magistrat, et rien ne semble modifié dans la qualité du lait qu'ils fournissent.

J'ai rappelé moi-même, à cette occasion, que Varron dit, dans son *Économie rurale*, que les Romains, il y a près de deux mille ans, faisaient même servir avec succès à l'engraissement des bœufs la fiente des grives et des merles de leurs immenses volières, ainsi que cela résulte de la citation suivante :

Ego arbitror præstare stercus ex aviariis turdorum ac merularum, quod non tantum ad agrum utile, sed etiam ad CIBUM *ita bubus et suibus, ut fiant pingues.*

Il est résulté de la discussiou qui a suivi cette communication :

1° Que l'emploi de l'urine humaine dans l'alimentation des animaux d'espèce bovine est assez commun dans les départements de l'Orne, de la Manche et du Calvados [1] ;

2° Que le mode d'emploi varie suivant l'âge des animaux : aux jeunes veaux d'élève, on donne de l'urine mélangée avec du lait dans des proportions assez variables, habituellement comprises, toutefois, entre un huitième et un quart qui remplace à peu près un égal volume de lait.

Lorsqu'il s'agit d'animaux adultes, on arrose habituellement d'urine les fourrages qu'on leur destine, et l'on parvient ainsi à leur faire accepter sans hésitation des fourrages qu'ils refuseraient souvent sans cette addition.

Lorsque l'urine est employée sous cette dernière forme, il est permis de penser qu'elle agit principalement comme condiment destiné à rendre le fourrage plus appétissant, et à exciter la sécrétion salivaire si nécessaire à la digestion ; mais lorsque la pratique vient affirmer que l'urine humaine peut remplacer à peu près son volume de lait dans l'alimentation des veaux d'élève, nous devons nous demander si notre urine peut servir de matière alimentaire aux animaux, et dans quelle mesure.

Pour qu'une matière puisse servir d'aliment, il faut d'abord qu'elle soit acceptée, puis ensuite qu'elle ait une valeur nutritive réelle.

---

[1] Des renseignements ultérieurs m'ont appris que cette pratique est également connue dans les départements du Loiret, de Seine-et-Marne et de Seine-et-Oise.

Nous n'avons évidemment ici qu'à nous occuper du dernier côté de la question.

Il résulte des analyses de Berzélius que l'urine humaine contient par kilogramme :

Eau.	933 gr.
Matières organiques.	49
Substances minérales salines diverses.	18
Total.	1000 gr.

Enfin l'analyse de l'urine, faite à un autre point de vue, a donné 10 à 12 grammes d'azote par kilogramme, et un peu plus d'un gramme et demi de phosphates. Cette richesse de l'urine en matières azotées conduirait à la placer, sous ce rapport, presque sur la même ligne que le foin commun, à poids égal.

Si nous comparons maintenant, d'une manière sommaire, l'urine avec le lait de vache, voici le résultat auquel cette comparaison nous conduit :

L'analyse a donné, en moyenne, pour la composition du lait, sur un kilogramme :

Eau.	875 gr.
Beurre.	36
Sucre de lait.	33
Matières minérales.	5
Matières azotées diverses (albumine, caséum, etc.).	51
Total.	1000 gr.

La proportion d'azote combiné ne dépasse pas 6gr.,6 c'est-à-dire qu'elle n'atteint pas les deux tiers de celle qu'on trouve dans l'urine.

La proportion de phosphates se trouve, au contraire, notablement plus élevée, car elle dépasse habituellement 2$^{gr.}$,751, au lieu d'un gramme et demi qu'on trouve dans l'urine.

La comparaison de ces résultats, *sans nous fournir une preuve certaine, nous permet cependant de ne pas rejeter comme improbable la possibilité d'une valeur nutritive de l'urine comparable à celle du lait de vache*, et les faits pratiques signalés plus haut paraissent mériter une attention sérieuse de la part des agronomes praticiens.

Nous n'entreprendrons pas ici de discuter les résultats de cette pratique au point de vue spécial de la qualité de la viande des animaux soumis à un pareil régime ; la question exigerait une étude particulière pour laquelle je me déclare trop peu compétent.

Le seul fait pratique de cette nature parvenu à ma connaissance, c'est que la viande des jeunes veaux qui ont consommé du lait mêlé d'urine, est plus rouge que la viande des veaux nourris de lait pur. Mais ce fait ne résume qu'une partie des conséquences auxquelles pourront conduire des observations méthodiques plus complètes sur la question.

SUR LA
PRÉSENCE DANS DU VIN
DE L'ÉTHER ACÉTIQUE
EN PROPORTION ASSEZ CONSIDÉRABLE POUR ÊTRE NUISIBLE.

(Mars 1862.)

On attribue, généralement, l'ivresse causée par l'abus des boissons fermentées, à l'alcool, qui est un des principaux produits de la fermentation. Cette opinion se fonde sur ce qu'on voit l'ivresse se manifester, en général, d'autant plus vite que la boisson est plus riche en alcool.

On a également reconnu, depuis longtemps, que tous les consommateurs ne sont pas influencés de la même manière, et que la même quantité du même liquide peut exercer des actions diverses sur des individus différents.

Mais, en laissant de côté les boissons mousseuses, qui ont un genre d'action plus complexe, à raison de la grande proportion d'acide carbonique qu'elles contiennent en dissolution, il est permis de penser que, si l'alcool est la principale cause de l'ivresse due à l'abus des boissons fermentées, il est d'autres causes, encore mal connues, qui doivent intervenir, en exerçant pour leur compte une influence plus active, et qui méritent, par cela même, de fixer l'attention des physiologistes, à raison de l'énergie particulière de leur action, à raison des effets tout spéciaux qu'elles produisent sur l'organisme.

Par exemple, on s'est demandé, bien souvent, pourquoi certains vins paraissent jouir de propriétés enivrantes en quelque sorte exceptionnelles, hors de proportion avec leur richesse alcoolique réelle.

Sans doute plusieurs causes distinctes peuvent exercer leur influence spéciale, et le plus souvent l'effet général produit est une sorte de résultante de toutes ces actions particulières ; mais il peut arriver qu'une des causes prédomine, et qu'alors ses effets distincts et spéciaux puissent être plus facilement constatés et appréciés.

J'en citerai comme exemple un fait particulier, qui m'a paru mériter, par sa nouveauté, une mention toute particulière.

Dans le courant de l'année 1855, un ecclésiastique des environs de Caen vint me consulter, au sujet d'un vin blanc qu'il croyait falsifié, parce que la très-minime quantité qu'il en employait pour célébrer le service divin suffisait pour lui causer des étourdissements passagers.

La dégustation la plus attentive ne put me faire constater qu'une seule chose dans ce vin, c'est qu'il était plus acide que ne le sont ordinairement les Chablis de qualité moyenne, auxquels on le rapportait, suivant la déclaration du vendeur.

J'en fis trois fois l'essai pour alcool, et je trouvai, comme résultats de ces trois opérations distinctes :

1°   7,50   d'alcool pour 100 parties de vin.
2°   7,60   id.   pour 100   id.
3°   7,65   id.   pour 100   id.

Il devenait évident, en présence de ces nombres, que les effets physiologiques produits par le vin dont l'examen m'était confié, devaient avoir une autre cause que l'alcool, puisque cette substance ne s'y trouvait qu'en proportions très-modérées. Le vin devait donc, ainsi que l'avait soupçonné le digne ecclésiastique, renfermer quelque principe particulier, doué de propriétés spéciales ; mais quel était ce principe ?

L'examen le plus attentif des matières solides tenues naturellement en dissolution dans le vin, ne me conduisit à aucune conséquence importante. La seule observation que j'eus l'occasion de faire fut la constatation d'une proportion *un peu faible* de bitartrate de potasse.

Mais, en surveillant attentivement le troisième dosage de l'alcool, je crus reconnaître, par son odeur caractéristique, la présence de l'*éther acétique*, substance douée de propriétés stupéfiantes comme l'éther ordinaire et le chloroforme, mais à un plus haut degré.

Pour vérifier mes soupçons, je soumis à une distillation ménagée une quantité de vin plus considérable, afin d'en isoler, s'il était possible, le produit spécial dont j'avais cru reconnaître l'existence.

L'éther acétique bout à 74 degrés.
L'alcool bout à 78,4 degrés.

L'éther acétique est donc un peu plus volatil que l'alcool, et par suite il importait, pour le condenser et prévenir de trop grandes pertes, d'abaisser la température du serpentin et du réfrigérant de l'appareil distillatoire plus qu'on ne le fait ordinairement pour condenser l'alcool. On a donc rempli d'un mélange frigorifique liquide le réfrigérant qui entoure le serpentin.

La première opération donna un mélange d'alcool et d'éther acétique ; en rectifiant deux fois le mélange, après l'avoir, chaque fois, additionné d'un peu d'eau qui retenait l'alcool et retardait son dégagement, tandis qu'elle n'agissait que faiblement sur l'éther acétique, on obtint celui-ci presque pur, dans la proportion de près d'un gramme par litre de vin.

La présence de près d'un millième d'éther acétique dans le vin, et l'énergie d'action de cette substance, nous autorisent à penser que si, dans le vin analysé, elle n'a pas agi seule, elle a dû, au moins, y jouer un rôle d'une certaine importance.

Il est probable que l'éther acétique doit se trouver assez communément, dans beaucoup de vins, en proportions notables, mais, jusqu'à ce jour, il n'était pas arrivé à ma connaissance qu'on en eût dosé la quantité d'une manière approximative.

J'en ai trouvé depuis, en 1856, environ deux millièmes dans un échantillon de bon vin blanc qui s'était acidifié partiellement, par suite d'accident survenu à plusieurs bouteilles.

J'en ai également trouvé en proportion notable dans un cidre de deux ans, qui était devenu un peu dur, c'est-à-dire un peu acide.

Je me proposais d'étendre mes recherches à un certain nombre de vins capiteux d'une richesse alcoolique moyenne, dont l'action énergique ne saurait être attribuée uniquement à l'acool qu'ils renferment ; mais, placé loin des pays producteurs de vin, j'ai dû renoncer à cette étude, faute de pouvoir compter avec une suffisante certitude sur la sincérité des échantillons, et de pouvoir suivre les procédés de fabrication, qui doivent jouer un rôle important dans la production spontanée de la curieuse substance dont je désirais constater la présence et doser approximativement les proportions.

8

RAPPORT

sur le

CONCOURS

OUVERT POUR LE PRIX LAIR

DÉCERNÉ A L'AUTEUR DU TRAVAIL CONTENANT LE PLUS DE RÉSULTATS NOUVEAUX
SUR LA BONNE FABRICATION DU CIDRE, ET LES DONNÉES LES PLUS IMPORTANTES
SUR LES QUESTIONS QUI S'Y RATTACHENT

MESSIEURS,

Il y a près d'un quart de siècle, la Société d'agriculture et de commerce de Caen avait conçu le projet d'ouvrir un concours ayant pour objet la recherche des perfectionnements dont était susceptible la fabrication des cidres, des poirés, et des eaux-de-vie qui en proviennent.

Par suite de circonstances qu'il est inutile de rappeler ici, ce projet ne put avoir de suite, parce qu'il était conçu sur de trop larges bases, et que son étude complète aurait exigé des travaux et surtout des dépenses trop considérables de la part des concurrents.

Si, depuis cette époque, quelques légères améliorations de détail ont été proposées ou essayées dans la préparation de ces boissons essentiellement normandes, il reste encore à éclairci bien des points dont l'étude pourrait contribuer à perfectionner la fabrication des cidres et celle des produits qui en dérivent.

Aussi avez-vous décidé, dans votre séance du 21 juin 1861,

sur la proposition de votre commission des concours, *qu'un prix de cinq cents francs serait décerné en 1862 par la Société, le jour de l'anniversaire séculaire de sa fondation, à l'auteur du travail qui contiendrait le plus de résultats nouveaux sur la bonne fabrication du cidre, et les données les plus importantes sur les questions qui s'y rattachent.*

Vous aviez pensé que, pour porter leurs investigations sur une partie quelconque d'une question aussi complexe, il convenait de laisser aux concurrents la plus grande latitude possible, afin que chacun d'eux pût marcher plus librement dans la voie spéciale dans laquelle il pouvait être engagé déjà au moment de l'ouverture du concours.

Vous aviez également pensé que nulle époque ne pouvait être mieux choisie que celle de l'anniversaire séculaire de la fondation de la Société, pour décerner l'un des prix fondés par l'homme vénérable qui fut, pendant un demi-siècle, le promoteur principal du bien qu'a pu faire dans le pays la Société d'agriculture et de commerce de Caen.

Je viens aujourd'hui vous rendre compte, au nom de votre commission, du résultat du concours que vous aviez ouvert.

Nous devions penser que, dans un pays qui produit, chaque année, des quantités si considérables de cidre, dans un pays qui compte tant de personnes intéressées à la bonne fabrication de cette boisson; enfin dans un pays qui compte un si grand nombre de Sociétés d'agriculture, composées d'hommes compétents et laborieux, les concurrents seraient nombreux; nous devions espérer, pour plus d'une raison, que plusieurs de nos confrères entreraient en lice; à ce point de vue, c'est-à-dire au point de vue du nombre des concurrents, nos espérances ne se sont pas réalisées.

Un seul Mémoire nous a été présenté ayant pour titre : *Des semences de pommes et de leur action sur la qualité du cidre.*

Mais sous ce titre modeste, qui indique assez le point de vue auquel entendait plus spécialement se placer l'auteur, il a su captiver d'une manière toute particulière l'attention de la commission.

Je vais essayer, Messieurs, de vous donner une idée des faits les plus saillants que l'auteur a consignés dans son mémoire, en réclamant de la Compagnie, pour son rapporteur, toute l'indulgence dont il a besoin, surtout lorsqu'il traite d'une question comme celle du cidre dont il n'a pu faire sa boisson habituelle.

Est-ce un avantage ou un inconvénient d'écraser les pepins pendant le brassage des fruits à cidre ?

Les praticiens sont encore loin de s'être mis d'accord sur ce point.

Les uns affirment, avec M. *Girardin* [1], que *l'écrasement des pepins communique au moût un principe amer, et une huile d'un goût fort peu agréable.*

Suivant les autres, *quand on écrase les pepins, le cidre se conserve mieux, a plus de montant, meilleur goût, et il est moins sujet à devenir dur.*

Entre deux opinions si opposées, formulées par des personnes qui doivent avoir un intérêt direct à chercher et à connaître la vérité, il serait difficile de faire un choix raisonné sans le justifier par des faits authentiques, et le travail dont je dois vous rendre compte va vous mettre à même de vous prononcer avec connaissance de cause.

Nous diviserons notre rapport en deux parties, dont la première sera consacrée à l'exposition des faits constatés par l'auteur du mémoire; ce sera, en quelque sorte, la partie théorique;

Dans la deuxième partie, nous chercherons à déduire de ces faits des conséquences pratiquement utiles.

PREMIÈRE PARTIE.

« Les pepins de fruits à cidre, nous dit l'auteur du mémoire, se composent d'une enveloppe ou périsperme et d'une « petite amande.

« L'amande représente 45 pour 100 du poids du pepin sec;

---

[1] *Chimie appliquée aux arts*, 8e édition, 47e leçon.

« Le périsperme semi-ligneux en représente le reste, c'est-
« à-dire 55 pour 100. »

Les amandes peuvent céder au sulfure de carbone environ
55,5 pour 100 de leur poids d'une *huile fixe* incolore, soit 25
pour 100 du poids des semences non décortiquées.

Cette huile fixe n'a aucun mauvais goût, et, lorsqu'elle est
fraîchement extraite, elle se rapproche, par la saveur, des
huiles de faînes et d'œillette.

En humectant le tourteau de pepins de pommes, après l'extraction de cette huile, et en le traitant comme celui d'amandes amères, l'auteur est parvenu à en retirer un pour 1000
d'une huile essentielle volatile qu'il considère, et non sans
raison, comme identique avec l'essence d'amandes amères.

J'ai l'honneur de mettre sous les yeux de la Compagnie
des échantillons de ces divers produits, préparés dans le courant de l'année dernière.

Les recherches de la nature de celles qui nous occupent,
et dont les résultats nous paraissent si simples, lorsqu'ils nous
apparaissent dégagés des complications qui les accompa-
gnaient originairement, présentent des difficultés parfois im-
prévues, dont la solution exige tout à la fois beaucoup de persévérance et une grande sagacité.

Ainsi l'auteur, en écrasant les pepins, et les pressant ensuite
par les moyens ordinaires, n'était parvenu à obtenir, d'environ
40 kilogrammes de ces pepins, après cinq heures d'une pression
soutenue équivalente à 100 000 kilogrammes, que 100 gram-
mes d'huile fixe, c'est-à-dire $\frac{1}{400}$ du poids des semences, ou environ la centième partie de la quantité d'huile qui s'y trouve
en réalité. Il semblait douteux, à première vue, que les tourteaux retirés de la presse, durs comme du marbre, en pussent
fournir davantage.

Plusieurs essais faits avec l'élaïomètre vinrent bientôt montrer combien on était loin de la vérité, en donnant 25 pour 100
d'huile au lieu de $\frac{1}{400}$ [1].

---

[1] L'élaïomètre dont s'est servi l'auteur du mémoire, dans les recherche

En incorporant du sable dans les pepins broyés, l'auteur put enfin porter à 18 pour cent le rendement en huile obtenu par des procédés mécaniques, n'en laissant ainsi qu'environ 7 pour 100 dans le tourteau, c'est-à-dire à peu près ce qu'on laisse habituellement dans les bonnes fabriques d'huile de graines.

Pendant les distillations réitérées nécessaires pour isoler la petite quantité d'huile essentielle dont les éléments existaient dans le tourteau de pepins des fruits à cidre, l'auteur du mémoire eut plusieurs fois l'occasion de voir cette essence éprouver un genre d'altération sur lequel je crois devoir également appeler votre attention : une partie de l'essence se transformai en un autre produit, *l'acide benzoïque*, résultant de l'oxydation du premier, sous l'influence de l'air, influence d'autant plus active, que le contact des deux substances est plus multiplié, ce qui explique sans peine comment sa transformation s'opérait sur une échelle d'autant plus grande, que les distillations ou rectifications étaient répétées un plus grand nombre de fois.

On arriverait, d'ailleurs, à des résultats tout à fait analogues, en opérant de la même manière sur les tourteaux d'amandes amères.

Enfin, nous devons ajouter encore que l'essence d'amandes amères, quand on la conserve dans un flacon mal bouché, peut aussi donner lieu à cette production d'acide benzoïque, et que l'huile essentielle fournie par les tourteaux de semences de pommes subit également ce genre d'altération dans des conditions analogues.

Enfin, les pepins de pommes peuvent encore céder à *l'eau une matière gommeuse* que l'alcool peut en séparer en la précipitant.

dont il est ici question, est un appareil ingénieux et très-commode, qu'il a lui-même imaginé. On en trouvera une description circonstanciée dans nos *Eléments d'analyse chimique appliquée à l'agriculture*, pages 177 et suivantes (in-18).

DEUXIÈME PARTIE.

Essayons maintenant de distinguer, en suivant les idées de l'auteur, quelle peut être l'influence particulière de chacune des substances contenues dans les pepins, et dans quelle mesure chacune d'elles peut agir sur les qualités du cidre ou des produits qui en dérivent.

Huile fixe.— Quelle que soit la nature du cidre, quel que soit le cru par lequel il se recommande, l'addition d'une huile fixe *sans odeur et sans aucun mauvais goût* ne saurait nuire à sa qualité, et encore moins à sa conservation. Cette huile, plus légère que le liquide, ne tarde pas à se rassembler à sa surface, n'arrive au consommateur qu'avec les derniers litres de sa boisson, et ne peut, en conséquence, communiquer par sa présence un mauvais goût quelconque au liquide, avec lequel elle ne se mêle pas.

D'ailleurs, Messieurs, beaucoup d'entre vous ont été à même de mettre en pratique la recommandation de feu Thierry notre ancien confrère, qui conseillait, il y a plus de trente ans, de verser par la bonde d'un fût contenant du cidre environ 30 grammes d'huile d'olive par hectolitre, pour en mieux assurer la conservation, surtout dans les futailles de petites dimensions.

J'ai été personnellement à même plusieurs fois d'apprécier le mérite de cet excellent conseil, et je suis convaincu que vous en avez conçu la même bonne opinion, et que vous avez souvent constaté l'efficacité d'une mince couche d'huile pour préserver le cidre de l'action acidifiante de l'air, action qui paraît d'autant plus à craindre que le cidre est plus léger et moins alcoolique.

La proportion d'huile d'olive recommandée par Thierry correspondrait à environ 500 grammes pour un tonneau de 1 600 litres.

Or pour un tonneau de 1 600 litres il faut environ 50 hectolitres de pommes, et chaque hectolitre contient, d'après l'auteur, environ 300 grammmes de pepins.

Si tous les pepins étaient écrasés, et que l'huile en fût expulsée en totalité, les 15 kilogrammes de pepins pourraient fournir jusqu'à 3 750 grammes d'huile ; ce serait plus de six fois la quantité jugée suffisante par Thierry, mais on ne voit pas bien en quoi cet excédant pourrait être nuisible. — D'ailleurs on sait parfaitement que l'on ne parvient jamais à écraser tous les pepins, et il est également certain qu'on ne doit pas expulser, pendant les opérations du brassage, la totalité de l'huile que pourraient fournir les pepins écrasés.

Nous croyons donc pouvoir partager l'opinion de l'auteur, que l'huile fixe contenue dans les pepins ne peut communiquer aux cidres un mauvais goût, et qu'elle peut, dans beaucoup de cas, contribuer à leur bonne conservation.

Matière gommeuse. — Nous ne comprenons pas davantage en quoi la matière gommeuse que l'eau peut extraire des pepins écrasés serait capable de nuire à la qualité du cidre ; cette matière ne pourrait, tout au plus, que lui donner un peu plus de corps, ce qui ne saurait être un désavantage.

Huile essentielle. — Reste enfin l'huile essentielle, dont, à ma connaissance du moins, personne n'avait signalé ni même soupçonné la production aux dépens de certains principes constitutifs des pepins de fruits à cidre.

C'est à cette substance surtout, nous pourrions dire presque uniquement à elle, qu'il faut attribuer la saveur particulière qui nous reste après avoir mâché des pepins, et surtout des pepins séparés de la partie charnue du fruit.

Les 15 kilogrammes de pepins contenus dans les 50 hectolitres de pommes nécessaires à la confection d'un tonneau de cidre ordinaire de 1 600 litres, en adoptant les données numériques présentées par l'auteur, pourraient fournir, au maximum, 15 grammes de cette huile essentielle, dans des conditions convenables ; et si la proportion qui s'en trouve dans les cidres est souvent bien loin de cette limite, même lorsqu'on a écrasé les pepins pendant la préparation, sa présence peut y jouer un rôle sur lequel nous devons nous arrêter un peu, parce qu'il s'agit, suivant toute vraisemblance, de l'un des points les plus délicats de la théorie de la fabrication des cidres et des eaux-de-vie de cidre.

Dans les cidres de bons crus fins et renommés, la production de cette huile essentielle, qui sera la conséquence de l'écrasement des pepins, pourrait masquer ou dénaturer cette finesse de goût qui constitue la supériorité de ces cidres ; il pourrait donc y avoir imprudence, en pareil cas, à broyer les pepins.

Lorsqu'il s'agit, au contraire, de cidres de seconde qualité ou de qualités inférieures, cette huile essentielle peut, dans beaucoup de cas, suppléer dans une certaine mesure au bouquet dont ils sont dépourvus, ou dissimuler un goût de terroir trop caractéristique. Il en sera de même encore lorsqu'il s'agira des petits cidres obtenus par le *remiage*.

En discutant le fait, si souvent annoncé, que certains petits cidres passent pour enivrer autant, si ce n'est plus énergiquement que beaucoup de gros cidres, l'auteur nous donne une explication qui mériterait bien de fixer l'attention des physiologistes.

Un tonneau de *petit cidre* s'obtient ordinairement en brassant une seconde fois le marc de deux ou même de trois tonneaux de *gros cidre ;* si les pepins ont été écrasés, comme c'est dans le marc que résident les éléments de l'huile essentielle, il peut arriver et il arrivera souvent que la nouvelle boisson en contiendra des proportions notables. Or, il suffit de respirer une très-petite quantité de cette singulière substance, pour comprendre l'énergie avec laquelle elle peut agir sur le cerveau, même à faible dose, et en nous plaçant dans des conditions favorables, un tonneau de petit cidre de 1 600 litres, préparé comme nous venons de le supposer, pourrait en contenir jusqu'à 40 ou 45 grammes.

Nous laissons à de plus compétents que nous le soin d'expliquer ce que peut offrir de spécial et de caractéristique l'ivresse provoquée par la présence d'une substance aussi active, et nous nous bornons à proclamer, une fois de plus, qu'il ne faut pas toujours se hâter de récuser avec dédain l'exactitude de certains faits souvent signalés par la foule, parce que la science ne les comprend pas encore et se voit impuissante à les expliquer.

Si nous nous plaçons au point de vue particulier de la conservation du cidre, l'huile essentielle peut agir comme agent conservateur, à raison même de son altérabilité sous l'influence de l'oxygène de l'air, en absorbant à son profit, pour se transformer peu à peu en acide benzoïque, une partie de cet oxygène qui contribue si puissamment à l'acidification des boissons.

Influence de l'huile essentielle sur la qualité des eaux-de-vie de cidre.

Lorsqu'on soumet à la distillation, pour en faire de l'eau-de-vie, un cidre provenant de pommes dont les pepins ont été écrasés, c'est-à-dire un cidre contenant une petite quantité de l'huile essentielle qui nous occupe, l'eau-de-vie doit en avoir le goût d'une manière bien plus prononcée que le cidre lui-même, puisque cette huile essentielle, entraînée par la distillation, se trouve répartie dans un volume de liquide beaucoup moins considérable ; en outre, la transformation partielle de cette essence en acide benzoïque doit être facilitée par la rectification de la petite eau, et communiquer ainsi à l'eau-de-vie une saveur et un parfum balsamique particuliers. Aussi l'auteur a-t-il trouvé, comme on devait s'y attendre, *une petite quantité d'acide benzoïque dans de vieilles eaux-de-vie de cidre* d'une origine authentique.

On a bien souvent répété que le broyage des pepins augmente la proportion d'alcool dans les cidres et élève le degré des eaux-de-vie qui en proviennent. L'auteur du mémoire pense qu'il doit y avoir là une erreur à rectifier, et nous sommes de son avis ; il a vainement essayé de faire fermenter des pepins de pommes écrasés, en les plaçant dans les conditions les plus favorables à la production de l'alcool.

Mais si nous nous rappelons que les eaux-de-vie provenant des cidres obtenus de pommes dont les pepins ont été broyés doivent contenir une petite quantité d'huile essentielle, surtout lorsque ces eaux-de-vie sont de préparation récente, nous

comprendrons sans peine que, si le rendement en alcool n'est
pas plus considérable, contrairement à une opinion généralement accréditée, la propriété enivrante de ces eaux-de-vie
doit être plus prononcée ; cette propriété spéciale a pu être
confondue, à raison de ses effets, avec une plus grande richesse alcoolique, ou, pour mieux dire, avec une plus grande
force, parce que, pour beaucoup de gens, la qualité d'une eau-
de-vie se mesure par sa force abrutissante.

Le travail dont j'essaie aujourd'hui de vous donner une idée
a pam à votre commission remplir les conditions du pro-
gramme, contenir des résultats nouveaux et importants sur
des questions relatives à la fabrication des cidres et des produits qui en dérivent.

Il nous paraît avoir fourni les moyens d'y faire intervenir ou
d'en éloigner, avec connaissance de cause, certains principes
qui, suivant les circonstances et suivant les goûts des consommateurs, peuvent y jouer un rôle favorable ou désavantageux.

L'auteur du mémoire ne s'est pas arrêté en si bonne voie,
Messieurs ; après avoir montré clairement l'influence que peuvent exercer sur la qualité des cidres ou des eaux-de-vie de
cidre les différentes parties constitutives des pepins, il s'est
imposé une nouvelle tâche dont il s'est encore acquitté avec
bonheur, et dont l'importance ne vous échappera pas.

Si, dans certains cas, l'écrasement des pepins offre un réel
avantage, tandis que, dans d'autres circonstances, il pourrait
être un inconvénient, il est évident que, dans les dispositions
actuelles des pressoirs à cidre, le même équipage de meules
ne pourra pas servir pour les deux cas ; les meules en bois
n'écraseront pas les pepins, les grosses meules en pierre ou en
granit les écraseront presque tous.

Si l'on trouvait avantageux de respecter les pepins dans la
préparation du gros cidre et de les écraser dans la confection
du cidre de remiage, on serait donc dans l'obligation d'avoir
un double équipage constituant un embarras et une grande
dépense.

Ici encore, Messieurs, l'auteur du travail que nous avons

l'honneur de proposer à vos suffrages comme digne du prix Lair, a eu la main heureuse, et une bonne inspiration. Il a imaginé un *concasseur* d'une extrême simplicité, capable de fonctionner, à volonté, de manière à respecter ou à broyer les pepins, en faisant varier l'écartement de deux petites meules en granit marchant en sens contraire, avec lesquelles un cheval peut broyer sans peine trois hectolitres de pommes en moins de deux minutes. Ce concasseur, qui a en outre le mérite de servir à une foule d'autres usages, tient fort peu de place, et il est, à raison même de sa simplicité, d'une réparation facile ; enfin, il pourrait être aisément mu à bras par deux hommes, ou être disposé, à l'aide d'une courroie, comme annexe d'une machine à battre.

Je n'insisterai pas plus longuement sur cette machine ingénieuse, qui a déjà été l'objet d'un vote approbatif de votre part, sur le rapport fait au nom d'une commission par notre honorable vice-président, si compétent en pareille matière.

En résumé :

Votre Commission des concours, après avoir pris connaissance du travail qui lui a été soumis, a reconnu que ce travail renferme l'exposé de faits nouveaux et importants, de nature à éclairer plusieurs points relatifs à la fabrication ou à la conservation des cidres ou des eaux-de-vie qui en proviennent.

Les expériences propres à mettre ces faits en évidence, délicates et dispendieuses, ont été poursuivies avec persévérance, et l'auteur n'a reculé devant aucun sacrifice pour les réaliser ou pour en contrôler l'exactitude, en présence de votre rapporteur.

Il a imaginé, en outre, et fait fonctionner avec succès, une machine qui, par sa puissance et par sa simplicité, nous paraît appelée à rendre à l'agriculture des services importants.

Par ces motifs, votre commission a l'honneur de vous proposer de décerner à l'auteur de ce travail le prix Lair proposé pour l'année 1862.

NOTICE HISTORIQUE

SUR LA

SOCIÉTÉ D'AGRICULTURE

ET DE COMMERCE DE CAEN

A L'OCCASION

DE LA CÉLÉBRATION DE L'ANNIVERSAIRE SÉCULAIRE DE SA FONDATION

Juillet 1862

MESSIEURS,

Il est des institutions qui, répondant à des besoins factices ou passagers, ne survivent guère aux causes qui en ont motivé la création, tombent ou s'éteignent sans bruit, avec l'entraînement qui en avait été le point de départ, ou sont quelquefois conservées en reconnaissance d'anciens services rendus, bien que ces services puissent être d'un autre âge.

Il est d'autres institutions qui, répondant à des besoins matériels ou intellectuels permanents, sont destinées à se perpétuer avec les besoins qu'elles ont pour mission de connaître, avec les intérêts qu'elles ont pour mission de défendre ou de sauvegarder ; elles se transforment avec eux pour les mieux comprendre, pour y mieux répondre, pour leur donner une plus complète satisfaction.

Telles sont, Messieurs, les associations qui se consacrent à l'étude sérieuse de tout ce qui peut contribuer, soit à l'accroissement, soit à l'amélioration des produits de l'agriculture ; telles sont encore les associations qui s'appliquent à la recherche des moyens d'accroître et de multiplier les transactions commerciales de toute nature, où les produits agricoles tiennent une si large place et figurent pour un chiffre si important.

C'est avec un juste sentiment d'orgueil, Messieurs, que nous nous rappelons, aujourd'hui, que la Société d'agriculture et de commerce de Caen figure parmi les plus anciennes de France ; seulement, il ne nous appartient pas de décider nous-mêmes si notre association doit être classée parmi ces institutions qu'on vénère pour leur passé, ou parmi celles dont la mission et les services rendus ont un caractère permanent d'actualité.

Nous ne cachons pas notre âge, nous avons cent ans accomplis, et nous voyons avec bonheur, au milieu de nous, les représentants de bien des Sociétés, nos sœurs et nos émules, dont le berceau commun fut jadis au milieu de nous ; comme autant de laborieuses colonies, elles se sont chargées, depuis, d'aller porter le flambeau du progrès agricole dans toutes les parties de l'ancienne généralité dont notre ville de Caen était le siége et le chef-lieu.

L'ancienne généralité de Caen, Messieurs, c'est la plus grande partie de cette basse Normandie considérée depuis long-temps comme un des beaux fleurons de la couronne de France ; de cette basse Normandie qui alimente de ses excellentes laitières plus du quart des départements de l'Empire, et qui, après avoir largement approvisionné le commerce de luxe, fournit encore à l'armée plus du tiers des chevaux nécessaires à la remonte de sa cavalerie.

Nous avons cent ans accomplis, Messieurs ; mais la vie réelle d'une Société ne se mesure pas en supputant les années de son existence ; elle se mesure par le nombre, et surtout par l'importance de ses actes.

Vous n'attendez pas de moi, Messieurs, que je fasse ici notre propre éloge, mais vous avez le droit de nous faire produire aujourd'hui nos états de services, qui seront en même temps pour nous une sorte d'examen de conscience, avec la ferme résolution de faire plus et mieux, s'il nous est arrivé d'avoir faibli; avec la résolution bien arrêtée de faire acte de persévérance, si le germe semé depuis un siècle n'a pas été frappé d'impuissance et de stérilité.

Mais avant d'esquisser à grands traits l'historique très-sommaire des œuvres de la Société d'agriculture et de commerce de Caen, son troisième secrétaire[1] éprouve le besoin de réclamer l'indulgence de ce public d'élite, de ces éminents représentants de tous les services publics, dont la présence vient rehausser l'éclat de cette fête, et témoigner, une fois de plus, de la sollicitude de tous pour les intérêts et pour les progrès de notre agriculture.

J'ai besoin de compter encore sur l'indulgence de mes confrères, qui m'ont confié la lourde tâche d'être aujourd'hui l'interprète de leur passé.

Je tâcherai d'être bref, Messieurs, car, aujourd'hui surtout, vos moments sont comptés.

Il y a juste un siècle, un arrêt du conseil d'Etat, en date du 25 juillet 1762, instituait, dans la généralité de Caen, une Société d'agriculture dont le siége se trouvait au chef-lieu.

---

[1] Le premier secrétaire de la Société fut le savant professeur *Desmoueux*, nommé directement par le roi Louis XV. Il conserva ce titre jusqu'en 1793.

Lors de la réorganisation de la Société, en 1801, son deuxième secrétaire fut le vénérable *Pierre-Aimé Lair*, dont la mémoire est encore présente au milieu de nos populations, pour le bien qu'il a fait par lui-même, et pour celui qu'il a fait faire par son infatigable initiative.

Il n'avait pas, comme son prédécesseur, le titre de secrétaire perpétuel, mais il fut constamment réélu jusqu'à sa mort, c'est-à-dire jusqu'à la fin de l'année 1852.

Il eut pour successeur le secrétaire actuel, qui occupe ainsi le troisième rang par ordre de nomination.

En un siècle, la Société n'a donc eu, jusqu'à ce jour, que trois secrétaires: Desmoueux, P. A. Lair et Isidore Pierre, titulaire actuel.

Sur la liste des **vingt-sept** premiers membres fondateurs, nommés directement par le roi Louis XV, nous trouvons des noms qui sont encore aujourd'hui l'honneur du pays.

A cette liste si restreinte de vingt-sept membres, choisis dans une région que représentent aujourd'hui plusieurs départements considérables, on sentit bien vite le besoin de faire des adjonctions nouvelles, et un arrêt du 24 février 1763 porte à soixante-seize le nombre des membres de la naissante Société.

Sur cette liste primitive nous voyons inscrits :

D'abord, en première ligne, comme commissaire du Roi, le nom de l'intendant de Fontette, le promoteur officiel de l'institution, et dont les descendants ont toujours tenu à honneur de travailler au succès d'un établissement auquel restera désormais attaché le nom de leur famille ;

Viennent ensuite les noms des évêques de Bayeux, de Coutances et d'Avranches, qui, comme leurs dignes successeurs, se sont toujours associés à tout ce qui peut contribuer à la prospérité de la plus utile et de la plus morale des industries humaines ;

On y lit encore le nom des Balleroy, qui rappelle un des grands services rendus au pays vers la même époque, l'ouverture de la mine de Littry ;

Celui des Banneville, dont un descendant figure aujourd'hui avec honneur dans le corps diplomatique ;

Celui des Blangy, dont le goût pour les progrès de l'agriculture est en quelque sorte un héritage de famille ;

Celui de La Londe, qui rappelle d'importantes études sur la navigation de l'Orne et sur l'assainissement de la ville de Caen ;

Celui de Magneville, dont le parc et les jardins de l'Ebisey ont si longtemps servi de champ d'expérience pour notre Société. Le nom de famille s'est éteint, mais sur ce nom respectable s'en est greffé un autre, avec un autre genre d'illustration, celui de Dumoncel, que nous pouvons revendiquer aussi pour nous et pour la Normandie.

Nous voyons encore sur cette liste un nom qu'on retrouve

toujours où il y a du bien à faire ou un service à rendre, le nom de d'Osseville, celui d'un de nos confrères les plus actifs, et les plus dévoués aux intérêts de l'agriculture normande et à l'honneur de la Société.

En tête de tous ces noms, auxquels nous pourrions ajouter beaucoup d'autres noms, qui prouvent que chez nous le goût des choses utiles, le véritable bon goût, est héréditaire dans les familles, figurait le nom d'Harcourt, ce nom qui se rattache, depuis tant de générations, à l'histoire ou au gouvernement de la Normandie.

Depuis sa fondation jusqu'à nos jours, la Société d'agriculture et de commerce de Caen n'a jamais dévié de la ligne que lui traçait l'arrêt de son organisation; elle a consacré les trente-deux premières années de son existence à propager, par des enquêtes ou par des publications, les principes les plus sages de l'agronomie de la seconde moitié du dix-huitième siècle; mais, quand vinrent ces années de terreur pendant lesquelles le bien lui-même passait souvent pour suspect, notre Société, comme toutes les associations du même genre, fut obligée de suspendre ses paisibles séances.

Je me trompe, Messieurs; il y avait alors, dans notre ville, un de ces hommes chez qui l'amour du bien public est une passion; il eut le courage, car il en fallait alors, de faire de sa maison le lieu de réunion des débris fugitifs de notre Société. Cet homme au cœur fervent, dont le souvenir doit être conservé religieusement parmi nous, c'était un de ces Thierry chez qui semble se perpétuer l'amour des sciences naturelles.

Lorsque les passions de l'époque se furent apaisées; lorsque, sous l'influence d'un gouvernement réparateur, le calme eut succédé à l'orage, l'aïeul de notre confrère unit ses efforts à ceux de MM. de Magneville, de Montfleury, et de plusieurs autres personnes recommandables, pour demander le rétablissement de la Société d'agriculture de Caen.

Cette demande fut gracieusement accueillie, et le 3 mai 1804, le préfet du département, le général *Dugua*, procédait à la nouvelle installation, en présence de notre savant compatriote *Vauquelin*, en présence d'un autre savant non moins illustre, le conseiller d'Etat Fourcroy, chargé à cette occasion d'une mission spéciale.

Notre Société, pendant la première période de son existence, s'était occupée exclusivement d'agriculture ; en recouvrant une nouvelle vie, elle comprit que le commerce et l'agriculture, dans notre pays surtout, sont les deux sources fondamentales de la prospérité publique ; elle comprit qu'on ne pourrait, sans injustice et sans danger, entre ces deux puissants leviers dont l'équilibre constitue la principale force d'une nation, provoquer un fâcheux antagonisme, également désastreux pour l'une et pour l'autre.

Voilà, Messieurs, la pensée qui servit de guide à nos prédécesseurs, voilà pourquoi nous sommes, tout à la fois, *Société d'agriculture et de commerce.*

Nous n'avons presque jamais tenu de ces brillantes séances publiques qui se transforment souvent, même dans les Sociétés d'agriculture, en tournois purement littéraires, et appartiennent, à ce titre, à des études d'un autre genre ; nous aimons mieux, disait avec une naïveté toute gauloise mon vénérable prédécesseur, Pierre-Aimé LAIR, *nous aimons mieux un peu plus d'utilité pratique et un peu moins d'éclat.*

Nos séances publiques, Messieurs, ce sont nos concours ; c'est là que, chaque année, depuis vingt-huit ans, c'est-à-dire, dix-sept ans avant l'établissement des concours régionaux de l'Etat, la Société montre au grand jour le résultat de ses efforts pour l'amélioration de cette belle et bonne race bovine que tant de départements nous envient ;

C'est là qu'on vient admirer les excellents types de ces fontaines à lait, dont vient s'approvisionner à grands frais, autour de nous, cette partie de l'Empire qu'on appelle encore le pays de France, c'est-à-dire les départements plus spécialement chargés de subvenir à la fabuleuse et toujours croissante consommation laitière de la capitale de l'Empire.

Nos séances publiques, Messieurs, ce sont nos concours de bonne culture, concours dans lesquels nous associons toujours à l'esprit qui dirige le bras qui exécute, au cultivateur intelligent le serviteur fidèle et consciencieux qui seconde ses efforts.

Nos séances publiques, Messieurs, ce sont les cinq grandes expositions de machines, d'instruments et de produits de toute nature, organisées par la Société en 1803, en 1806, en 1811, en 1819, et en 1834, expositions destinées à mettre en lumière toutes les richesses du département, à provoquer, à constater, à récompenser tous les genres de progrès.

Nous serions bien injuste, Messieurs, de ne pas ajouter que Pierre-Aimé *Lair* a constamment été, pendant un demi-siècle, l'âme de l'association, le promoteur infatigable de presque tout le bien qu'elle a pu faire.

Ne craignons pas de le dire aujourd'hui, à l'honneur de nos devanciers, notre Société n'a jamais eu qu'un seul but, travailler activement, constamment, dans l'intérêt de la prospérité du pays, tantôt en s'associant à des vœux ou à des mesures conçus en dehors de ses réunions, tantôt en prenant elle-même spontanément une initiative d'autant mieux accueillie au dehors, que le mobile en était dégagé de tout intérêt purement personnel.

A l'agriculture, qui pourvoit à nos plus pressants besoins, se rattache intimement l'horticulture, qui embellit nos demeures et fournit d'abondantes provisions pour la table modeste du pauvre, aussi bien que pour la table somptueuse des favoris de la fortune.

Ces rapports d'intimité sont si naturels, que dans beaucoup de nos départements, la même Société travaille au perfectionnement et au progrès de ces deux admirables sources de bien-être et de prospérité.

Mais l'horticulture, dans un pays riche et industrieux comme le nôtre, constitue à elle seule un si important sujet d'études, que la division du travail est devenue bientôt une nécessité ; une commission prise au sein de la Société d'agriculture et de commerce, après avoir organisé, il y a vingt-huit ans, la première de ces expositions dont nous avons aujourd'hui sous les yeux un si magnifique spécimen, devint ensuite le noyau d'une nouvelle Société, de la Société centrale d'horticulture du Calvados, de cette fille aînée dont nous avons le droit d'être fiers à si juste titre !

Au risque de faire comparer notre compagnie à ces mères qu'on accuse de trop de tendresse, parce qu'elles font l'éloge de leurs propres enfants, permettez-moi de rappeler encore que c'est la Société d'agriculture et de commerce de Caen qui, en 1837, organisa et dirigea les premières courses de Caen ; que c'est avec son active coopération que s'est *ensuite* constituée la Société actuelle des Courses [1].

Et c'est pour perpétuer le souvenir de cette initiative, que l'article 5 des Statuts de la nouvelle Société attribue la *nomination de* six *des membres de son Conseil d'administration à la Société d'agriculture et de commerce de Caen.*

Vous avez pu juger par vous-mêmes et apprécier le succès de l'œuvre, et l'avenir de cette création à laquelle notre Société peut justement s'enorgueillir d'avoir attaché son nom il y a vingt-cinq ans passés.

Enfin, Messieurs, c'est sous les auspices et avec l'appui

[1] Pendant les courses qui eurent lieu les 26 et 27 août 1837, une société, dite Société des courses, s'organisait pour *seconder à l'avenir les efforts de la Société d'agriculture.* Les Statuts de cette nouvelle Société, dont l'original fut déposé en minute chez M⁰ Durand, notaire à Caen, le 28 août de la même année, ont été rédigés et arrêtés pendant ces premières Courses, inaugurées d'une manière brillante, et continuées depuis avec tant de succès.

L'article 5 des Statuts de la Société des courses est ainsi conçu :

La Société sera administrée par un comité composé :

1° De M. le Préfet du Calvados ;

2° De M. le Maire de Caen ;

3° De douze membres désignés par la Société ;

4° De six membres de la Société d'agriculture et de commerce de Caen. *à laquelle le pays est redevable de l'établissement des courses de Chevaux à Caen.*

Article 6. — Les douze membres nommés par la Société seront renouvelés chaque année par tiers. Leurs fonctions dureront trois ans, etc.

Quant aux six membres nommés par la Société d'agriculture et de commerce, ils seront également renouvelés par tiers.

Les membres seront indéfiniment rééligibles.

moral de notre Société qu'a été inauguré ici, dans une de nos Facultés, il y a quatorze ans, un cours de chimie appliquée à l'agriculture, genre d'enseignement nouveau pour le pays, dans le but de montrer aux praticiens que la science peut, dans beaucoup de circonstances, leur venir en aide avec efficacité.

Cette nouvelle institution fonctionnait depuis deux ans à peine, quand le tuteur officiel des intérêts de l'agriculture française, le Ministre de l'agriculture et du commerce, la prit spontanément sous son patronage direct, en la mettant au rang des établissements de l'Etat.

Vous trouveriez, sans doute, Messieurs, que l'éloge d'une Société serait déplacé, aujourd'hui, dans la bouche de son secrétaire ; aussi me suis-je imposé la stricte obligation d'une simple énumération de ses actes les plus importants, et si les institutions dont elle a conçu la pensée, dont elle a réalisé l'organisation première, ont acquis l'importance que nous leur voyons aujourd'hui, c'est que l'idée en était bonne, qu'elle répondait à un besoin réel, et surtout parce que le soin de continuer et de perfectionner ces institutions a été confié à des hommes doués de ce feu sacré qui vivifie tout ce qu'il touche.

Un dernier mot, Messieurs, et je termine cette revue rétrospective qu'à mon grand regret le temps m'oblige d'abréger.

L'affection pour nos œuvres, pour les œuvres de nos devanciers, ne nous rend-elle pas trop fiers ou trop indulgents ?

Nous allons encore laisser parler les faits, et surtout les faits les plus récents ; nous nous en rapporterons au jugement impartial de nos émules.

Dans la dernière solennité agricole nationale, en 1860, au dernier Concours général de Paris, les plus brillants succès sont venus couronner les efforts progressifs des éleveurs de notre arrondissement, pour cette belle race chevaline de demi-sang, qui s'est fait définitivement sa place au soleil, et qui a conquis enfin ses lettres de grande naturalisation.

Au dernier Concours général agricole de Paris, les éleveurs de l'arrondissement de Caen, le seul sur lequel s'exerce directement, aujourd'hui, l'influence de notre Société, ont obtenu plus de la moitié, et la plus brillante moitié des récompenses décernées à notre espèce bovine normande ; et cependant cette race normande a des représentants presque partout en France.

C'est que, depuis trente ans, Messieurs, la Société n'a jamais abandonné cette pensée, que notre race bovine a ses qualités spéciales qu'il importe de conserver ; que cette race peut et doit s'améliorer par elle-même, comme toutes les races d'élite, et qu'il serait imprudent de tenter d'introduire dans ses veines un sang étranger, quel que soit d'ailleurs son mérite, parce que ce mélange pourrait modifier ou compromettre *les qualités laitières* qui recommandent à un si haut degré notre race bovine normande.

C'est que, depuis vingt-huit ans, au lieu de décerner, comme on l'a souvent fait ailleurs, des primes à l'exportation des animaux d'élite, nous avons constamment imposé aux éleveurs, *comme condition* de nos modestes encouragements, *l'obligation de conserver dans le pays* , au moins pour un temps déterminé, *les animaux qui nous ont paru les plus dignes de concourir à l'amélioration de la race.*

C'est, enfin, que les décisions de notre Société ont acquis, aujourd'hui, assez d'autorité, pour que, depuis vingt ans, le prix de saillie des taureaux qu'elle prime dans ses concours se soit progressivement élevé de *soixante centimes* jusqu'à *douze, quinze,* et même jusqu'à *vingt-cinq* francs.

Un tel résultat constate, tout à la fois, et le mérite progressif des animaux primés, et l'intelligente conviction des éleveurs de notre arrondissement.

Pardonnez-nous, Messieurs, d'avoir un peu longuement, peut-être, appelé votre attention sur nos œuvres, mais *la vieille centenaire* avait besoin de savoir si l'âge n'a pas affaibli ses facultés.

Elle vous a convoqués pour constituer aujourd'hui son conseil de famille. A vous, Messieurs, de décider si elle conserve encore assez de vigueur et d'énergie pour continuer de travailler avec vous à l'œuvre du progrès et de la prospérité publique !

RECHERCHES EXPÉRIMENTALES

SUR LE

POIDS DES BLÉS MOUILLÉS

L'année 1860, sans être comparable à l'année 1816, de désastreuse mémoire, a cependant causé aux cultivateurs de vives appréhensions, parce que des pluies fréquentes et long-temps continuées, survenues pendant la moisson, paraissaient devoir compromettre les récoltes de céréales. Beaucoup de blés, dans la moitié septentrionale de la France, ont été rentrés mouillés, et sont restés longtemps dépréciés.

Leur poids s'est trouvé généralement plus faible qu'on ne s'y attendait avant la récolte, même pour les blés qui ne paraissaient plus se ressentir notablement des fâcheuses influences auxquelles ils avaient été soumis.

J'ai pensé qu'il pouvait être intéressant de chercher si le mouillage des blés peut contribuer à diminuer leur densité relative ou le poids de l'hectolitre, alors même que le grain a perdu ensuite tout son excès d'humidité, et dans quelle mesure peut avoir lieu cette diminution de densité relative.

Enfin, les blés durs, les blés tendres et les blés intermédiaires sont-ils, sous ce rapport, influencés de la même manière par l'humidité ?

Telles étaient, en substance, les questions que je me proposais d'étudier.

Pour me soustraire, autant que possible, à la plupart des influences étrangères à celle dont je me proposais de faire l'étude, j'ai choisi, dans la belle et nombreuse collection de blés de notre collègue M. Manoury, des échantillons des cinq variétés bien distinctes ci-après dénommées :

1° Blé chevalier ;

2° Franc blé de la plaine de Caen ;

3° Blé dur ;

4° Blé blanc tendre ;

5° Blé rouge d'Ecosse.

Ces blés, récoltés en 1860 dans de bonnes conditions, avaient été obtenus dans un même champ, sur des parcelles préparées et cultivées de la même manière, et ils ont été nettoyés avec soin avant d'être soumis à l'expérience.

Détermination du poids de l'hectolitre.

A première vue, il semble que, dans des expériences de ce genre, rien ne soit plus facile à obtenir que le poids d'un volume donné de blé ; cependant j'ai reconnu bien vite que c'est dans cette détermination que se trouve la plus grande difficulté de pareilles recherches, lorsqu'on veut arriver à une certaine précision scientifique.

En effet, le poids d'un volume déterminé de blé varie d'une manière notable par le tassement, comme le savent depuis longtemps les personnes qui fréquentent habituellement les marchés à grains ; une simple petite secousse suffit pour faire entrer dans la mesure plusieurs centaines de grammes de plus.

M. Reiset a constaté que, suivant qu'on évite avec le plus grand soin toute espèce de tassement, ou qu'on pousse celui-ci jusqu'à ses dernières limites, on peut obtenir *jusqu'à huit kilogrammes* de différence dans le poids de l'hectolitre d'un même blé au même état. Mais ici la difficulté était encore plus grande, parce que s'il s'agissait d'un même blé, ce blé était dans des états différents qui facilitaient très-diversement le tassement.

En répétant un grand nombre d'essais, dans des conditions

très-variées, j'ai reconnu qu'en opérant le tassement par des
secousses produites en frappant sur le fond de la mesure, jusqu'à ce que le volume ne change plus d'une manière sensible,
on obtient, *avec le même blé pris dans des conditions de sécheresse identiques*, des résultats sensiblement concordants, lorsqu'on opère sur un litre de grain.

Les expériences faites sur une plus grande quantité, plus
dispendieuses, sont d'ailleurs beaucoup plus difficiles à exécu-
ter avec précision et à surveiller dans tous leurs détails avec
une suffisante exactitude.

J'ai constamment employé, comme mesure, ces carafes rondes
d'un litre jaugées avec soin, dont le col porte un trait circulaire
qui permet d'apprécier facilement le niveau supérieur du
grain, et en opérant avec soin, les différences de poids con-
statées dans des conditions semblables sur le même blé, pris
au même état, dépassaient rarement un ou deux grammes,
c'est-à-dire de $\frac{1}{800}$ à $\frac{1}{400}$ du poids total.

Marche suivie dans les expériences.

Sur chacun des blés mis en expériences, on prélevait trois
échantillons de 1500 grammes chacun, destinés à trois séries
d'épreuves distinctes.

Première série d'épreuves.

L'un des trois échantillons était soumis à un *trempage unique* dans l'eau froide pendant un temps qui variait d'une heure
et demie à une heure quarante minutes, après quoi le blé était
mis sur un grand tamis de crin peu serré où il s'égouttait, puis
on l'abandonnait à lui-même dans une chambre close au premier étage, en le remuant de temps en temps, pour faciliter
sa dessiccation lente et la rendre aussi uniforme que possible.

Dès que le blé était devenu assez coulant pour être pesé, on
en prenait le poids total, qui faisait connaître l'augmentation
due à l'eau absorbée; on déterminait également le poids du
litre correspondant à cet état d'humidité.

De nouvelles pesées, faites successivement à quelques jours d'intervalle, faisaient connaître le nouveau poids total et le poids du litre, quand le blé avait abandonné une partie de l'eau qu'il contenait au moment de l'observation précédente.

Lorsque le blé cessait de diminuer de poids par la dessiccation spontanée, on le soumettait à un étuvage très-lent et gradué, d'abord à une température peu élevée, puis à des températures successivement croissantes. — Pendant cet étuvage, qui durait plusieurs jours, on déterminait le poids total et le poids du litre correspondant à divers états d'humidité successivement décroissante, en prenant toujours la précaution de n'effectuer la détermination que lorsque le poids total était devenu sensiblemeni invariable.

Deuxième série d'épreuves.

L'échantillon de blé destiné à la deuxième série d'épreuves était d'abord arrosé une première fois sur un tamis, de manière à mouiller tous les grains, puis, lorsqu'il était bien égoutté, on l'abandonnait dans une chambre close, comme le blé trempé de la première série d'expériences.

Lorsqu'il était dans des conditions à pouvoir être pesé, on en déterminait le poids total et le poids du litre, après quoi l'on procédait à un second mouillage, puis à un troisième, etc., en attendant, entre deux mouillages consécutifs, que le grain fût devenu assez sec pour être pesé. Après le dernier mouillage, on laissait le blé se dessécher lentement et spontanément d'abord, et à l'étuve ensuite, en opérant de temps en temps des pesées comme sur le premier échantillon.

Parmi les difficultés pratiques des observations qui appartiennent à cette série, il importe de signaler d'une manière toute spéciale la tendance qu'éprouve le blé à germer. Nous avons dû rejeter plusieurs séries d'expériences dans lesquelles le blé présentait ainsi un commencement de germination, parce qu'alors les expériences ne sont plus comparables dans leurs résultats, et que les variations de poids qu'on observe ne peuvent plus être entièrement attribuées à de simples variations de la proportion d'eau.

Troisième série d'épreuves.

Enfin, dans une troisième série d'épreuves, faites sur du blé pris à l'état naturel, on prenait le poids total et le poids du litre à différents degrés de dessiccation bien constatés, pour servir de termes de comparaison avec les blés ramenés an même état de dessiccation après avoir été trempés ou mouillés.

Dans la plupart des séries d'observations, on a encore examiné le blé après l'avoir abandonné quelques jours à l'air après les derniers étuvages, afin de lui laisser reprendre une partie de l'humidité que l'étuve lui avait fait perdre.

Pour rapporter à un type bien défini la proportion d'humidité contenue dans ces divers échantillons de blé, il était nécessaire d'en amener une certaine quantité à l'état de dessiccation complète, ce qui présente quelque difficulté lorsque le grain est entier ; du moins j'ai toujours eu beaucoup plus de peine à enlever les deux derniers centièmes d'humidité dans le grain entier que lorsque j'avais eu la précaution de le moudre préalablement.

Pour définir encore mieux, s'il était possible, la nature des blés sur lesquels on a opéré, j'en ai fait le dosage de l'azote, qu'on trouvera ci-après, rapporté au blé à l'état naturel d'une part, et de l'autre au blé complétement privé d'humidité.

Voici maintenant le résumé des observations faites successivement sur chacune des cinq variétés de blé.

I. — BLÉ CHEVALIER.

Matière sèche pour 100. . . . 80,7
Humidité. 18,3
Dosage de l'azote à l'état naturel. 1,816
— à l'état de complète siccité. . 2,25

Un litre de ce blé, tassé comme il a été dit page 129, pesait, avant d'être soumis aux expériences . . . . . 830 gr.

Première série d'observations faites sur le blé chevalier.

1500 grammes de blé, après un trempage d'une heure et demie, ont été égouttés, puis soumis à une dessiccation très-lente, et pesés à diverses reprises pendant cette dessiccation.

1re *pesée :* Poids total. . . 1664,6 gr.
Poids du litre. . 777
Humidité du blé. 30,3 %

2e *pesée :* Poids total. . . 1485,5 gr.
Poids du litre. . 814
Humidité du blé. 18,4 %

3e *pesée :* Poids total. . . 1420,5 gr.
Poids du litre. . 818
Humidité du blé. 12,2 %

4e *pesée :* Poids total. . . 1321 gr.
Poids du litre. . 820,5
Humidité du blé. 7,3 %

5e *pesée :* Poids total. . . 1280,7 gr.
Poids du litre. . 821
Humidité du blé. 4,7 %

Deuxième série d'observations faites sur le blé chevalier.

1500 grammes du même blé, soumis à un premier mouillage, puis à une dessiccation lente suffisante pour rendre le blé maniable, ont donné :

Poids total. . . 1551 gr.
Poids du litre. . 791,5
Humidité du blé . 22,7 %

Par un second mouillage suivi d'une dessiccation convenable pour rendre le blé maniable, on a obtenu :

Poids total. . . 1638,5 gr.
Poids du litre. . 765
Humidité du blé. 28,6 %

Enfin, après un troisième mouillage, également suivi d'une dessiccation partielle, on a trouvé :

Poids total. . . . . . . 1656 gr.
Poids du litre. 760
Humidité correspondante. 31,5 %

On a ensuite abandonné le blé à une dessiccation lente et spontanée, pendant laquelle on en a fait plusieurs pesées dont voici les résultats :

1re *pesée.* Poids total. . . . . . 1462 gr.
          Poids du litre. 786
          Humidité du blé. . . . 16,6 %

2e *pesée,* Poids total. . . . . . 1409 gr.
          Poids du litre. 792,5
          Humidité correspondante. 13,3 %.

3e *pesée,* Poids total. . . . . . 1323,3 gr.
          Poids du litre. 794,5
          Humidité du blé. . . . 7,5 %

4e *pesée.* Poids total. . . . . . 1294,3 gr.
          Poids du litre. 794
          Humidité correspondante. 5,6 %.

Troisième série d'observations faites sur le blé chevalier.

Ces observations ont porté sur le troisième échantillon destiné à servir de terme de comparaison, qui a été mis à l'étude sans avoir été soumis à aucun mouillage préalable.

1re *pesée.* Poids initial. . . . . . 1500 gr.
          Poids du litre. 830
          Humidité correspondante. 19,3 %

2e *pesée,* après un premier étuvage.
          Poids total. . . . . . 1333,5 gr.
          Poids du litre. 838
          Humidité correspondante. 8,2 %.

3e pesée, après un nouvel étuvage à une température plus élevée.

Poids total. . . . . . 1284 gr.
Poids du litre. 844,5
Humidité restante. . . . 4,9 %

Avant de chercher à tirer des conclusions de ces trois séries d'expériences, nous allons les résumer sous la forme de tableaux, en complétant ceux-ci à l'aide d'un calcul d'interpolation fort simple, de manière à représenter le poids de l'hectolitre correspondant à un état hygrométrique déterminé du grain, et le poids réel de blé *entièrement privé d'eau* que contient un hectolitre dans ces diverses conditions :

Première série, après un seul trempage.

Proportion d'eau par 100 kil.	Poids de l'hectolitre.	Poids de blé entièrement privé d'eau dans un hectolitre.
kil.	kil.	kil.
30	77,65	54,36
25	79,20	59,40
20	80,90	64,72
15	81,36	69,16
10	81,78	73,60
5	82,10	77,99
0	82,19	82,19

Deuxième série, après plusieurs mouillages et séchages successifs.

Proportion d'eau par 100 kil.	Poids de l'hectolitre.	Poids de blé entièrement privé d'eau dans un hectolitre.
kil.	kil.	kil.
30	76,19	53,33
25	76,65	57,49
20	77,29	61,83
15	78,94	67,10
10	79,34	71,41
5	79,40	75,43
0	79,50	79,50

Troisième série, blé pris à l'état naturel.

Proportion d'eau par 100 kil.	Poids de l'hectolitre.	Poids de blé entièrement privé d'eau dans un hectolitre.
kil.	kil.	kil.
20	83,00	66,40
15	83,33	70,81
10	83,98	75,40
5	84,44	80,22
0	84,58	84,58

II. — FRANC BLÉ DE LA PLAINE DE CAEN.

Matière sèche pour 100 . . . . 84,2 gr.

Humidité. 15,8

Dosage de l'azote à l'état naturel. 2,102

— à l'état de complète siccité. . . . . 2,496 %

Un litre de ce blé, tassé comme il a été dit page 129, pesait, avant d'être soumis aux diverses séries d'épreuves, 838 gr. 5.

Première série d'observations sur le franc blé.

1500 grammes de ce blé, après un trempage qui a duré une heure quarante-cinq minutes, ont été égouttés, puis soumis à une dessiccation très-lente, et pesés à diverses reprises pendant cette dessiccation.

1re *pesée :* Poids total. . . . . . . 1722,75 gr.

Poids du litre. 770,

Humidité du blé. . . . 30,65 %

2e *pesée :* Poids total. . . . . . 1512 gr.

Poids du litre. 808

Humidité correspondante. 16,6 %

3e *pesée :* Poids total. . . . . . 1343,25 gr.

Poids du litre. 815,5

Humidité correspondante. 5,35 %

4ª *pesée* : Poids total. . . . . . 1290 gr.

Poids du litre. 810,

Humidité correspondante. 1,8 %

Deuxième série d'observations sur le franc blé.

1500 grammes du même blé, soumis à un premier mouillage, puis à une dessiccation lente suffisante pour le rendre maniable, ont donné :

Poids total. . . . . . 1594,5 gr.

Poids du litre. 804,

Humidité correspondante. 22,1 %

Par un second mouillage, suivi d'une dessiccation spontanée suffisante pour rendre le blé maniable, on a obtenu :

Poids total. . . . . . 1694,25 gr.

Poids du litre. 759,5

Humidité correspondante. 32,75 %

Après un troisième mouillage, également suivi d'une dessiccation partielle, on a trouvé :

Poids total. . . . . . 1845 gr.

Poids du litre. 739,

Humidité correspondante. 36,8, %

Enfin, après un quatrième mouillage, on a trouvé, quand le blé a été suffisamment ressuyé et séché :

Poids total. . . . . . 1894,5 gr.

Poids du litre. 739,

Humidité correspondante. 42,1 %

Abandonné ensuite à une dessiccation lente et spontanée d'abord, puis complétée à l'étuve, en se plaçant dans les conditions indiquées au commencement de cette notice, on a obtenu, aux divers états de dessiccation du blé, les résultats suivants :

1ʳᵉ *pesée* : Poids total. . . . . . 1684,5 gr.

       Poids du litre.   758,5

       Humidité du blé. . . .   28,1 %

2º *pesée* : Poids total. . . . . .   1557 gr.

       Poids du litre.   755,5

       Humidité correspondante.   19,6 %

3º *pesée* : Poids total. . . . . . 1485,75 gr.

       Poids du litre.   790,

       Humidité correspondante.   14,85 %

4º *pesée* : Poids total. . . . . . 1391,25 gr.

       Poids du litre.   804,

       Humidité correspondante.   8,55 %

Troisième série d'observations faites sur le franc blé.

Le troisième échantillon de franc blé destiné à servir de terme de comparaison, a été mis à l'étuve sans avoir été soumis à aucun mouillage préalable. Voici les résultats obtenus par les pesées qui en ont été faites à divers états de dessiccation :

1ʳᵉ *pesée* : Poids initial. . . . .   1500 gr,

       Poids du litre.   838,5

       Humidité correspondante.   15,8 %

2º *pesée*, après un premier étuvage :

       Poids total. . . . . . 1405,5 gr.

       Poids du litre.   844,

       Humidité correspondante.   9,5 %

3º *pesée*, après un deuxième étuvage :

       Poids total. . . . . . 1342,5 gr.

       Poids du litre.   838,5

       Humidité correspondante.   5,3 %

4º *pesée*, après un troisième étuvage :

       Poids total. . . . . . 1317 gr.

       Poids du litre.   840,

       Humidité correspondante.   3,6 %

Après dix jours d'exposition dans une petite chambre sèche et close, on a trouvé :

$$
\begin{aligned}
&\text{Poids total.} \quad . \quad . \quad . \quad . \quad . \quad 1413 \text{ gr.} \\
&\text{Poids du litre.} \quad . \quad . \quad . \quad . \quad 840,5 \\
&\text{Humidité correspondante.} \qquad 10 \,\%
\end{aligned}
$$

Nous allons encore, comme pour le blé précédent, réunir sous forme de tableaux les résultats qu'on peut déduire de ces diverses séries d'observations, en complétant ces résultats de manière à obtenir les poids de l'hectolitre correspondant à un état hygrométrique déterminé, et le poids réel de blé *entièrement privé* d'eau contenu dans un hectolitre, dans ces diverses circonstances.

Première série après un seul trempage.

Proportion d'eau par 100 kil.	Poids de l'hectolitre.	Poids de blé entièrement privé d'eau dans un hectolitre.
kil.	kil.	kil.
30	77,12	53,98
25	78,53	58,90
20	79,89	63,91
14	80,90	68,76
10	81,21	73,09
5	81,53	77,45
0	82,12	82,12

Deuxième série, après plusieurs mouillages et séchages successifs.

Proportion d'eau par 100 kil.	Poids de l'hectolitre.	Poids de blé entièrement privé d'eau dans un hectolitre.
kil.	kil.	kil.
15	84	71,40
20	81,6	65,22
25	78,46	58,84
30	75,63	52,94
35	74,36	48,33
40	73,9	44,34
45	73,9	40,65
40	74,19	44,51

35	74,89	48,68
30	75,49	52,84
25	76,58	57,43
20	77,63	62,10
15	78,96	67,12
10	80,08	72,07
5	81,19	77,13
0	82,19	82,19

Troisième série, blé pris à l'état naturel.

Proportion d'eau par 100 kil. kil.	Poids de l'hectolitre. kil.	Poids de blé entièrem nt privé d'eau dans un hectolitre. kil.
15	84	71,40
10	84,36	75,92
5	83,88	79,69
0	84,31	84,31
5	84,18	79,97
10	84,05	75,65

III. — BLÉ DUR.

Matière sèche pour 100. . . . 83,63

Humidité. 16,37

Dosage de l'azote à l'état naturel. 2,31 %

— à l'état de complète siccité. 2,76

Un litre de ce blé, tassé comme les précédents et avec les mêmes précautions, pesait, à l'état naturel, 816 grammes.

Première série d'observations sur le blé dur.

1500 grammes de ce blé ont été trempés pendant une heure et demie dans l'eau à la température de 18°, puis, après mouillage complet, soumis à une dessiccation très-lente, pendant laquelle on a constaté à plusieurs reprises le poids total et le poids du litre.

1re *pesée :* Poids total. 1713,

Poids du litre. 766,

Humidité correspondante. 30,57 %

2ᵉ *pesée* Poids total. . . . . . 1566,75 gr.
Poids du litre. 792,
Humidité du blé. . . 20,82 °/.

3ᵉ *pesée :* Poids total. . . . . . 1466,25 gr.
Poids du litre. 797,
Humidité correspondante. 14,12 °/°

4ᵉ *pesée :* Poids total. . . . . . 1333,5 gr.
Poids du litre. 787,
Humidité correspondante. 5,27 °/.

5ᵉ *pesée :* Poids total. . . . . . 1301,25 gr.
Poids du litre. 786,5
Humidité correspondante. 3,12 °/.

Deuxième série d'observations sur le blé dur.

1500 grammes du même blé ont été soumis à un premier mouillage, égouttés et soumis à une dessiccation très-lente ; pesé lorsqu'il a été maniable, ce blé a donné :

Pour le poids total. . . 1588,5 gr.
Poids du litre. 788,
Humidité correspondante. 22,27 °/.

Le blé a été mouillé une seconde fois et pesé lorsqu'il fut redevenu maniable.

Poids total. . . . . . 1627,5 gr.
Poids du litre. 783,
Humidité correspondante. 24,87 °/°

Par un troisième mouillage, suivi d'une dessiccation lente et spontanée convenable, on a obtenu :

Pour le poids total.. . . 1719,75 gr.
Pour le poids du litre. . 780,5
Humidité correspondante. 31,02 °/°

Après un quatrième mouillage, également suivi d'une dessiccation partielle, lente et spontanée, de nouvelles pesées ont fourni les résultats suivants :

Poids total. . . . . . 1707,75 gr.
Poids du litre. 766,5
Humidité correspondante. 30,22 %

Enfin, un cinquième mouillage a donné, en observant les mêmes précautions :

Poids total. . . . . . 1785, gr.
Poids du litre. 783,
Humidité du blé. . . . 35,37 %

On n'a pas cru devoir pousser plus loin les mouillages, pour éviter de faire germer le blé ; on l'a soumis à une dessiccation lente, à l'air libre d'abord, puis à l'étuve ensuite, et on l'a pesé à divers états de dessiccation :

1re *pesée :* Poids total. . . . . . . 1448,5 gr.
Poids du litre. 783,
Humidité correspondante. . 12,87 %

2e *pesée :* Poids total. . . . . . 1363,5 gr.
Poids du litre. 787,
Humidité correspondante. . 6,37 %

3e *pesée :* Poids total. . . . . . . 1339,5 gr.
Poids du litre. 784,
Humidité correspondante. . 5,67 %

4e *et der-* Poids total. . . . . . . 1288,5 gr.
nière pesée : Poids du litre. 770,
Humidité correspondante. . 2,27 %

Troisième série d'observations faites sur le blé dur.

Le troisième échantillon de blé dur destiné à servir de terme de comparaison a été mis dans l'étuve sans mouillage préalable, et pesé à plusieurs reprises pendant la dessiccation, qui a été rendue aussi lente que possible.

1re *pesée :* Poids total. . . . . . . 1500, gr.

Poids du litre. 816,

Humidité correspondante. . 16,37 °/.

2° *pesée*, après un premier étuvage.

Poids total. . . . . . . 1384,5 gr.

Poids du litre. 819,

Humidité correspondante. 8,67 °/.

Après avoir abandonné le blé dans l'étuve froide pendant trois jours, on a reporté celle-ci à une température à peu près la même que précédemment, et l'on a ainsi obtenu :

3° *pesée* : Poids total. . . . . . 1386, gr.

Poids du litre. 820,

Humidité correspondante. 8,58 °/•

4° *pesée*, après nouvel étuvage, à une température un peu plus élevée :

Poids total. . . . . . 1305, gr.

Poids du litre. 810,

Humidité correspondante. 3,37 °/•

Enfin, le blé sorti de l'étuve a été laissé pendant vingt jours dans une chambre sèche et close, et pesé ensuite une dernière fois.

5° *pesée* : Poids total. . . . . . 1432,5 gr.

Poids du litre. 818,

Humidité correspondante. 11,87 °/•

Résumant, sous forme de tableaux, comme pour les autres variétés de blé, les résultats des observations précédentes, complétées par un calcul d'interpolation qui ne présente aucune difficulté, on trouve successivement :

Première série, après un seul trempage.

Proportion d'eau par 100 kil.	Poids de l'hectolitre.	Poids de blé entièrement privé d'eau dans un hectolitre.
kil.	kil.	kil.
30	76,80	53,76
25	78,07	58,35

20	78,26	63,41
15	79,64	67,69
10	79,25	71,32
5	78,68	74,75
0	78,59	78,59

Deuxième série, après plusieurs mouillages et séchages successifs.

Proportion d'eau par 100 kil.	Poids de l'hectolitre.	Poids de blé entièrement privé d'eau dans un hectolitre.
kil.	kil.	kil.
20	81,57	65,26
25	78,27	58,70
30	77,42	54,19
35	76,04	49,45
30	76,58	53,61
25	77,07	57,80
20	77,55	62,04
15	78,04	66,83
10	78,49	70,64
5	78,02	74,12
0	76,95	76,96

Troisième série, blé pris à l'état naturel et étuvé.

Proportion d'eau par 100 kil.	Poids de l'hectolitre.	Poids de blé entièrement privé d'eau dans un hectolitre.
kil.	kil.	kil.
20	81,57	65,26
15	81,57	69,56
10	81,95	73,75
5	81,50	77,42
0	81,00	81,00
5	81,35	77,28
10	81,68	73,41
15	81,90	70,61

IV. — BLÉ BLANC TENDRE.

Matière sèche pour 100. 82,6

Humidité. 17,4

Dosage de l'azote à l'état naturel. .   1,80 °/₀
— à l'état de complète siccité.   .   2,18

Un litre de ce blé, tassé comme les précédents, et avec le même soin, pesait, à l'état naturel, 837 grammes.

Première série d'observations sur le blé blanc tendre.

1500 grammes de ce blé ont été mis à tremper pendant deux heures dans de l'eau à 15 degrés ; puis, après un égouttement complet, soumis, dans une chambre close et sèche, à une dessiccation très-lente pendant laquelle on le remuait souvent, pour en rendre l'état hygrométrique aussi uniforme que possible. Pesé à plusieurs reprises, pendant cette dessiccation lente, il a fourni les résultats suivants :

1ʳᵉ *pesée :* Poids total. . . . . . 1719,75 gr.
Poids du litre. 776,5
Humidité correspondante.   32,05 °/₀

2ᵉ *pesée :* Poids total. . . . . . 1593,75 gr.
Poids du litre. 797,5
Humidité du blé. . . . ,   23,65 °/₀

3ᵉ *pesée :* Poids total. . . . . . 1551,75 gr.
Poids du litre. 805,5
Humidité correspondante. .   20,85 °/₀

4ᵉ *pesée*, après un léger étuvage à une basse température :
Poids total. . . . . . 1474,5 gr.
Poids du litre. 812,
Humidité correspondante. .   15,7 °/₀

5ᵉ *pesée*, après un étuvage à une température plus élevée.
Poids total. . . . . . 1320,75 gr.
Poids du litre. 810,5
Humidité correspondante. .   5,4 °/₀

6ᵉ *pesée*, après un dernier étuvage plus énergique :

$$\text{Poids total.} \quad . \quad . \quad . \quad . \quad . \quad . \quad 1298,25^{\text{gr.}}$$
$$\text{Poids du litre.} \quad . \quad \quad . \quad . \quad . \quad 810,$$
$$\text{Eau hygrométrique.} \quad . \quad . \quad . \quad \quad 3,75 \text{ °/°}$$

Deuxième série d'observations sur le blé blanc tendre.

1500 grammes du même blé ont été soumis à un premier mouillage, égouttés, et après les avoir exposés à une dessiccation très-lente, on a trouvé, lorsque le blé fut assez sec pour être maniable,

$$\text{Poids total.} \quad . \quad . \quad . \quad . \quad 1603,5^{\text{gr.}}$$
$$\text{Poids du litre.} \quad . \quad . \quad . \quad 797,5$$
$$\text{Humidité correspondante.} \quad \quad 24,3 \text{ °/°}$$

Après un second mouillage, suivi d'une dessiccation lente partielle suffisante,

$$\text{Poids total.} \quad . \quad . \quad . \quad . \quad 1719,^{\text{gr.}}$$
$$\text{Poids du litre.} \quad . \quad . \quad . \quad 755,$$
$$\text{Eau hygrométrique corres-}$$
$$\text{pondante.} \quad . \quad . \quad . \quad . \quad . \quad 32 \text{ °/°}$$

Un troisième mouillage, suivi d'une dessiccation partielle suffisante, a donné :

$$\text{Poids total.} \quad . \quad . \quad . \quad . \quad 1787,25^{\text{gr.}}$$
$$\text{Poids du litre.} \quad . \quad . \quad . \quad 731,$$
$$\text{Humidité correspondante.} \quad \quad 36,55 \text{ °/°}$$

Le blé a été alors exposé dans une chambre sèche, à un courant d'air frais et modéré, pendant une quinzaine de jours; examiné alors, il a donné :

$$\text{Pour le poids total.} \quad . \quad . \quad 1459,5^{\text{gr.}}$$
$$\text{Poids du litre.} \quad . \quad . \quad . \quad 791,5$$
$$\text{Humidité correspondante.} \quad \quad 14,7 \text{ °/°}$$

On a obtenu ensuite, après un premier étuvage,

$$\text{Poids total.} \quad . \quad . \quad . \quad . \quad . \quad 1308,^{\text{gr.}}$$

Poids du litre. 784,
Humidité correspondante. 4,6 %

Après un second étuvage à une température peu différente de la précédente.

Poids total. . . . . . 1300,7 gr.
Poids du litre. 781,
Humidité correspondante. 4,1 %

Enfin, après un dernier étuvage plus énergique,

Poids total. . . . . . 1276,5 gr.
Poids du litre. 775,
Humidité correspondante. 2,5 %

Troisième série d'observations faites sur le blé blanc tendre.

Le troisième échantillon du même blé tendre a été étuvé sans mouillage ni trempage préalable, pour servir de terme de comparaison. Voici le résultat des pesées successives faites pendant sa lente dessiccation par étuvage à des températures successivement croissantes :

1re *pesée*, avant l'étuvage :

Poids total . . . . 1500, gr.
Poids du litre. 837,
Humidité correspondante . . 17,4 %

2e *pesée*, après un premier étuvage :

Poids total. . . . . . . 1342,5 gr.
Poids du litre. 837,5
Humidité correspondante. . 6,9 %

3e *pesée*, après un deuxième étuvage :

Poids total. . . . . . . 330,5 gr.
Poids du litre. 839,5
Humidité correspondante . . 6,1 %

4e *pesée*, après un troisième étuvage :

Poids total. . . . . . . 1304,25 gr.

Poids du litre. 837,5

Humidité correspondante. . 4,55 %

5e *pesée,* après qu'il eut été abandonné à l'air au sortir de l'étuve pendant cinq jours :

Poids total. . . . . 1341,75 gr.

Poids du litre. 839,

Humidité correspondante. . 6,85 %

6e *pesée,* après trois semaines d'exposition à l'air dans une chambre sèche et close :

Poids total. . . . . 1421,25 gr.

Poids du litre. 838,5

Humidité correspondante. . 12,15 %

Si nous résumons sous forme de tableaux les résultats des observations précédentes, et qu'on les complète par interpolation pour y faire figurer les résultats intermédiaires, nous trouvons successivement :

Première série, après un seul trempage.

Proportion d'eau par 100 kil.	Poids de l'hectolitre.	Poids de blé entièrement privé d'eau dans un hectolitre.
kil.	kil.	kil.
35	77,00	50,05
30	78,10	54,67
25	79,41	59,56
20	80,80	64,64
15	80,92	68,78
10	81,00	72,90
5	81,05	77,00
0	81,00	81,00

Deuxième série, après plusieurs mouillages et séchages successifs.

Proportion d'eau par 100 kil.	Poids de l'hectolitre.	Poids de blé entièrement privé d'eau dans un hectolitre.
kil.	kil.	kil.
20	83,50	66,80
25	79,23	59,42
30	76,60	53,62
35	73,92	48,05

40	70,27	42,16
35	73,47	47,76
30	74,88	52,01
25	76,27	57,20
20	77,67	62,13
15	79,07	67,21
10	78,82	70,94
5	77,89	74,00
0	77,29	77,29

Troisième série, blé pris à l'état naturel et étuvé.

Proportion d'eau par 100 kil.	Poids de l'hectolitre.	Poids de blé entièrement privé d'eau dans un hectolitre.
kil.	kil.	kil.
20	83,50	66,80
15	83,75	71,19
10	83,80	75,42
5	83,83	79,64
0	83,90	83,90
5	83,90	79,70
10	83,87	75,48
15	83,83	71,26

V. — BLÉ ROUGE D'ÉCOSSE.

Matière sèche pour 100. 84
Eau hygrométrique. 19
Dosage de l'azote à l'état naturel. . . . 1,827 %
— à l'état de complète siccité. 2,255

Un litre de ce blé, tassé avec le même soin et dans les mêmes conditions que les précédents, pesait, à l'état naturel, 825 gr.

Première série d'observations sur le blé rouge d'Écosse.

1500 grammes de ce blé ont été mis à tremper dans l'eau froide pendant une heure et demie; puis, après égouttage complet, soumis dans une chambre close et sèche à une dessiccation lente. Remué souvent pour rendre plus uniforme la dessiccation, ce blé a été pesé une première fois aussitôt qu'il fut trouvé assez sec à la surface pour être maniable facilement.

Poids total. . . . . . . 1748 gr.
Poids du litre. 752
Humidité correspondante.   35 %

On a ensuite soumis le blé à une dessiccation spontanée aussi lente et aussi régulière que possible, en le remuant souvent pour rendre uniforme la dessiccation et prévenir la germination des grains situés sur les angles du tamis. On a ainsi trouvé, dans des pesées successives :

2° *Observation :* Poids total. . . . . . . 1691,8 gr.
Poids du litre. 761,
Humidité correspondante.   31,8 °/°

3° *Observation :* Poids total. . . . . . 1604, gr.
Poids du litre. 777,
Humidité correspondante.   25,9 %

4° *Observation :* Poids total. . . . . . 1553,25 gr.
Poids du litre. 801,
Humidité correspondante.   22,5 %

5° *Observation :* Poids total. . . . . . 1469, gr.
Poids du litre. 809,5
Humidité correspondante.   16,9 %

On l'a soumis ensuite à un étuvage progressif, pendant lequel on a continué les observations de poids.

6° *Observation :* Poids total. . . . . . 1450, gr.
Poids du litre. 81.,5
Humidité correspondante.   15,7 %

7° *Observation :* Poids total. . . . . . 1373,75 gr.
Poids du litre. 822,5
Humidité correspondante,   10,6 %

8° *Observation :* Poids total. . . . . . 1308, gr.
Poids du litre. 821,5
Humidité correspondante.   6,2 %

Deuxième série d'observations sur le blé rouge d'Ecosse.

1500 grammes de ce même blé, pris à l'état naturel, ont été soumis à un mouillage complet sur un tamis, égouttés avec soin, et soumis à une dessiccation lente ; ce blé, observé au moment où il était devenu assez sec en apparence pour être maniable, a donné les résultats suivants :

Poids total. . . . . . . 1588,8 gr.
Poids du litre. 778,5
Humidité correspondante. 24,2 %

Après un second mouillage suivi d'une dessiccation lente partielle suffisante :

Poids total. . . . . . 1668, gr.
Poids du litre. 750,5
Eau hygrométrique correspondante. . . . . . 30,2 %

Après un troisième mouillage et dessiccation partielle suffisante pour rendre le blé maniable :

Poids total. . . . . . . 1739,85 gr.
Poids du litre. 745,5
Humidité correspondante. 35 %

Un quatrième mouillage a donné, après dessiccation partielle nécessaire :

Poids total. . . . . . . 1795,5 gr.
Poids du litre. 747,
Humidité correspondante. 38,7 %

Enfin on a obtenu, par un cinquième mouillage suivi d'une dessiccation partielle convenable :

Poids total. . . . . . 1876,5 gr.
Poids du litre. 742,
Humidité correspondante. 44,1 %

Le blé a été ensuite soumis, avec toutes les précautions nécessaires, à une dessiccation successive, pendant laquelle on en a observé le poids à plusieurs reprises :

1re *Observation :* Poids total. . . . . . . 1812, gr.

Poids du litre. 742,

Humidité correspondante. 39,8 %

2ᵉ *Observation* · Poids total. . . . . . 1627,5 gr.

Poids du litre. 751,5

Humidité correspondante. 27,5 %

3ᵉ *Observation :* Poids total. . . . : . 1499,25 gr.

Poids du litre. 787,5

Humidité correspondante. 19,95 %

4ᵉ *Observation :* Poids total. . . . . . 1369,5 gr.

Poids du litre. 796,9

Humidité correspondante. 10,3 %

5ᵉ *Observation :* Poids total. , ... 1308, gr.

Poids du litre. 803,5

Humidité correspondante. 6,2 %

6ᵉ *Observation :* Poids total. . . . . . 1293, gr.

Poids du litre. . . · . 796,

Humidité correspondante. 5,2 %

Troisième série d'observations faites sur le blé rouge d'Écosse.

·Le troisième échantillon de ce blé, mis à l'étuve sans avoir été soumis à aucune épreuve préalable de trempage ou de mouillage, a été observé plusieurs fois pendant la dessiccation, afin de constater les variations de poids que subissait l'hectolitre à divers états hygrométriques correspondant à un étuvage plus ou moins énergique :

1ʳᵉ *Observation :* Poids total. . . , , . 1500, gr.

Avant l'étuvage. Poids du litre. , . . . 825, gr.

Humidité correspondante. 19 %

2ᵉ *Observation :* Poids total. . . , . . 1414,5 gr.

Poids du litre. 836,

Humidité correspondante. 13,3 %

.3ᵉ *Observation :* Poids total. . . , . . . 1386, gr.
Poids du litre. 848,
Humidité correspondante. 11,4 °/₀

4ᵉ *Observation :* Poids total. . . . . . 1336,6 gr.
Poids du litre. . . . , 842,5
Humidité correspondante. 8,1 °/₀

5ᵉ *Observation :* Poids total. . . . . . 1296, gr.
Poids du litre. 843,
Humidité correspondante. 5,4 °/₀

Après une exposition à l'air sec, pendant quinze jours, dans une petite chambre close :

Poids total. 1345,
Poids du litre. . . . . 843, gr.
Humidité correspondante. 8,4 °/₀

Résumons enfin, sous forme de tableaux, comme nous l'avons fait pour les autres variélés de blé, les résultats que viennent de nous fournir les observations faites sur le blé rouge d'É-cosse, en complétant ces tableaux par des interpolations ba-sées sur les résultats observés.

Première série, après un seul trempage.

Proportion d'eau par 100 kil.	Poids de l'hectolitre.	Poids de blé entièrement privé d'eau dans un hectolitre.
kil.	kil.	kil.
35	75,20	48,88
30	76,59	53,61
25	77,46	58,10
20	80,47	64,38
15	81,38	69,17
10	82,23	74,04
5	82,14	78,03
0	82,10	82,10

Deuxième série, après plusieurs mouillages et séchages successifs.

Proportion d'eau par 100 kil.	Poids de l'hectolitre.	Poids de blé entièrement privé d'eau dans un hectolitre.
kil.	kil.	kil.
20	82,31	65,85
25	77,14	57,86
30	75,14	52,60
35	74,75	48,59
40	74,59	44,75
45	74,02	40,71
40	74,18	44,51
35	74,52	48,44
30	74,87	52,41
25	76,20	57,45
20	77,33	61,86
15	79,19	67,31
10	79,73	71,76
5	80,46	76,44
0	81,23	81,23

Troisième série. — Blé pris à l'état naturel et étuvé.

Proportion d'eau par 100 kil.	Poids de l'hectolitre.	Poids de blé entièrement privé d'eau dans un hectolitre.
kil.	kil.	kil.
20	82,31	65,85
15	83,28	70,79
10	83,99	75,58
5	84,3	80,08
0	84,3	84,30
5	84,3	80,08
10	84,3	79,87

Pour faciliter des comparaisons ou des rapprochements entre les résultats de même nature, pour les diverses variétés de blé soumises à l'expérimentation, nous avons rassemblé tous ces résultats sous forme de tableaux généraux, de manière à mettre en regard les données qui se rapportent aux séries d'observations dans lesquelles ces différents blés ont été soumis aux mêmes influences.

Ces rapprochements mettront plus facilement en évidence les faits généraux qui peuvent résulter des expériences que nous allons résumer.

Résultats observés sur les blés pris à l'état naturel et étuvés.

PROPORTION D'EAU pour 100 kil.	POIDS DE L'HECTOLITRE.					POIDS DE BLÉ entièrement privé d'eau, contenu dans un hectol.				
	Blé chevalier.	Franc blé.	Blé dur.	Blé blanc tendre.	Blé rouge d'Écosse.	Blé chevalier.	Franc blé.	Blé dur.	Blé blanc tendre.	Blé rouge d'Écosse.
kil.	kil.	kil.	kil.	kil.	kil.	kil.	kil.	kil.	kil.	kil.
20	83, 00	»	81, 57	83, 50	82, 31	66, 40	»	65, 26	66, 80	65, 85
15	83, 33	84, 00	81, 84	83, 75	83, 28	70, 81	71, 40	69, 56	71, 19	70, 79
10	83, 98	84, 36	81, 95	83, 80	83, 99	75, 41	75, 92	73, 75	75, 42	75, 58
5	84, 44	83, 88	81, 50	83, 83	84, 30	80, 22	79, 69	77, 42	79, 64	80, 08
0	84, 58	84, 31	81, 00	83, 90	84, 30	84, 58	84, 31	81, 00	83, 90	84, 30
5	»	84, 18	81, 35	83, 90	84, 30	»	79, 97	77, 28	79, 70	80, 08
10	»	84, 05	81, 68	83, 87	84, 30	»	75, 65	73, 51	75, 42	79, 87
15	»	»	81, 90	83, 83	»	»	»	70, 61	71, 26	»

Résultats observés après un trempage dont la durée était généralement d'une heure et demie.

PROPORTION D'EAU pour 100 kil.	POIDS DE L'HECTOLITRE.					POIDS DE BLÉ entièrement privé d'eau, contenu dans un hectol.				
	Blé chevalier.	Franc blé.	Blé dur.	Blé blanc tendre.	Blé rouge d'Écosse.	Blé chevalier.	Franc blé.	Blé dur.	Blé blanc tendre.	Blé rouge d'Écosse.
kil.	kil.	kil.	kil.	kil.	kil.	kil.	kil.	kil.	kil.	kil.
35	»	»	»	77, 00	75, 20	»	»	»	50, 05	48, 88
30	77, 65	77, 12	76, 80	78, 10	76, 59	54, 36	53, 98	53, 76	54, 67	53, 61
25	79, 20	78, 53	78, 07	79, 41	77, 46	59, 40	58, 90	58, 55	59, 56	58, 10
20	80. 90	79, 89	79, 26	80, 80	80, 47	64, 72	63, 91	63, 41	64, 64	64, 88
15	81, 36	80, 90	79, 64	80, 92	81, 3[?]	69, 16	68, 76	67, 69	68, 78	69, 17
10	81, 78	81, 21	79, 25	81, 00	82, 23	73, 60	73, 09	71, 32	72, 92	74, 01
5	82, 10	81, 53	78, 68	81, 05	82, 14	77, 99	77, 45	74, 75	77, 00	78, 03
0	82, 19	82, 12	78, 59	81, 00	82, 10	82, 19	82, 12	78, 59	81, 00	82, 10

Résultats observés après plusieurs mouillages et séchages successifs.

PROPORTION D'EAU pour 100 kil.	POIDS DE L'HECTOLITRE.					POIDS DE BLÉ entièrement privé d'eau, contenu dans un hectol.				
	Blé chevalier.	Franc blé.	Blé dur.	Blé blanc tendre.	Blé rouge d'Écosse.	Blé chevalier.	Franc blé.	Blé dur.	Blé blanc tendre.	Blé rouge d'Écosse.
kil.	kil.	kil.	kil.	kil.	kil.	kil.	kil.	kil.	kil.	kil.
15	»	84, »	»	»	»	»	71, 41	»	»	»
20	»	81, 06	81, 57	88, 50	82, 31	»	65, 28	65, 26	66, 80	65, 85
25	»	78, 46	78, 27	79, 23	77, 14	»	58, 84	58, 70	59, 42	57, 86
30	»	75, 63	77, 42	76, 60	75, 14	»	52, 94	54, 19	53, 62	52, 60
35	»	74, 36	76, 04	73, 92	74, 75	»	48, 33	49, 45	48, 05	48, 59
40	»	73, 90	»	70, 27	74, 59	»	44, 34	»	42, 16	44, 75
45	»	73, 90	»	»	74, 02	»	40, 65	»	»	40, 71
40	»	74, 15	»	»	74, 18	»	44, 51	»	»	44, 51
35	»	74, 89	»	73, 47	74, 52	»	48, 68	»	47, 76	48, 44
30	76, 19	75, 49	76, 58	74, 88	74, 87	53, 33	52, 84	53, 61	52, 01	52, 41
25	76, 65	76, 58	77, 07	76, 27	76, 20	57, 49	57, 43	57, 30	57, 20	57, 15
20	77, 29	77, 63	77, 55	77, 67	77, 33	61, 83	62, 10	62, 04	62, 13	61, 86
15	78, 94	78, 96	78, 04	79, 07	79, 19	67, 10	67, 12	66, 83	67, 21	67, 31
10	79, 84	80, 08	78, 49	78, 82	79, 78	71, 44	72, 07	70, 64	70, 94	71, 76
5	79, 40	81, 19	78, 02	77, 89	80, 46	75, 43	77, 13	74, 12	74, »	76, 44
0	79, 50	82, 19	76, 96	77, 29	81, 23	79, 50	82, 19	76, 96	77, 29	81, 23

Remarques générales sur l'ensemble des résultats obtenus.

S'il était permis de généraliser les conclusions auxquelles nous conduisent les résultats déduits des observations faites sur les cinq variétés de blé mis en expériences, nous dirions que la dessiccation d'un blé pris originairement dans un état normal d'humidité que j'évaluerai à 15 pour 100, n'en fait pas varier d'une manière notable le poids de l'hectolitre, du moins lorsque la pesée a lieu après une sorte de tassement *limite* obtenu par un nombre suffisant de secousses.

Mais ne perdons pas de vue que, si le poids brut de l'hectolitre n'éprouve alors que des variations insignifiantes, cela ne veut pas dire que la même mesure d'un même blé diversement desséché contient sensiblement le même poids de matière alimentaire, quel que soit l'état hygrométrique; en effet, puisque le même poids brut contient des proportions d'eau hygromé-

trique différentes, il est aisé de comprendre qu'à poids brut
égal, le blé le plus sec contiendra la plus grande proportion
de substances alimentaires. Donc, soit qu'il s'agisse de blés
pris dans des conditions hygrométriques normales, soit qu'il
s'agisse de blés plus ou moins énergiquement étuvés, il y aura
toujours avantage pour le consommateur, à prix égal, à choisir le blé le plus sec, quel que soit le mode de vente, au poids
ou à la mesure, lorsque le blé a été récolté dans des conditions satisfaisantes et qu'il n'aura pas souffert de l'humidité.

Cette vérité est en quelque sorte élémentaire, et le bon sens
la ferait pressentir, si la pratique de la boulangerie ne l'avait
depuis longtemps constatée; mais, ce qui est un peu moins
vulgaire, c'est la grandeur de la différence.

Lorsqu'on examine, dans les cinq dernières colonnes du
1er tableau de la page 154, la différence de poids de matière
sèche réelle contenue dans un hectolitre du même blé, on voit
qu'elle peut s'élever jusqu'à 13 kil. 8, suivant qu'on prend le
blé à 15 pour 100 d'humidité ou complétement privé d'eau ;
cette différence correspond à 16,5 pour 100 du poids de blé.

Influence d'un trempage d'une heure et demie.

En général, lorsque du blé, noyé dans l'eau pendant une
heure et demie, a été ensuite égoutté et séché au point de
contenir 30 pour 100 d'humidité, et qu'on observe, à partir
de cet état hygrométrique, le poids brut de l'hectolitre à mesure que le blé perd de l'eau qu'il contenait, on voit ce poids
augmenter d'une manière notable et presque régulièrement;
dans nos expériences, la différence entre le poids de l'hectolitre à 30 pour 100 d'humidité et celui de l'hectolitre de blé
entièrement privé d'eau, s'est élevée, suivant les variétés de
blé observées, de 1 kil. 8 à 5 kil. 5. Ces différences correspondent à 2.34 pour 100 du poids total dans le premier cas,
et à plus de 7 pour 100 dans le second cas.

L'inspection des cinq dernières colonnes du 2e tableau de la
page 154 nous montre également que, suivant que l'on consi-

dère du blé contenant une proportion d'eau hygrométrique plus ou moins considérable, ou le même *blé entièrement sec,* le poids du *blé réel* (c'est-à-dire entièrement privé d'eau) représenté par un hectolitre, pourra subir des variations énormes, qui s'élèveront parfois jusqu'à 25 kil., et pourront même dépasser 28 kil.; ces variations extrêmes représentent environ 50 pour 100 du poids le plus faible.

D'ailleurs, en perdant l'eau qu'il avait absorbée pendant le trempage, le blé ne reprend jamais son état initial, et la différence de poids entre un hectolitre de blé qui n'a pas été mouillé et un hectolitre du même blé soumis au trempage, peut varier de 2 à 4 kil., alors même que le blé a été amené, dans les deux cas, à contenir exactement la même proportion d'eau hygrométrique; les différences que nous venons de citer représentent 2,5 à 5 pour 100 du poids total.

Influence de plusieurs mouillages successifs.

Lorsqu'on observe les variations de poids que subit l'hectolitre de blé, par des mouillages successifs qui lui font absorber des quantités d'eau de plus en plus considérables, on voit ce poids diminuer d'abord assez rapidement jusqu'à ce que le blé contienne environ 30 pour 100 d'eau; si cette proportion d'eau continue de s'accroître successivement jusqu'à 40 ou même 45 pour 100, les variations de poids de l'hectolitre de blé sont alors beaucoup moins prononcées, du moins lorsque avant d'être pesé il a été préalablement soumis à des secousses réitérées en vue d'obtenir une sorte de poids limite.

Lorsqu'ensuite le blé perd peu à peu cet excès d'eau qu'il avait absorbée, il ne reprend jamais son volume primitif; il reste comme distendu, et *le poids de l'hectolitre, considéré au même degré d'humidité qu'avant le mouillage, est constamment plus faible qu'à l'état normal.*

Dans les cinq variétés de blé que j'ai étudiées, les diminutions ont été respectivement de 4 kil., — 5 kil., — 3 kil., — 4 kil. 75, — 4 kil., lorsque le grain était amené à contenir

15 pour 100 d'humidité ; ces mêmes différences étaient respéc-
tivement de 5 kil., — 2 kil. 1, — 4 kil., — 6 kil. 6, — et 3 kil.,
lorsque le blé était entièrement privé d'eau.

Ces différences, rapportées au poids total, seraient comprises
entre 2 et demi et 8 pour 100.

Si nous comparons maintenant ces diverses variétés de blé,
lorsque après plusieurs mouillages successifs ils ont été ramenés à ne plus contenir que 15 pour 100 d'humidité, il est assez
curieux de voir que le poids de l'hectolitre est sensiblement le
même pour tous, ou du moins que les différences ne dépassent
guère les erreurs possibles d'observation, tandis que cette
même comparaison donne des écarts beaucoup plus sensibles
lorsqu'il s'agit des mêmes blés contenant 30 pour 100 d'humidité, ou lorsqu'ils sont entièrement privés d'eau. Dans ce dernier cas, les différences peuvent s'élever jusqu'à plus de 5 kil.
par hectolitre, représentant plus de 6 pour 100 du poids du blé.

Il importe ici de ne pas oublier dans quelles conditions nos
pesées ont été faites ; avec le mode ordinaire de mesurage
sans tassement, les blés les moins chargés d'humidité auraient
eu encore plus d'avantage, parce que leur tassement spontané
est plus considérable, à cause de la plus grande facilité avec
laquelle les grains glissent alors les uns contre les autres.

EN RÉSUMÉ :

1° La dessiccation ou l'étuvage d'un blé récolté dans des
conditions normales ne paraît pas en faire varier d'une manière notable le poids de l'hectolitre, et il paraît alors s'établir,
entre la perte d'eau hygrométrique et le volume du grain,
une sorte de compensation d'où il résulte, que si chaque grain
a perdu de son poids, la diminution de volume correspondante
permet d'en faire entrer dans un hectolitre un nombre plus
considérable et presque exactement suffisant pour compenser
la perte de poids due à la dessiccation ;

2° Il n'en est plus de même lorsque le blé a été soumis à
l'influence d'un excès d'humidité par trempages, mouillages, etc.; le poids de l'hectolitre subit alors une diminution

assez considérable à mesure que le blé contient une plus forte proportion d'eau, et augmente ensuite beaucoup lorsque la proportion d'eau vient à diminuer;

3° Toutefois, le poids de l'hectolitre reste toujours inférieur à celui du même blé non mouillé, mais considéré au même degré d'humidité, et la différence peut s'élever jusqu'à 7 ou 8 pour 100 du poids total.

Ce résultat si général, que le blé qui a été soumis à un trempage ou à des mouillages ne reprend jamais son poids apparent primitif, est d'accord avec le fait de pratique ancienne, que les blés récoltés par des temps pluvieux sont généralement plus légers que lorsqu'ils ont été récoltés par un temps sec;

4° Les mouillages semblent tendre à faire disparaître la différence de poids qui peut exister à l'état normal entre l'hectolitre de blés de variétés différentes, lorsque après ces mouillages on ramène le grain à ne plus contenir qu'environ 15 pour 100 d'eau ; toutefois cette sorte d'égalité factice, qui cesse de se maintenir lorsque le grain contient une proportion d'humidité plus forte ou plus faible que 15 pour 100, constitue un fait assez singulier, qui demanderait à être vérifié sur un plus grand nombre de variétés;

5° Le peu de variation que subit le poids de l'hectolitre d'un même blé, récolté et conservé dans des conditions normales, lorsqu'on le considère dans des états très-différents de siccité, justifie le grand avantage que trouve le consommateur à préférer le blé le plus sec, s'il achète à la mesure. — L'avantage qu'il trouve à préférer le blé sec lorsqu'il achète au poids, est trop évident pour qu'il soit nécessaire de nous y arrêter.

6° Les variations de poids que les blés sont susceptibles de subir sous l'influence de l'humidité, paraissent en général d'autant moins étendues que les blés sont plus riches en principes azotés;

7° Les blés durs contiennent généralement moins d'eau hygrométrique que les autres ; ils sont moins sensibles à l'humidité, ils sont plus riches en principes nutritifs à poids égal ; ils mériteraient donc à ce titre la préférence de la part des consommateurs. Mais, dans les conditions qui servent aujourd'hui de base aux transactions de cette sorte, le producteur n'a aucun intérêt à livrer aux consommateurs des blés de cette nature, ou généralement des blés riches en matières azotées, et par cela même riches en phosphate s; ces variétés sont plus épuisantes pour le sol, à rendement égal, elles sont presque toujours dépréciées sur le marché comme pesant ordinairement moins à l'hectolitre, et comme donnant une farine moins blanche que celle des blés blancs à écorce tendre.

8° La vente du blé au poids est certainement préférable à la vente à la mesure ; mais l'ensemble des résultats de notre travail, en fournissant quelques arguments nouveaux à l'appui de la justice et de l'utilité de cette mesure, nous paraît encore avoir établi que les transactions seraient encore plus équitables si au poids brut, et en dehors de la qualité apparente du grain, venaient s'ajouter certaines données relatives à l'état hygrométrique réel, que les hommes les plus experts ne sauraient évaluer à première vue avec une rigoureuse exactitude.

ÉTUDES
SUR LE COLZA

CONSIDÉRATIONS GÉNÉRALES SUR L'OBJET DE CES ÉTUDES ET SUR LA MARCHE SUIVIE DANS LES EXPÉRIENCES QUI LEUR SERVENT DE BASE.

Le haut témoignage d'approbation que, dans la séance du 18 février 1859, la Société d'agriculture et de commerce de Caen a bien voulu donner à mes premières études sur cette question, m'imposait l'obligation de les continuer, pour les mettre plus complétement en rapport avec l'importance du sujet. C'est ce que j'ai essayé de faire dans le nouveau travail dont j'offre ici le résumé.

De toutes les plantes cultivées sous nos climats tempérés, il n'en est peut-être pas une seule dont la culture ait pris, en aussi peu de temps, une aussi grande extension que celle du colza (*Brassica campestris, Brassica oleracea*), et cependant cette plante ne paraît pas encore avoir été l'objet d'études positives en rapport avec son importance. Placé par les circonstances dans un pays où le colza est la source d'un mouvement agricole, commercial et industriel considérable, j'avais porté, depuis plusieurs années, mon attention sur cet important objet d'études ; et c'est le résultat des recherches nombreuses auxquelles je me suis livré que j'ai l'honneur de présenter aujourd'hui à mes collègues de la Société d'Agriculture et de Commerce de Caen.

Mon travail, quoique un peu volumineux, n'est pas encore aussi complet que je l'aurais désiré, et si je me décide à le présenter à mes collègues dans cet état d'imperfection, c'est afin de pouvoir mieux profiter de leurs bienveillantes critiques, que je sollicite pour le terminer d'une manière plus satisfaisante.

Ce travail sera divisé en trois parties :

Dans la première, je me suis proposé de suivre, *à diverses époques du développement du colza, la production et la répartition, dans ses différentes parties, de la matière organique, des substances azotées et des principes minéraux les plus importants.*

Dans la seconde partie, je me suis proposé d'étudier *la production de l'huile* que les graines de cette plante fournissent en si grande abondance, et dont l'extraction et l'épuration constituent l'une des principales branches d'industrie de plusieurs de nos départements français.

Enfin, dans la troisième partie de mes études, j'ai suivi, pendant le développement de la graine, l'accroissement et le transport qui s'y effectuent des matières organiques ou minérales, et particulièrement des matières grasses.

PREMIÈRE PARTIE.

Production et répartition, dans les différentes parties de la plante, de la matière organique, des substances azotées et des principes minéraux.

Cette recherche n'offre pas un très-grand intérêt tant que la tige n'a pas encore acquis un certain développement, et avant l'époque où la végétation progresse avec activité, parce qu'alors les feuilles constituent, sous le rapport de la masse, l'organisme dominant de la plante, et que la masse relative de ces organes peut subir, sous l'influence des variations atmosphériques, des changements considérables qui rendent les comparaisons difficiles.

J'ai donc cru devoir attendre, pour la soumettre à mes investigations, que la tige eût acquis déjà un notable développement. La hauteur moyenne des sujets qui m'ont servi était, au moment des premières observations, d'environ cinquante-cinq centimètres, comptés depuis la surface du sol jusqu'au sommet de la tige, sur laquelle les boutons floraux étaient déjà très-apparents.

Pour faciliter mes recherches, j'avais choisi, dans un champ de colza d'une assez grande régularité, une étendue d'environ deux ares, qui m'avait paru plus uniforme encore que le reste du champ ; puis, dans cette parcelle réservée, j'avais marqué, au moyen d'un bout de lacet noir qui fut noué très-lâche, une quarantaine de pieds qui semblaient satisfaire le mieux possible à toutes les conditions d'égalité indispensables pour les expériences de comparaison que je me proposais de faire ; c'est parmi ces quarante pieds que je prenais, à chaque époque d'observation, les quatre plantes sur l'ensemble desquelles devaient porter mes analyses.

Lorsque j'ai pris mon dernier échantillon, j'ai voulu reconnaître jusqu'à quel point il était permis de compter sur mes premières prévisions d'égalité dans les lots destinés à l'analyse ; au lieu de prendre quatre plantes de colza, j'en ai pris huit, et après les avoir coupées à la hauteur du collet de la racine, j'en ai fait deux lots de quatre plantes chacun, et la pesée de ces deux lots m'a donné les résultats suivants, immédiatement après la coupe :

Poids du 1ᵉʳ lot.   .   .   .   . 4 025 grammes.
Poids du 2ᵉ lot.   .   .   .   . 4 042 grammes.

La différence insignifiante de 17 grammes ne représente que 0,42 pour 100 du poids total, c'est-à-dire moins de 1/2 pour 100 ; elle eût été double ou triple qu'elle eût encore mérité d'être considérée comme insignifiante.

C'est après s'être entouré de toutes ces précautions que l'on a pris successivement le quadruple échantillon d'essai :

1° Le 22 mars 1859, alors que la plante, parvenue à cinquante-cinq centimètres de hauteur, était bientôt sur le point de fleurir ;

2° Le 2 avril ; la plante entrait en fleurs, et sa hauteur moyenne atteignait quatre-vingt-quinze centimètres ;

3° Le 6 mai, alors que la plante était complétement défleurie ; sa hauteur moyenne était d'un mètre vingt deux centimètres ;

4° Le 6 juin ; la plante était déjà très-avancée ; sa hauteur était moyennement d'un mètre trente-six centimètres ;

5° Enfin le 20 juin ; la plante avait encore gagné un ou deux centimètres ; les siliques jaunissaient, et les dernières feuilles avaient entièrement disparu ; le reste du champ devait être coupé le lendemain par le propriétaire de la récolte.

Chacun des échantillons destinés aux expériences était divisé de la manière suivante :

1° Racines coupées immédiatement au-dessus du collet et dépouillées, aussi bien que possible, de la terre interposée dans le chevelu ;

2° Tiges et rameaux tronqués à deux centimètres au-dessous de la plus basse fleur ou de la plus basse silique, et complétement dépouillés de leurs feuilles ;

3° Extrémités des rameaux munies de leurs fleurs ou de leurs siliques pleines ;

4° Feuilles vertes ;

5° Feuilles jaunes, tombantes ou tombées.

Chacune de ces parties, prise sur les quatre plantes, était l'objet d'un examen spécial, après avoir été desséchée à l'étuve jusqu'à ce que deux pesées consécutives donnassent le même résultat ; et comme il eût été difficile de soumettre à une analyse rigoureuse la totalité de la matière ainsi obtenue, elle était moulue et réduite en poudre, à l'aide d'une égrugette à

sarrasin, dont nous donnons ici la figure, et mélangée avec

soin pour la rendre homogène, ce qui permettait de n'opérer que sur des poids restreints, et de multiplier les essais sur chaque matière ainsi traitée.

Presque toutes les analyses ont été répétées deux fois, et les résultats n'étaient définitivement admis que lorsqu'ils étaient suffisamment concordants.

Comme il serait long et fastidieux de lire les détails de chacune des nombreuses analyses qui constituent la base de ce travail, je vais me borner à en résumer ici les principaux résultats sous forme de tableaux qui permettront, en outre, de saisir plus facilement les rapports que peuvent offrir entre eux ces divers résultats.

CHAPITRE Ier

DISTRIBUTION DE LA MATIÈRE ORGANIQUE DANS LES DIFFÉRENTES PARTIES DE LA PLANTE : PROPORTION DE MATIÈRE SÈCHE PRODUITE PAR UN HECTARE.

Pour nous placer, de prime abord, à un point de vue plus en rapport avec les considérations agronomiques, nous évaluerons immédiatement, au moyen des données qui résultent de nos analyses, le produit d'un hectare de colza dont la récolte serait entièrement composée de plantes comme celles qui ont servi de base à nos études, et nous pouvons affirmer que les rendements ainsi obtenus n'ont rien d'excessif et sont quelquefois dépassés dans notre plaine de Caen.

Nous avons admis que l'hectare était couvert de 40 000 pieds de colza, ce qui porterait l'espacement moyen à environ cinquante centimètres en tous sens.

J'ai pensé que la connaissance du poids, à l'état vert, des différentes parties de la plante, prises aux diverses époques d'observation, pouvait offrir aussi quelque intérêt ; j'ai réuni ces renseignements dans un premier tableau ci-après :

Tableau 1.

Poids de la matière verte rapportée à l'hectare, et prise au moment même de la récolte.

Date des observations.	Racines.	Tiges effeuillées et étêtées.	Sommités des rameaux avec fleurs ou siliques.	Feuilles vertes.	Feuilles mortes.	Poids total.
	kil.	kil.	kil.	kil.	kil.	kil.
22 mars.	4 700	8 760	1 560	15 050	»	30 070
2 avril.	4 700	11 900	2 210	12 880	1 190	32 880
6 mai.	5 710	25 070	11 140	7 350	4 860	53 630
6 juin.	5 980	20 490	22 470	430	1 870	50 690
20 juin.	6 100	20 180	20 070	»	»	46 850

Malgré la diminution progressive du poids des feuilles, nous voyons le poids de la récolte *verte* augmenter considérablement, jusqu'au 6 mai, époque à laquelle elle atteint son maximum pour redescendre ensuite jusqu'au moment où la récolte atteint sa maturité.

Il serait difficile de tirer de nombreuses conséquences réellement pratiques de ces données, parce que la proportion d'eau n'est pas la même à ces différentes époques, ni même dans les différentes parties des plantes qui font l'objet d'une seule et unique observation. C'est ce dont il sera facile de se convaincre, à l'inspection du tableau n° 2, qui suit.

Tableau 2.

Proportions de matière sèche par kilogramme de matière verte.

Date des observations.	Racines.	Tiges effeuillées et étêtées.	Sommités des rameaux avec fleurs ou siliq.	Feuilles vertes.	Feuilles mortes.	Moyenne pour la plante entière.
	gr.	gr.	gr.	gr.	gr.	gr.
22 mars.	170	108	133	116	»	123
2 avril.	191	110	146	125	126	131
6 mai.	225	154	184	124	208	158
6 juin.	195	160	173	153	504	181
20 juin.	195	148	250	»	»	198

Ce tableau nous montre que si, dans certaines parties de la
plante, la proportion de matière sèche contenue dans 1 kilogramme éprouve des variations un peu irrégulières, on voit,
au contraire, en considérant la plante entière, la proportion
de matière sèche contenue dans un poids donné de matière
verte éprouver un accroissement de plus en plus considérable, sans interruption, et, par conséquent, la plante devenir
de moins en moins aqueuse : ce qu'il était, jusqu'à un certain
point, permis de prévoir, bien qu'il ne fût pas permis de l'affirmer d'une manière certaine.

Si nous cherchons, maintenant, soit pour la plante entière,
soit pour chacune des parties qui proviennent de sa division,
la quantité de matière organique sèche produite sur 1 hectare
aux diverses époques de nos observations, et l'aliquote, par
kilogramme, de matière sèche qui appartient à chacune de ces
parties, nous arrivons à des résultats qui sont consignés dans
les tableaux 3 et 4 ci-après.

Tableau 3.

Matière sèche produite sur un hectare.

Date des observations.	Racines.	Tiges effeuillées et étêtées.	Sommités des rameaux avec fleurs ou siliques.	Feuilles vertes.	Feuilles mortes.	Récolte entière.
	kil.	kil.	kil.	kil.	kil.	kil.
22 mars.	816	943	208	1 745	»	3 712
2 avril.	898	1 810	823	1 610	150	4 291
6 mai.	1 285	3 861	1 493	911	907	8 457
6 juin.	1 156	3 278	3 887	66	814	9 201
20 juin.	1 189	2 987	5 018	»	»	9 194

Tableau 4.

Aliquote, par kilogramme, de matière sèche imputable à chaque partie.

Date des observations.	Racines.	Tiges effeuillées et étêtées.	Sommités des rameaux avec fleurs ou siliques.	Feuilles vertes.	Feuilles mortes.	Total.
	gr.	gr.	gr.	gr.	gr.	
22 mars.	220	254	56	470	»	1 000
2 avril.	209	305	75	376	35	1 000
6 mai.	152	457	176	108	107	1 000
6 juin.	126	356	422	7	89	1 000
20 juin.	129	325	546	»	»	1 000

A partir du moment où la formation de la graine est assurée, nous voyons le poids de la matière sèche des feuilles, à peu près stationnaire jusque-là, diminuer rapidement ; nous voyons une diminution analogue, mais moins rapide, se manifester, jusqu'à l'époque de la maturité, dans la partie des tiges comprise entre le collet de la racine et les plus basses siliques.

Nous voyons, au contraire, les extrémités des rameaux munis de leurs siliques augmenter de poids rapidement ; cette augmentation, du 22 mars au 6 mai, avait été de 600 pour 100 ; à partir du 6 mai jusqu'au 20 juin, c'est-à-dire en six semaines, cette partie de la plante éprouve encore un accroissement de poids de 235 pour 100.

Les résultats qui précèdent vont nous permettre encore d'évaluer l'augmentation du poids de la matière organique sèche de la récolte, pour un hectare, dans l'espace de vingt-quatre heures, soit dans la plante entière, soit dans chacune de ses parties, pendant les intervalles de temps qui séparent les époques de nos observations ; nous avons inscrit, dans le tableau n° 5, les nombres qui expriment cet accroissement diurne. Lorsqu'au lieu d'un accroissement, c'est une diminution qui se manifeste, on l'exprime en faisant précéder du signe (—) le nombre correspondant.

Tableau 5.

Accroissement diurne du poids de la matière organique sèche, pour un hectare.

Indication des périodes de temps.	Racines.	Tiges nues et étêtées.	Sommités des rameaux avec fleurs ou siliques.	Feuilles vertes.	Feuilles mortes.	Plante entière.
	kil.	kil.	kil.	kil.	kil.	kil.
Du 22 mars au 2 avril.	7,45	33,36	10,46	—12,27	13,64	52,64
Du 2 avril au 6 mai.	11,33	75,03	34,41	—20,56	22,26	122,53
Du 6 mai au 6 juin.	—4,16	—18,81	77,23	—27,26	—3,00	24,00
Du 6 au 20 juin.	2,36	—20,78	80,79	—4,71	—58,14	—0,50
Accroissement moyen du 22 mars au 20 juin	4,14	22,71	53,44	—19,39	»	60,91

Il n'est pas nécessaire de faire un grand effort d'esprit pour comprendre la possibilité d'un accroissement diurne quelconque de telle ou telle partie de la plante ou de la plante entière; mais il n'en est plus de même lorsqu'il s'agit d'une diminution, et surtout quand cette diminution coïncide avec un accroissement de la plante entière.

Et d'abord, nous pouvons observer encore une fois que cette diminution n'a jamais lieu pour les sommités des rameaux munis de leurs fleurs ou de leurs siliques pleines, et qu'on ne l'observe que sur les feuilles, sur les parties intermédiaires de la plante ou sur les parties inférieures.

Qu'on ne s'imagine pas que la diminution du poids de la matière organique des feuilles puisse être uniquement attribuée à la chute ou à la dispersion d'un certain nombre d'entre elles qui auront pu échapper à l'observation. Tout le monde est à même de voir que les feuilles, au moment où leur rôle naturel est accompli, tendent à se dessécher, même sur la plante, avant leur chute; mais avant de se flétrir, avant de se séparer du sujet qu'elles avaient pour mission de nourrir, les feuilles lui cèdent une partie de leur propre substance, et l'on ne saurait donner une idée plus juste et plus saisissable du rôle des feuilles étagées successivement, comme ici, sur les diverses parties de la tige d'une plante, qu'en le comparant au jeu d'une de ces chaînes à godets *alternatifs* qui servent à élever l'eau, en se la déversant successivement les uns dans les autres, jusqu'à ce qu'elle soit parvenue au réservoir supérieur destiné à la recevoir.

La diminution de poids qu'éprouve la tige, même en s'allongeant, ne peut s'expliquer autrement que par un phénomène de transport dont nous retrouverons encore la trace et les effets dans les chapitres de ce travail consacrés à la répartition des principes azotés ou des substances minérales.

Le temps d'arrêt qui s'observe à l'époque de la maturité correspond principalement à la mortification des feuilles, qui paraissent être les organes aspirateurs les plus actifs et les plus énergiques, et, par suite, les principaux agents de ces transports de substance organisable.

Les nombres que nous avons cités précédemment se rapportent à des plantes de belle venue, mais ne présentant rien d'extraordinaire sous ce rapport. Il ne sera sans doute pas sans intérêt de citer, comme termes de comparaison, des résultats qui ne représentent peut-être pas encore les limites extrêmes de poids d'une récolte pratique de colza. Ces nombres se rapportent à des plantes venues la même année, et cueillies le même jour, dans des champs peu éloignés l'un de l'autre.

Tableau 6.

Récolte d'un hectare supposé couvert de 40 000 pieds.

Époques des observations.		Poids de la récolte verte, racines comprises	Matière sèche par kilogr.	Poids total de matière organique sèche de la récolte.
		kil.	gr.	kil.
11 mai 1857, en fleurs	le plus fort..	86 004	106	9 807
	le plus faible .	6 791	141	1 007
8 juin,	le plus fort..	111 453	144	16 567
complétement défleuri.	le plus faible .	7 154	180	1 297
30 juin,	le plus fort..	85 544	227	19 396
au moment de la récolte,	le plus faible .	6 585	330	2 173

Ces résultats numériques nous montrent qu'il est possible d'obtenir, dans des conditions convenables, des produits plus que doubles de ceux sur lesquels ont porté plus spécialement nos recherches.

Nous voyons encore ici, comme dans le tableau 2 de la page 166, la proportion de matière organique sèche contenue dans chaque kilogramme de matière verte augmenter avec l'âge, et cela tout aussi bien dans les plantes faibles que dans les plantes les plus vigoureuses. Nous y voyons même que cette proportion de matière sèche est plus considérable dans les plantes faibles que dans les plantes plus fortes, ce que nous avions déjà eu l'occasion de constater dans un assez grand nombre de plantes, et particulièrement dans la betterave, dans le trèfle, dans la luzerne et dans le sainfoin.

CHAPITRE II.

PRODUCTION DES PRINCIPES AZOTÉS DANS LE COLZA, ET DISTRIBUTION DE CES PRINCIPES DANS LES DIFFÉRENTES PARTIES DE LA PLANTE, A DIVERSES ÉPOQUES DE SON DÉVELOPPEMENT. — PROPORTION D'AZOTE COMBINÉ PRODUITE PAR UN HECTARE DANS UNE RÉCOLTE DE COLZA.

De même que pour l'étude du développement de la matière organique sèche, nous examinerons d'abord ce qui existe dans la plante verte et fraîche, au moment où elle est extraite du sol, puis ce que renferment la plante et ses différentes parties, lorsqu'on les a dépouillées de toute l'humidité qu'elles peuvent abandonner par une complète dessiccation.

Nous nous sommes assuré, par un examen spécial, qu'à par quelques traces négligeables de nitrates, trouvées deux ou trois fois dans les feuilles, l'azote contenu dans les plantes de colza était engagé dans des combinaisons organiques : ce qui nous a permis de faire usage, pour le doser, de l'ingénieux procédé proposé par M. Péligot.

Nous avons réuni, dans le tableau qui suit, les résultats obtenus par l'examen de la matière organique verte :

Tableau 7.

Azote par kilogramme de matière verte.

Époques des observations.	Racines.	Tiges effeuillées et étêtées.	Sommités des rameaux avec fleurs ou siliques.	Feuilles vertes.	Feuilles mortes.	Plante entière.
	gr.	gr.	gr.	gr.	gr.	gr.
22 mars 1859.	2,141	2,10	7,78	3,14	»	2,91
2 avril.	2,31	1,83	7,36	3 25	1,95	2,847
6 mai	1,70	1,43	4.46	3,56	2.31	2,455
6 juin.	1,27	1,11	3,84	4,71	5,01	2,442
20 juin.	0,98	0,66	4,87	»	»	2,523

Nous voyons, par les nombres qui précèdent, que la proportion de matière azotée diminue constamment dans la racine, *prise à l'état vert*, depuis le moment de la floraison jusqu'à l'époque de la maturité; que cette diminution s'élève, pour un poids constant de matière, à plus de 60 pour 100. Cette diminution est plus considérable encore dans les tiges étêtées dépouillées de leurs feuilles.

Dans les rameaux munis de leurs fleurs ou de leurs siliques pleines, cette diminution est beaucoup moins rapide, et se change en une augmentation, à l'approche de la maturité.

Enfin, dans les feuilles actives ou dans les feuilles mortes, la richesse en azote suit une marche constamment ascendante.

Si, au lieu de considérer chaque partie séparément, nous considérons la plante entière, nous voyons que la proportion d'azote y subit de beaucoup moins grandes variations; qu'elle diminue lentement jusqu'aux approches de la maturité, époque à laquelle apparaît une légère augmentation.

Mais hâtons-nous de dire qu'en observant ainsi la plante à l'état vert ou naturel, il est un élément dont on ne tient pas exactement compte, et qui, dans les questions pratiques, mérite cependant d'être pris en très-sérieuse considération : c'est la proportion réelle de matière organique sèche, qui n'est pas

la même aux différentes époques, ni dans les différentes parties de la plante.

Nous allons réunir, dans le tableau qui suit, nº 8, les données relatives à la richesse en azote de la matière complètement privée d'eau, soit dans la plante entière, soit dans ses
diverses parties.

Tableau 8.

Azote par kilogramme de matière sèche.

Époques des observations.	Racines.	Tiges effeuillées et étêtées.	Sommités des rameaux avec fleurs ou siliques.	Feuilles vertes.	Feuilles mortes.	Plantes entières.
	gr.	gr.	gr.	gr.	gr.	gr.
22 mars 1859.	12,6	19,54	58,51	27,1	»	28,67
2 avril.	12,1	16,06	50,4	26,1	15,0	21,73
6 mai.	7,57	9,28	33 25	28,7	11,1	15,54
6 juin.	6,51	6,92	22,0	24,25	8,43	13,49
20 juin.	5,01	4,49	19,48	»	»	12,74

Ici, nous voyons la diminution porter à la fois sur toutes
les parties, et, par conséquent, se manifester dans la plante
entière elle-même, à mesure qu'elle avance vers la maturité.
Si les feuilles vertes paraissent nous offrir une légère excep-
tion, c'est qu'elles constituent la partie la moins homogène
de la plante, celle qui est la plus sensible aux influences
atmosphériques, pendant les diverses phases de son développement.

Ici encore, il importe de bien établir la distinction qui
existe entre la *proportion relative* de matière azotée contenue
dans un poids déterminé et constant, dans un kilogramme, par
exemple, de la plante entière ou de chacune de ses parties, et la
quantité absolue totale que referme une récolte entière ; car le
tableau suivant (nº 9) va nous montrer qu'en général à cette
diminution relative correspond une augmentation absolue de
la quantité d'azote organisé dans la plante entière.

Tableau 9.

Azote combiné renfermé dans la récolte produite par un hectare.

Époques des observations.	Racines.	Tiges effeuillées et étêtées.	Sommités des rameaux avec fleurs ou siliques.	Feuilles vertes.	Feuilles mortes.	Récolte entière.
	kil.	kil.	kil.	kil.	kil.	kil.
22 mars 1859.	10,28	18,42	11,84	47,30	»	87,84
2 avril.	10,86	21,75	16,26	42,02	2,33	93,22
6 mai.	9,73	35,83	49,68	16,16	10,07	181,40
6 juin.	7,53	22,69	85,52	1,60	6,86	124,19
20 juin.	5,96	18,41	97,77	»	»	117,11

Nous voyons la quantité totale d'azote contenue dans les racines diminuer progressivement, en même temps que la masse totale de matière organique réelle augmente dans cette partie de la plante.

Dans les tiges étêtées dépouillées de leurs feuilles, nous voyons la quantité totale d'azote augmenter jusqu'à l'époque de la formation des graines, pour diminuer ensuite et descendre au-dessous de la quantité qui s'y trouvait au moment de la première observation, tandis que le poids de la matière sèche triple dans le même laps de temps.

Les sommités des rameaux seules offrent un accroissement constant et toujours considérable, depuis la première jusqu'à la dernière observation.

Si, dans la récolte entière, nous voyons, à partir de l'observation du 6 mai, la quantité totale d'azote diminuer, il est naturel de l'attribuer à ce que, dans les dernières observations, une partie des feuilles mortes ont disparu et n'ont pu être recueillies. Il est assez curieux de voir qu'en négligeant, dans l'observation du 6 juin, la quantité d'azote contenue dans ces feuilles mortes, on retrouve exactement la même quantité totale d'azote dans cette récolte du 6 juin et dans celle du 20 juin, malgré les grandes différences que l'on observe dans les diverses parties : ce qui semble indiquer qu'à partir de la première de ces deux époques, les principes azotés de l'organisme de la plante, abstraction faite des tranformations qu'ils y peuvent encore subir, n'éprouvent plus d'accroissement important, mais obéissent à une action qui tend à les entrainer de la base de la plante vers la partie supérieure.

Si nous cherchons maintenant, pour chaque kilogramme de l'azote total, quelle est l'aliquote qu'il convient d'imputer à chacune des parties de la plante, à chacune des époques de nos observations, nous trouvons des résultats qui sont consignés dans le tableau suivant (n° 10), et qui nous permettent d'envisager encore à un nouveau point de vue cette répartition de l'azote dans la plante.

Tableau 10.

Aliquote, par kilogramme d'azote total, imputable aux diverses parties de la plante.

Époques des observations.	Racines.	Tiges effeuillées et élaguées.	Sommités des rameaux avec fleurs ou siliques.	Feuilles vertes.	Feuilles mortes.	Total.
	gr.	gr.	gr.	gr.	gr.	gr.
22 mars 1859.	117	210	135	538	»	1000
2 avril.	116	233	174	451	26	1000
6 mai.	74	272	379	199	77	1000
6 juin.	61	183	688	13	55	1000
20 juin.	51	114	835	»	»	1000

Ce que le tableau précédent nous offre de plus remarquable, c'est que les sommités des rameaux, au moment de la maturité, contiennent *plus des quatre cinquièmes de l'azote* de la récolte entière, tandis qu'elles ne représentent guère que *la moitié* du poids de la matière sèche.

Si nous calculons, comme nous l'avons fait pour la matière sèche, les variations du poids total de l'azote dans l'espace de vingt-quatre heures, soit dans la plante entière, soit dans ses diverses parties, pendant les intervalles de temps qui ont séparé les époques de nos observations successives, en affectant du signe (—) les résultats qui représentent une diminution, voici ce que nous trouvons :

Tableau 11.

Variation diurne du poids de l'azote contenu dans la récolte d'un hectare et dans chaque partie de cette récolte.

Intervalles des observations.	Racines.	Tiges effeuillées et étêtées.	Sommités des rameaux avec fleurs ou siliques.	Feuilles vertes.	Feuilles mortes.	Plante entière.
	gr.	gr.	gr.	gr.	gr.	gr.
Du 22 mars au 2 avril.	53	303	402	—480	211	499
Du 2 avril au 6 mai.	—33	414	981	—466	227	1123
Du 6 mai au 6 juin.	—72	—424	1158	—824	—103	—231
Du 6 au 14 juin.	—112	—663	875	—114	—490	—505

La diminution subie par la plante entière doit être imputée en partie à la perte des feuilles, et en partie à l'altération spontanée éprouvée par ces dernières.

Si nous cherchons à répartir entre les feuilles et les plantes effeuillées la totalité de l'azote que contient la récolte, nous voyons l'aliquote imputable aux feuilles diminuer rapidement jusqu'à l'époque de la maturité.

Tableau 12.

Répartition de l'azote de la récolte entre les feuilles et les plantes effeuillées.

Époques des observations.	AZOTE TOTAL DE LA RÉCOLTE.		ALIQUOTE PAR KILOG. D'AZOTE	
	dans les feuilles.	dans les plantes effeuillées.	Imputable aux feuilles.	Imputable aux plantes effeuillées.
	kil.	kil	gr.	gr.
22 mars 1859.	47,30	40 54	538	463
2 avril.	44,85	48,87	477	523
6 mai.	36,23	95,17	276	724
6 juin.	8,46	115,73	68	932
20 juin.	»	117,11	»	1000

Lorsque, dans le chapitre précédent, nous examinions la production et la répartition de la matière organique sèche, nous avons fait observer que les résultats formant la base principale de ce travail se rapportaient à des récoltes n'ayant rien d'excessif, et nous avons cité, à cette occasion, des récoltes pratiques qui s'écartaient beaucoup, soit en plus, soit en moins, de celles qui avaient servi à nos principales recherches; nous allons donner ici (dans le tableau 13) les proportions d'azote contenues dans ces récoltes extrêmes faites sur un hectare, en considérant séparément la plus forte et la plus faible.

Tableau 13.

Époques des observations.		Azote par kilog. de matières vertes.	Azote par kilog. de matière sèche.	Azote contenu dans la récolte d'un hectare.
		gr	gr.	kil.
11 mai 1857, en fleurs,	le plus fort.	3, 37	31, 8	312, 7
	le plus faible.	2, 93	20, 8	20. 9
8 juin,	le plus fort.	2, 92	20, 3	344, 5
complétement défleuri,	le plus faible.	2, 59	14, 4	19, 45
30 juin,	le plus fort.	3, 88	17, 1	337, 42
au moment de la récolte,	le plus faible.	5, 57	16, 9	37 1

Nous voyons, par les nombres ci-dessus, que la proportion d'azote contenue dans une récolte de colza peut s'élever à l'énorme proportion de *plus de* 300 *kilogrammes par hectare.*

Si, dans ces récoltes exceptionnelles, la proportion d'azote varie beaucoup moins que dans nos récoltes de 1859, c'est que la proportion des feuilles, aux époques des deux premières observations, y était plus considérable, et que les feuilles sont riches en matières azotées.

CHAPITRE III.

DÉTERMINATION DE LA NATURE ET DES PROPORTIONS
DES PRINCIPES MINÉRAUX LES PLUS IMPORTANTS DANS LE COLZA.
DISTRIBUTION DE CES PRINCIPES DANS LES DIFFÉRENTES
PARTIES DE LA PLANTE, A DIVERSES ÉPOQUES DE SON DÉVELOPPEMENT.
PROPORTIONS DE CES SUBSTANCES PRÉLEVÉES SUR UN HECTARE
DE TERRE CONSACRÉ A LA CULTURE DE CETTE PLANTE.

Au commencement de nos recherches, nous avons éprouvé d'assez grandes difficultés, pour éviter la fusion des cendres de certaines parties du colza, notamment de celles des racines et des tiges effeuillées, parce que, sous l'influence d'une température trop élevée, les sels alcalins que contiennent en forte proportion ces cendres en facilitaient la fusion. Il en résultait, pour la silice, une combinaison plus intime qui en rendait la séparation beaucoup plus longue et plus difficile pendant l'analyse. Je suis parvenu à éviter cet embarras, en réglant mieux le feu de la grande moufle dans laquelle se faisaient les incinérations. En surveillant attentivement l'opération, surtout lorsque la matière organique est presque entièrement brûlée, on parvient, sans trop de peine, à conserver à la cendre un état pulvérulent éminemment favorable à la combustion des dernières traces de charbon, dont j'ai rarement eu à tenir compte.

Nous avons constaté, dans la plupart des cas, la présence d'assez notables proportions de chlorures, et des proportions généralement moindres de sulfates ; mais le dosage exact de ces substances, dans les végétaux, nécessite le plus souvent des précautions spéciales pour en éviter la perte pendant l'incinération. Comme, pour le but que nous nous proposions, nous n'avions pas cru devoir nous astreindre à ces précautions minutieuses, nous n'avons pas cru pouvoir donner ici des dosages qui devaient être entachés d'erreurs dont l'importance pouvait varier d'une opération à l'autre, et, par suite, rendre toute comparaison illusoire.

Nous ne donnerons que les proportions de cendres, d'acide phosphorique, de chaux, et de sels alcalins divers dosés par différence, et réunis, le plus souvent, à une petite quantité de magnésie.

Les résultats ainsi obtenus se trouvent rassemblés dans la série de tableaux qui vont suivre :

Tableau 14.

Cendres par kilogramme de matière verte ou fraîche.

Époques des observations.	Racines.	Tiges effeuillées et étêtées.	Sommités des rameaux avec fleurs ou siliques.	Feuilles vertes.	Feuilles mortes.	Plante entière.
	gr.	gr.	gr.	gr.	gr.	gr.
22 mars 1859.	12,89	10,28	13,67	15,13	»	13,27
2 avril.	11,50	10,20	14,89	16,55	22,65	13,66
6 mai.	15,27	11,06	11,63	24,99	62,04	17,42
6 juin.	12,48	11,55	13,88	44,11	194,52	17,66
20 juin.	14,08	9,94	18,80	»	»	14,30

Tableau 15.

Cendres par kilogramme de matière sèche.

Époques des observations.	Racines.	Tiges effeuillées et étêtées.	Sommités des rameaux avec fleurs ou siliq.	Feuilles vertes.	Feuilles mortes.	Plante entière.
	gr.	gr.	gr.	gr.	gr.	gr.
22 mars 1859	75,85	95,23	102.81	130,41	»	107,92
2 avril.	60,23	92,69	98,50	132.42	179,02	104,31
6 mai.	67,87	71,84	86,73	201,57	280,98	110,24
6 juin.	63,99	72,17	77,36	288,30	327,48	97,56
20 juin.	72,28	67,49	75,22	»	»	72,22

Tableau 16.

Quantités de cendres fournies par la récolte d'un hectare.

Époques des observations.	Racines.	Tiges effeuillées et étêtées.	Sommités des rameaux avec fleurs ou siliques.	Feuilles vertes.	Feuilles mortes.	Plante entière.
	kil.	kil.	kil.	kil.	kil.	kil.
22 mars 1859.	61,89	89,80	21,38	227,56	»	400,63
2 avril.	54,08	121,42	31,84	213,19	26,85	447,38
6 mai.	87,35	277,37	129,48	183,6	254,84	941,26
6 juin.	73,96	236,57	285,15	18.69	266,56	880,93
20 juin.	85,88	200,69	377,45	»	»	664,02

Tableau 17.

Aliquote par kilogramme de cendres, imputable à chacune des parties de la plante.

Époques des observations.	Racines.	Tiges effeuillées et étêtées.	Sommités des rameaux avec fleurs ou siliques.	Feuilles vertes.	Feuilles mortes.	Plante entière.
	gr.	gr.	gr.	gr.	gr.	gr.
22 mars 1859.	155	224	53	568	»	1000
2 avril.	121	271	71	476	61	1000
6 mai.	92	295	137	195	281	1000
6 juin.	84	269	327	21	802	1000
20 juin.	129	302	569	»	»	1000

Les tableaux qui précèdent (14 à 17) nous montrent que la proportion des substances minérales contenues, soit dans 1 kilogramme de racines vertes, soit dans 1 kilogramme de racines complétement privées d'humidité, n'éprouve que des variations de peu d'importance pendant les trois derniers mois de végétation du colza ; cependant, lorsqu'il s'agit de la totalité de la récolte de ces racines produites sur une surface donnée, sur un hectare, par exemple, la quantité totale des matières minérales augmente en même temps que la masse de matière organique sèche.

Si nous considérons ce qui se passe dans la partie moyenne de la tige, nous voyons que la proportion de matières minérales contenues *dans chaque kilogramme* de substance verte n'éprouve que des variations insignifiantes ; que cette proportion diminue dans la plante sèche à mesure qu'on avance vers la maturité, tandis que la totalité des principes minéraux contenus dans cette partie d'une récolte entière, après avoir éprouvé, jusqu'au moment où la formation de la graine est assurée, une augmentation rapide et considérable, tendrait à diminuer ensuite jusqu'à l'époque de la maturité.

Dans la partie supérieure de la plante (sommités des rameaux portant leurs fleurs ou leurs siliques pleines), la richesse en principes minéraux n'éprouve une augmentation sensible, à l'état vert, qu'aux approches du terme de la végétation ; la matière organique sèche de cette partie de la plante devient de moins en moins riche en principes minéraux, et cependant, par suite du grand accroissement qu'elle éprouve dans son poids, cette partie de la plante fournit, en somme, quand on examine la récolte entière, une quantité totale de principes minéraux qui, au moment de la maturité, est près de *dix-huit fois* plus considérable qu'elle ne l'était trois mois auparavant.

La richesse des feuilles actives, soit à l'état vert, soit à l'état sec, éprouve un accroissement continu, et cependant, par suite de la diminution de la masse de ces feuilles, le poids des substances minérales fournies par la récolte entière éprouve lui-même une diminution extrèmement considérable. L'accroissement de la proportion de substances minérales que nous avons trouvée dans les feuilles mortes peut s'expliquer, à l'état brut, par une dessiccation spontanée plus complète ; à l'état sec, par la destruction ou la perte partielle de la matière organique, ou mieux encore, et avec beaucoup plus de vraisemblance, par une *accumulation en quelque sorte* EXCRÉMENTITIELLE *de matières devenues inu-*

tiles à l'accomplissement des fonctions de l'organisme général de la plante.

Enfin, dans la plante entière, nous voyons la matière minérale suivre également une marche ascendante jusqu'à ce que la masse des organes foliacés diminue de poids, et décroître ensuite jusqu'à la maturité.

Nous devons ajouter, cependant, qu'une partie de la matière des feuilles mortes ayant été soustraite à l'observation, surtout à la dernière époque, les nombres qui s'y rapportent, dans la plante entière, ne présentent pas tout à fait la même garantie d'exactitude.

Étudions maintenant les variations qu'éprouve, dans l'espace de 24 heures, la masse des principes minéraux contenus dans la récolte produite par un hectare, en considérant soit la plante entière, soit chacune de ses parties, pendant les intervalles de temps qui séparaient les époques de nos observations. Nous affecterons du signe (—), dans le tableau 18 qui représente ces variations, les résultats qui correspondent à une diminution.

Tableau 18.

Variation, par jour, de la proportion des matières minérales dans la récolte entière et dans chacune de ses parties.

Intervalles des observations.	Racines.	Tiges effeuillées et étêtées.	Sommités des rameaux avec fleurs ou siliques.	Feuilles vertes.	Feuilles mortes.	Plante entière.
	gr.	gr.	gr.	gr.	gr.	gr.
Du 22 mars au 2 avril.	—710	2874	951	—1806	2441	4250
Du 2 avril au 6 mai.	978	4586	2872	— 869	6705	14526
Du 6 mai au 8 juin.	—432	—1345	5022	—5320	378	—1946
Du 6 au 20 juin.	851	—3262	6593	—1699	»	—19719

La répartition de la matière minérale de récolte entière, entre les feuilles et les plantes effeuillées, nous conduit aux résultats que l'on trouve consignés dans le tableau 19.

Tableau 19.

Époques des observations.	Matières minérales par hectare.		Aliquote par kilog. de matière minérale	
	Dans les feuilles.	Dans des plantes effeuillées.	imputable aux feuilles.	imputable aux plantes effeuillées.
	kil.	kil.	gr.	gr.
22 mars 1859.	227,6	173,6	568	432
2 avril.	240,0	207,4	527	463
6 mai.	438,5	502,8	476	524
6 juin.	285,2	605,7	323	677
20 juin.	»	664,0	»	1000

Le dernier tableau nous montre que, dans la plante supposée dépouillée de toutes ses feuilles, la masse des matières minérales augmente constamment, depuis le moment de l'apparition des boutons à fleurs, jusqu'à l'époque de la maturité.

Nous terminerons ces comparaisons par l'indication de la quantité de matières minérales qui peuvent se trouver dans des récoltes d'une force exceptionnelle, comme celle dont il a déjà été question (pages 170 et 177).

Tableau 20.

Récoltes exceptionnellement fortes.	Cendres par kilog. de matière verte.	Cendres par kilog. de matière sèche.	Cendres contenues dans la récolte d'un hectare.
	gr.	gr.	kil.
11 mai, en fleurs.	13,93	131,4	1289
2 juin, complétement défleuri.	15,62	108,5	1792
30 juin, au moment de la récolte.	18,25	80,4	1560

Nous laissons au lecteur le soin de tirer des conclusions de ces résultats, qui se rapportent à des circonstances dont on voit de temps en temps des exemples dans la pratique.

Acide phosphorique.

En étudiant spécialement la proportion et la répartition de l'acide phosphorique dans le colza, dans ses différentes parties, aux diverses époques auxquelles ont eu lieu nos observations, nous sommes arrivé à des résultats qui peuvent se résumer ainsi (Voir les tableaux 21, 22 et 23).

Tableau 21.

Acide phosphorique par kilogramme de matière verte.

Époques des observations.	Racines.	Tiges effeuillées et étêtées.	Sommités des rameaux avec fleurs ou siliques.	Feuilles vertes.	Feuilles mortes.	Plante entière.
	gr.	gr.	gr.	gr.	gr.	gr.
22 mars 1859.	1,60	1,10	2,41	1,17	»	1,61
2 avril.	1.70	1 23	2,30	1,21	1,88	1,87
6 mai.	1,81	1,24	2,09	1.64	1,48	1,56
6 juin.	1,40	0,71	2 11	1,95	0,68	1,42
20 juin.	1,40	0,52	3,22	»	»	1,80

Nous voyons que la richesse en acide phosphorique n'éprouve que des changements peu sensibles dans les racines ; que ces changements sont beaucoup plus importants dans les tiges effeuillées et étêtées ; que, dans les unes et dans les autres, l'accroissement se manifeste jusqu'à la formation assurée de la graine, pour faire place ensuite à une diminution jusqu'à la maturité.

Dans la partie supérieure de la plante, au contraire, il y a un faible décroissement de la richesse en phosphates jusqu'à la formation de la graine, et ensuite augmentation jusqu'au terme de la végétation de la plante ; de sorte que la richesse minima de cette région paraît correspondre à la richesse maxima des deux parties précédentes.

Cette dernière circonstance permet d'expliquer le peu de variation qu'éprouve, sous ce rapport, la plante considérée dans son entier.

Tableau 22.

Acide phosphorique par kilogramme de matière sèche.

Époques des observations.	Racines.	Tiges effeuillées et étêtées.	Sommités des rameaux avec fleurs ou siliques.	Feuilles vertes.	Feuilles mortes.	Plante entière.
	gr.	gr.	gr.	gr.	gr.	gr.
22 mars 1859.	9,40	10 17	18,12	10,06	»	13,09
2 avril.	8,91	11,17	15,76	9,72	10,53	10,48
6 mai.	8,05	8,06	15,56	13,23	7,20	9,85
6 juin.	7,18	4,48	12,18	12,73	1,17	7,82
20 juin.	7,19	3,50	12,88	»	»	9,09

La proportion d'acide phosporique contenue dans un kilogramme de matière sèche diminue constamment dans les racines, dans les tiges effeuillées et étêtées, dans la partie supérieure de la plante et dans la plante entière elle-même, où, cependant, elle éprouve un notable accroissement à l'époque de la maturité.

Tableau 23.

Acide phosphorique contenu dans la récolte d'un hectare.

Époques des observations.	Racines.	Tiges effeuillées et étêtées.	Sommités des rameaux avec fleurs ou siliques.	Feuilles vertes.	Feuilles mortes.	Plante entière.
	kil.	kil.	kil.	kil.	kil.	kil.
22 mars 1859.	7,67	9,59	3,77	17,56	»	38,59
2 avril.	8,00	14,64	5,09	15,65	1,58	44,96
6 mai.	10,35	31,14	23,23	12,06	6,53	83,31
6 juin.	8,30	14,50	47,34	0,84	0,95	71,93
20 juin.	8,32	10,45	64,66	»	»	83,43

Nous voyons encore, ici, la quantité d'acide phosphorique de la récolte augmenter dans les racines et dans les tiges nues et étêtées, jusqu'à la formation de la graine, pour diminuer ensuite jusqu'à l'époque de la maturité. Mais la diminution se fait encore sentir sur la masse des tiges, alors qu'elle a déjà cessé dans les racines : — ce qui nous paraît surtout mériter de fixer l'attention, c'est que *les tiges nues et étêtées, après avoir* PLUS QUE TRIPLÉ DE POIDS, *ne contiennent guère plus d'acide phosphorique au moment de la dernière observation, qu'elles n'en contenaient au moment de la première, trois mois auparavant.*

Nous n'attribuerons pas la même importance aux observations comparatives qui pourraieut être faites sur les feuilles actives ou flétries, parce que les feuilles vertes des dernières observations ne sont plus celles des premières, et n'en ont complétement ni la forme, ni la position sur la plante : c'est également aux feuilles qu'il faut attribuer les irrégularités qu'on observe dans l'accroissement de la quantité d'acide phosphorique contenue dans la récolte prise sur un hectare, aux diverses époques d'observation.

C'est surtout dans la partie supérieure de la plante que l'accroissement est considérable, puisqu'en moins de trois mois la quantité d'acide phosphorique contenue dans cette partie de la récolte est devenue VINGT FOIS *plus considérable qu'elle ne l'était au début des observations.*

Cherchons maintenant quelle est, sur un poids donné d'acide phosphorique, l'aliquote qu'il convient d'attribuer à chacune des parties de la plante, d'après sa richesse propre. On trouvera les résultats de ce calcul dans le tableau n° 24.

Tableau 24.

Aliquote par kilogramme d'acide phosphorique, imputable à chacune des parties de la plante.

Époques des observations.	Racines.	Tiges effeuillées et étêtées.	Sommités des rameaux avec fleurs ou siliques.	Feuilles vertes.	Feuilles mortes.	Plante entière.
	gr.	gr.	gr.	gr.	gr.	gr.
22 mars 1859.	199	248	97	456	»	1000
2 avril.	178	326	113	348	85	1000
6 mai.	124	374	279	145	78	1000
6 juin.	115	202	658	12	18	1000
20 juin.	100	125	775	»	»	1000

L'aliquote imputable aux racines diminue constamment : celle qu'on peut attribuer aux tiges nues et étêtées augmente d'abord jusqu'à la formation de la graine, pour diminuer ensuite considérablement ; enfin celle qui concerne les sommités des rameaux, portant leurs fleurs ou leurs siliques pleines, augmente constamment, au point de devenir huit fois plus considérable qu'au début, en trois mois de végétation.

Voyons maintenant comment se répartit l'acide phosphorique entre les feuilles et le reste de la plante.

Tableau 25.

Époques des observations.	Acide phosphorique de la récolte entière.		Aliquote par kilog. d'acide phosphorique	
	Feuilles.	Plantes effeuillées.	Imputable aux feuilles.	Imputable aux plantes effeuillées.
	kil.	kil.	gr.	gr.
22 mars 1859.	17,56	21,03	456	544
2 avril.	17,23	27,78	383	617
6 mai.	18,59	64,72	223	777
6 juin.	1,79	70,14	25	975
20 juin.	»	83,48	»	1000

Nous voyons, ici, qu'en faisant abstraction des feuilles, l'accroissement de la quantité d'acide phosphorique contenu dans les plantes effeuillées ne présente plus aucune irrégularité ; il se fait avec une assez grande rapidité pour que, dans l'espace de trois mois, cette quantité soit *quadruplée.*

Nous terminerons cette recherche de l'acide phosphorique par l'indication des quantités qu'on en peut trouver dans des récoltes exceptionnellement belles, et par celle du prélèvement que peuvent exercer ces récoltes sur une surface d'un hectare.

Tableau 26.

Récoltes exceptionnellement belles.	Acide phosphorique par kilogramme de matière verte.	Acide phosphorique par kilogramme de matière sèche.	Acide phosphorique dans la récolte entière.
	gr.	gr.	gr.
11 mai 1857, en fleurs . . .	1,18	11,12	109,0
30 juin, au moment de la récolte	1,80	7,94	154,1

Dans des conditions comme celles que nous venons de citer, la récolte de colza, racines comprises, prélèverait, sur le sol qui l'aurait nourrie, plus de 154 kilogr. d'acide phosphorique ; elle en prélèverait encore plus de 139 kilogr. sans les racines, c'est-à-dire coupée au-dessus du collet, à la manière ordinaire.

De la chaux contenue dans le colza et dans ses diverses parties.

Tableau 27.

Chaux par kilogramme de matière verte.

Époques des observations.	Racines.	Tiges effeuillées et étêtées.	Sommités des rameaux avec fleurs ou siliques.	Feuilles vertes.	Feuilles mortes.	Récolte entière.
	gr.	gr.	gr.	gr.	gr.	gr.
22 mars 1859.	2,348	1,482	3.453	5,138	»	8,542
2 avril.	2,242	2,717	8.616	5,415	10 282	8,806
6 mai.	3,022	2,743	3,067	10,993	17,715	5,178
6 juin.	2,584	3,013	5 126	21,628	50,229	4,864
20 juin.	3,336	2,856	5,885	»	»	4,223

Tableau 28.

Chaux par kilogramme de matière sèche.

Époques des observations.	Racines	Tiges effeuillées et étêtées.	Sommités des rameaux avec fleurs ou siliques.	Feuilles vertes.	Feuilles mortes.	Plante entière.
	gr.	gr.	gr.	gr.	gr.	gr.
22 mars 1859.	13,81	13,72	25,96	44,29	»	28,80
2 avril.	11,74	14,70	24,77	43,32	81,60	29,06
6 mai.	13,43	17.81	22,89	88,65	85,17	32,77
6 juin.	13 20	18,83	29,63	141,36	84,56	29,36
20 juin.	17,11	19,30	23,54	»	»	21,33

Tableau 29.

Distribution, entre les différentes parties de la plante, de la chaux contenue dans la récolte obtenue sur un hectare.

Époques des observations.	Racines.	Tiges effeuillées et étêtées.	Sommités des rameaux avec fleurs ou siliq.	Feuilles vertes.	Feuilles mortes.	Récolte entière.
	kil.	kil.	kil.	kil.	kil.	kil.
22 mars 1859.	11,27	12,94	5,40	77,29	»	106,90
2 avril.	10,54	22,18	8,00	69,73	12,24	122,69
6 mai.	17 26	68,75	34,15	79,76	77,25	277,17
6 juin.	15,26	61,74	115,18	9,33	68,83	270,34
20 juin.	20,35	57,65	118,12	»	»	196,12

Dans la plante considérée dans son entier, soit à l'état vert, soit à l'état sec, nous voyons la proportion de chaux tendre vers un maximum au moment de la formation des graines, et décroître ensuite jusqu'à l'époque de la maturité.

A cette même époque de maximum correspond, au contraire, soit à l'état vert et frais, soit à l'état sec, un minimum de richesse en chaux dans la partie supérieure de la plante.

Considérées à l'état vert ou à l'état sec, les feuilles actives contiennent, sous un poids constant, des proportions de chaux de plus en plus considérables.

Si, dans les feuilles mortes prises à l'état brut, nous voyons la proportion de chaux subir une augmentation rapide, nous voyons, au contraire, rester sensiblement constante la proportion de chaux contenue dans chaque kilogramme de ces mêmes feuilles complétement privées d'humidité.

Voyons maintenant, sur un poids donné de chaux contenue dans la récolte, quelle est l'aliquote afférente à chacune des parties que nous avons considérées :

Tableau 30.

Aliquote par kilogramme de chaux, imputable à chacune des parties de la plante.

Époques des observations.	Racines.	Tiges effeuillées et étêtées.	Sommités des rameaux avec fleurs ou siliq.	Feuilles vertes.	Feuilles mortes.	Plante entière.
	gr.	gr.	gr.	gr.	gr.	gr.
22 mars 1859.	105	121	50	724	»	1000
2 avril.	86	181	65	568	100	1000
6 mai.	62	248	123	288	279	1000
6 juin.	56	228	426	35	255	1000
20 juin.	103	294	603	»	»	1000

Cherchons maintenant comment se fait la répartition de la chaux contenue dans la récolte, entre les feuilles et les tiges complétement dépouillées de leurs feuilles, mais tenant encore à leurs racines, et voyons ensuite, à l'aide de ces données, quelle est, à chacune de nos époques d'observation, l'aliquote imputable aux feuilles et celle qu'il convient d'imputer au reste de la plante (V. le tableau 31).

Tableau 31.

Époques des observations.	CHAUX CONTENUE DANS LA RÉCOLTE ENTIÈRE D'UN HECTARE.		ALIQUOTE PAR KILOG. DE CHAUX	
	Feuilles	Plantes effeuillées.	Dans les feuilles.	Dans la plante effeuillée.
	kil.	kil.	gr.	gr.
22 mars 1859.	77,29	29,61	724	276
2 avril.	81,97	40,73	668	332
6 mai.	157,02	120,16	567	433
6 juin.	76,16	194,18	290	710
20 juin.	»	196,12	»	1000

Nous voyons, comme il était permis de s'y attendre, la quantité totale de chaux contenue dans la plante dépouillée de ses feuilles aller constamment en croissant, et cet accroissement devenir de moins en moins rapide, à mesure que diminue la masse des organes foliacés. Nous voyons également décroître successivement, à mesure que croît la plante, l'aliquote de chaux imputable aux feuilles, et par conséquent s'accroître d'autant l'aliquote afférente à la plante dépouillée de ses feuilles.

Terminons cette étude de la distribution de la chaux dans les diverses parties du colza par l'indication des prélèvements qui peuvent être faits, sur un hectare, par des récoltes d'une réussite exceptionnelle, par celles dont il a déjà été plusieurs fois question dans le cours de ce travail.

Tableau 87.

Récoltes exceptionnellement belles.	Chaux par kilog. de matière verte.	Chaux par kilog. de matière sèche.	Chaux dans la récolte entière.
	gr.	gr.	kil.
11 mai 1857, en fleurs.	3,069	28,01	274,7
30 juin, au moment de la récolte.	4,490	19,78	383,6

Ces résultats nous montrent que, pour atteindre à ce degré de prospérité, le colza demande un sol qui contienne, sous une forme facilement assimilable, une raisonnable proportion de principes calcaires.

Sels alcalins divers, carbonates, chlorures, sulfates, contenus dans les cendres du colza. Distribution de la masse de ces sels (réunis) dans chacune des parties de la plante, aux diverses époques auxquelles ont été faites les observations.

J'avais d'abord commencé le dosage séparé de la soude et de la potasse; mais je n'ai pas tardé à reconnaître qu'outre les difficultés inhérentes à ces dosages, la proportion de soude, ou plutôt la proportion des composés du sodium était soumise à des variations plus grandes et moins régulières que celle de la potasse, variations que je suis porté à attribuer à la présence d'un léger excès de sel marin dans nos terres peu distantes de la mer.

Par ordre d'importance ou d'abondance, les sels alcalins se

classeraient dans l'ordre suivant : d'abord des *carbonates*, en second lieu des *chlorures*, et ensuite des *sulfates*, généralement beaucoup moins abondants que les précédents. Nous avons déjà fait observer, en parlant des difficultés de l'incinération, que les cendres de certaines parties du colza avaient une grande tendance à se vitrifier, par suite de l'abondance des sels alcalins qu'elles renferment, et nous verrons, dans la suite de ce travail, que le colza sec peut contenir, en potasse et soude *caustiques*, plus de deux pour 100 de son poids, et *plus du quart* du poids de ses cendres.

Tableau 33.

Sels alcalins fournis par chaque kilogramme de matière verte prise dans les différentes parties de la plante.

Époques des observations.	Racines.	Tiges effeuillées et étêtées.	Sommités des rameaux avec fleurs ou siliq.	Feuilles vertes.	Feuilles mortes.	Plante entière.
	gr.	gr.	gr.	gr.	gr.	gr.
22 mars 1859	6 604	4,141	6,492	4,488	»	5,681
2 avril.	6,509	6,258	5,773	4,946	1,129	5,585
6 mai.	5,702	5,854	5,875	4,346	4,898	5,465
6 juin.	4,863	5,854	3,761	3,521	5 411	4,758
20 juin.	4,807	4,703	5,710	»	»	5,144

Nous avons de même réuni, dans le tableau suivant (n° 34), la proportion de sels alcalins fournie par chaque kilogramme de matière sèche.

Tableau 34.

Sels alcalins par kilogramme de matière sèche.

Époques des observations.	Racines.	Tiges effeuillées et étêtées.	Sommités des rameaux avec fleurs ou siliques.	Feuilles vertes.	Feuilles mortes.	Plantes entières.
	gr.	gr.	gr.	gr.	gr.	gr.
22 mars 1859.	38,85	66,12	48,81	38,26	»	46,19
2 avril.	34,08	56,89	39,54	39,57	8,96	42,63
6 mai.	25,34	38,01	40,11	35,05	23,54	34,59
6 juin.	24,94	36,57	21,74	23,01	9,11	26,29
20 juin.	24,65	31,78	22,84	»	»	25,98

La comparaison des nombres qui précèdent nous montre qu'en laissant de côté les feuilles mortes dont l'état précis de maturité offre quelque incertitude, la proportion de sels alcalins contenus dans le colza, soit qu'on le considère à l'état vert, soit qu'on l'examine à l'état sec, va constamment en diminuant depuis l'époque de l'apparition des boutons à fleurs jusqu'à la maturité, et cela aussi bien dans la plante entière que dans chacune de ses parties prises isolément.

Voyons maintenant la quantité totale de ces principes qu'une récolte prélève sur un hectare, à chacune de nos époques d'observations.

Tableau 35.

Sels alcalins prélevés, sur 1 hectare, par une récolte de colza.

Époques des observations.	Racines.	Tiges effeuillées et étêtées.	Sommités des rameaux avec fleurs ou siliques.	Feuilles vertes.	Feuilles mortes.	Récolte entière.
	kil.	kil.	kil.	kil.	kil.	kil.
22 mars 1859.	31,72	62,35	10,15	66,76	»	170,98
2 avril.	30,60	74,35	12,77	63,71	1.34	182,94
6 mai.	32,61	146,75	59,88	31,93	21,35	292,52
6 juin.	28,83	119,88	84,50	7,41	1.52	242,14
20 juin.	29,31	94,91	114,61	»	»	238,83

Malgré l'accroissement du poids des racines, la proportion de sels alcalins qui s'y trouve varie peu, et tend plutôt à diminuer qu'à augmenter. Dans la partie moyenne de la plante, la quantité de ces sels que renferme une récolte entière augmente jusqu'à la formation des graines, pour diminuer ensuite assez rapidement jusqu'à la maturité.

Enfin la quantité de sels alcalins contenue dans la partie supérieure de la plante augmente constamment jusqu'à la maturité.

Cherchons maintenant l'aliquote de sels alcalins qui concerne chaque partie de la plante.

Tableau 36.

Aliquote, par kilogramme de sels alcalins, imputable à chaque partie de la plante.

Époques des observations.	Racines.	Tiges effeuillées et étêtées.	Sommités des rameaux avec fleurs ou siliques.	Feuilles vertes.	Feuilles mortes.	Plante entière.
	gr.	gr.	gr.	gr.	gr.	gr.
22 mars 1859.	185	365	59	391	»	1000
2 avril.	167	407	69	848	9	1000
6 mai.	111	502	205	109	78	1000
6 juin.	119	495	349	31	6	1000
20 juin.	123	397	480	»	»	1000

Nous terminerons par une répartition des sels alcalins entre les feuilles et le reste de la plante, à chacune des époques de nos observations, et nous verrons ensuite, à l'aide de ces données, quelle est, dans chacune de ces circonstances, l'aliquote de sels alcalins imputable aux feuilles, d'une part, et à la plante effeuillée, de l'autre.

Tableau 37.

Époques des observations.	Sels alcalins contenus dans la récolte d'un hectare.		Aliquote par kilog. de sels alcalins	
	Feuilles.	Plantes effeuillées.	Dans les feuilles.	Dans les plantes effeuillées.
	kil.	kil.	gr.	gr.
22 mars 1859.	66,76	104,22	391	609
2 avril.	65,05	117,89	357	643
6 mai.	53,28	239,24	182	818
6 juin.	8,93	233,21	37	963
20 juin.	»	238.83	»	1000

Nous voyons la masse totale de ces sels s'accroître, jusqu'au moment de la formation de la graine, dans les tiges effeuillées, puis rester ensuite à peu près stationnaire jusqu'à l'époque de la maturité de la plante.

CHAPITRE IV.

Dans notre plaine de Caen, lorsqu'on fait la récolte du colza, la graine n'a pas encore pris la teinte brune qui caractérise sa complète maturité ; une grande partie de la graine est encore nuancée de rouge au moment de la coupe ; il s'en trouve même qui commence à peine à prendre cette nuance rouge, et qui est encore presque entièrement verte.

On abandonne alors sur le sol ce colza incomplétement mûr, en javelles formées de 10 à 15 plantes, suivant leur force, pendant un temps variable, ordinairement compris entre dix et quinze jours. après lesquels on procéde au battage. La plante se dessèche, et presque toute la graine prend une teinte brune plus ou moins foncée.

Que s'est-il passé dans la plante pendant ces dix ou quinze jours ? Quel changement a subi chacune de ses parties ? Quelles transformations ont éprouvées leurs principes constitutifs ?

Il y a là un vaste champ d'études à parcourir, études non moins intéressantes au point de vue agronomique qu'au point de vue purement scientifique de la physiologie végétale.

Lorsqu'on pense que la plante, au moment de la coupe, contient encore les *quatre cinquièmes de son poids* d'eau et seulement un cinquième de matière sèche, et qu'au moment du battage elle ne renferme plus qu'environ 30 à 35 pour cent d'eau, il est tout naturel de croire que, pendant cette dessiccation, il doit se faire encore, dans les canaux où se meuvent les liquides séveux, un transport de matières par suite duquel la constitution chimique de la plante peut éprouver des modifications sensibles.

Je ne suis pas en mesure d'aborder aujourd'hui la question dans toute sa généralité ; je ne l'aurais même pas abordée du tout, si je n'avais pas rencontré, dans le cours de mes recherches, des faits qui sont venus modifier profondément mes prévisions ; je n'en citerai ici qu'un seul.

Je m'étais figuré que, pendant cette dessiccation en javelles, la partie supérieure de la plante, les extrémités des rameaux qui portent les siliques et leurs graines, devaient s'enrichir de matières azotées aux dépens du reste de la tige ; et, en vue de m'assurer de l'exactitude du fait, j'instituai l'expérience suivante : ayant coupé, le 20 juin 1859, huit pieds de colza au moment de la récolte, j'en formai deux lots de quatre plantes chacun, en les assortissant le mieux possible, de manière à satisfaire à cette double condition : 1° que la partie des tiges comprise entre le collet et les premières siliques fût d'un poids visiblement supérieur dans l'un des deux lots ; 2° que le poids présumé des sommités des rameaux portant des siliques pleines différât peu.

Les quatre plantes constituant le lot supérieur en poids furent mises en javelle dans un lieu sec, à l'ombre, de manière que la dessiccation fût moins rapide qu'au milieu des champs ; on retournait cette petite javelle tous les jours, afin de rendre la dessiccation plus uniforme. Au bouf de neuf jours, le colza était assez sec pour être battu : on a séparé les sommités des rameaux avec les siliques et la graine, et on a examiné les tiges à part.

Dans le second lot, cette séparation fut faite immédiatement après la coupe, de manière à éviter toute possibilité de transport de substance d'une partie à l'autre. Voici, après la complète dessiccation à l'étuve, quels étaient, en matière sèche, les poids des différentes parties :

	Tiges.		*Sommités des rameaux avec siliques pleines.*
Lot mis en javelle. . .	367^{gr},4	—	495^{gr},2
Lot non mis en javelle. .	298, 7	—	501, .7

Les conditions dans lesquelles j'avais cherché à me placer m'avaient paru propres à favoriser les transports de substances au-delà de ce qu'ils doivent être dans la pratique ordinaire.

En soumettant à l'analyse les deux parties de chaque lot,

en vue de constater sa richesse en azote combiné, voici ce que j'ai trouvé :

AZOTE PAR KILOGRAMME DE MATIÈRE SÈCHE.

	Tiges.		Sommités des rameaux avec siliques pleines.
Lot mis en javelle. . .	4ᵍʳ,22	—	19ᵍʳ,45
Lot non mis en javelle .	4, 49	—	19, 48

Il n'est guère possible, en présence de ces résultats, d'admettre que, pendant la dessiccation et la maturation en javelle, il s'effectue un transport sensible de principes azotés, de la tige ou de ses ramifications vers la partie supérieure de la plante, comptée à partir des premières siliques.

Et cependant, ici, la masse totale des principes azotés contenue dans les tiges était plus considérable dans celle du lot mis en javelle que dans l'autre, puisque, dans le premier, sur un kilogramme d'azote contenu dans les plantes, l'aliquote imputable aux tiges s'élevait à 139 grammes, tandis que, dans le dernier lot, cette aliquote s'élevait à 121 grammes seulement.

Enfin, dans le premier lot, la quantité réelle d'azote contenue dans les tiges était représentée par 1 gr. 550, tandis qu'elle était représentée par 1 gr. 341 seulement dans le dernier lot.

Si nous ne sommes pas suffisamment autorisé pour admettre un transport de matières azotées pendant la mise en javelle, dans les plantes vigoureusement développées, ne semble-t-il pas permis de présumer que ce transport est encore moins probable dans les plantes faibles, qui sont généralement beaucoup moins aqueuses que les autres au moment de la récolte?

Si l'on considère, d'ailleurs, qu'à l'époque de la coupe du colza, sur 1 kilogramme d'azote, l'aliquote imputable aux tiges n'est qu'environ la huitième partie de l'azote total de la plante, que la presque totalité des matières azotées se trouve alors concentrée dans la partie supérieure de celle-ci, nous trouvons, dans ce fait, de nouvelles raisons de croire que, pour ce qui concerne les principes azotés, si leur élaboration peut n'être pas encore complète au moment de la coupe du colza,

le transport des matières premières destinées à cette élaboration doit être à peu près terminé à cette époque.

Il semblerait donc résulter de ces expériences, qui ont besoin d'être encore variées et répétées, qu'après la coupe du
colza comme on la pratique habituellement dans la plaine
de Caen, le travail d'élaboration qui se continue pendant la
mise en javelles, pour la maturation de la graine, doit s'effectuer à peu près exclusivement dans la partie supérieure de la
plante, dans les sommités des tiges sur lesquelles sont insérées
les siliques, et que le reste de la tige n'y participe probable-
ment pas d'une manière sensible.

Parmi les moyens pratiques de vérification et de contrôle
de cette opinion, il en est un bien facile à réaliser : il consisterait à couper du colza le même jour, dans un même champ,
à l'époque ordinaire, à des hauteurs différentes, et à comparer
la composition et la qualité de la graine obtenue dans ces
différentes parties de la récolte.

La complaisance bienveillante que j'ai rencontrée jusqu'ici,
chez un grand nombre de nos cultivateurs éclairés, me fait
espérer que la solution de cette question ne se fera pas longtemps attendre.

Déjà l'un d'eux, M. Benard, mon collègue à la Chambre con-
sultative et à la Société d'agriculture de Caen, s'est trouvé à
même de constater que la qualité de la graine ne se trouve
pas modifiée d'une manière sensible lorsque le colza, au
lieu d'être coupé près du collet, est coupé *très-haut*, à 40 ou
45 centimètres au-dessus du sol.

Il serait aujourd'hui prématuré de discuter les conséquences
agronomiques de cette pratique, si sa généralisation devait
un jour se réaliser.

CHAPITRE V.

ANALYSE DU PLANT DE COLZA PRIS AU MOMENT DU REPIQUAGE.

Si le colza était semé en place, il suffirait, pour avoir la
mesure des prélèvements de diverses natures que la plante

exerce, aux différentes époques de son développement, sur le sol qui la nourrit, de consulter les tableaux dans lesquels nous avons consigné les résultats de nos précédentes études. Mais ce n'est pas ainsi que se pratique ordinairement la culture du colza ; cette plante est semée en pépinière en juillet, ou au commencement d'août, pour être ensuite repiquée en octobre.

Il en résulte que l'emprunt, fait au sol, des principes que lui seul peut fournir, par une récolte de colza obtenue par le repiquage, n'est que la différence entre la proportion de ces principes trouvée dans la récolte et celle que contenait déjà la plante au moment du repiquage.

Il devenait donc intéressant, au double point de vue physiologique et agronomique, d'étudier la composition du colza au moment où se pratique la plantation à demeure.

Comme, suivant les circonstances, le plant peut être de plus ou moins belle venue, j'ai cru devoir en examiner des échantillons de forces très-diverses, depuis celui qui était à peine assez fort pour être planté avec chance de succès, jusqu'à celui dont la force était tout à fait exceptionnelle.

Les expériences ont été faites, en 1856 et 1857, sur des échantillons pris à l'époque du repiquage.

Il est d'usage, dans la plaine de Caen, de garnir les pépinières de telle sorte qu'elle puissent fournir du plant pour une étendue quintuple, c'est-à-dire de telle sorte que chaque hectare de pépinière puisse fournir le plant nécessaire pour complanter 5 hectares.

Il résulte de là qu'en admettant, comme nous l'avons fait précédemment, un espacement moyen d'environ 50 centimètres qui correspond à 40 000 pieds par hectare, une pépinière convenablement garnie porterait environ 200 mille pieds de plant de colza.

C'est en partant de ces données que nous avons obtenu les résultats rapportés à l'hectare, dans les tableaux qui vont suivre.

L'examen portait toujours sur une quantité de plants suffisante pour constituer, à l'état vert et frais, un poids de plusieurs kilogrammes, poids qui était, en outre, d'autant plus considérable que l'on avait affaire à du plant plus vigoureusement développé.

Les jeunes plants qui constituaient chaque échantillon étaient ordinairement pris à des places très-variées, assez distantes les unes des autres, et souvent dans des champs différents, pour éviter, autant que possible, des résultats exceptionnels et fortuits.

Le plus souvent aussi, les plantes faibles et les plantes plus fortes destinées à former des échantillons différents étaient prises dans les mêmes pépinières.

Voici maintenant les principaux résultats obtenus.

Tableau 38.

Poids d'une récolte de plant, par hectare.

Indication. des échantillons.	Poids vert par hectare.	Matière sèche par kilogramme.	Poids de matière sèche par hectare.
	kil.	gr.	kil.
1856. Plant extrêmement faible	1 666	120,2	201
1857. Plant très-faible	11 856	128,.	1 517
1857. Plant faible	14 648	105,.	1 588
1856. Plant moyen	16 667	96,7	1 612
1856. Plant fort	66 667	81,5	5 438
1857. Plant très-fort	93 050	101,5	9 461
1857. Plant exceptionnellement fort	195 720	74,.	14 483

Lorsque le plant de colza est très-fort, c'est surtout par le développement considérable de ses *feuilles* qu'il se distingue, et celles-ci constituent alors une aliquote beaucoup plus considérable du poids total de la plante.

En comparant les divers échantillons de plants récoltés la même année, pour éviter les influences exceptionnelles d'humidité, il est facile de constater que la proportion d'eau contenue dans les plantes est d'autant plus grande, que le poids de la récolte est plus considérable.

Tableau 39.

Proportion d'azote contenue dans le plant de colza.

Désignation des échantillons.	Azote par kilog. de matière verte.	Azote par kilog. de matière sèche.	Azote fourni par un hectare.
	gr.	gr.	kil.
1856. Plant extrêmement faible	3,03	27,6	5,55.
1857. Plant très-faible	3,27	25,57	38,8.
1857. Plant faible	2,66	25 86	.
1856. Plant moyen un peu faible	2,70	27,9.	45,0.
1856. Plant fort	3,45	42,3.	230,1.
1857. Plant très-fort	3,55	85,0.	331,2.
1857. Plant exceptionnellement fort	2,84	38,4.	556... [1]

Si, dans le plant très-vigoureusement développé, la proportion d'azote contenue dans chaque kilogramme de matière sèche est plus considérable que dans le plant plus faible, il en faut chercher la cause dans le plus grand développement des organes foliacés, qui, nous l'avons vu précédemment, sont très-riches en matière azotée.

Nous reviendrons, dans la suite, sur la masse totale de l'azote fourni à une récolte de colza par le plant dont elle provient.

Tableau 40.

Matières minérales (cendres).

Désignation des échantillons.	Matières minérales par kilog. de matière verte.	Matières minérales par kilog. de matière sèche.	Matières minérales produites par un hectare.
	gr.	gr.	kil.
1856. Plant extrêmement faible	9,66	80,40	16,16
1857. Plant très-faible	11,58	90,50	137,30
1857. Plant faible	12,06	114,85	176,64
1857. Plant très-fort	11,24	110,70	1047,50
1857. Plant exceptionnellement fort	10,62	143,46	2077,73

En examinant le colza dans un état de développement

[1] Cet échantillon contenait des traces de nitrate qui n'ont pas été dosées.

plus avancé (page 181), nous avions reconnu que la proportion de cendres contenue dans chaque kilogramme de matière sèche diminue à mesure que la plante approche de la maturité; en rapprochant ce fait de l'existence d'une plus forte proportion de matières minérales dans les feuilles que dans toute autre partie de la plante, nous sommes encore conduit ici à admettre que si, dans les plants les plus forts, la proportion de cendres par kilogramme de matière sèche est plus considérable que dans les plants faibles, c'est à la plus grande masse relative des feuilles qu'il faut attribuer cette prédominance de principes minéraux.

Tableau 41.

Acide phosphorique.

Désignation des échantillons.	Acide phosphorique par kilog. de matière verte.	Acide phosphorique par kilog. de matière sèche.	Acide phosphorique que produit par un hectare.
	gr.	gr.	kil.
1856. Plant extrêmement faible	1,091	9,078	1,86
1857. Plant très-faible	1,037	8,108	12,29
1857. Plant faible	1,263	12,024	18,49
1857. Plant très-fort	0,855	8,422	79,68
1857. Plant exceptionnellement fort	0,905	12,323	177,03

Tableau 42.

Soude et potasse réunies.

Désignation des échantillons.	Soude et potasse par kilog. de matière verte	Soude et potasse par kilog. de matière sèche.	Soude et potasse pour un hectare.
	gr.	gr.	kil.
1857. Plant très-faible	2,790	21,80	33 04
1857. Plant faible	4,708	44,84 (')	68,96
1857. Plant très-fort	2,431	29,955	226 68
1857. Plant exceptionnellement fort	1,665	26,555	384,60

1 Dans cet échantillon, la proportion de soude etait plus considérable que dans tous les autres, il provenait d'un champ à part.

Ces résultats nous montrent que la proportion de potasse et de soude est beaucoup plus grande dans le plant de colza que dans un égal poids de la plante, parvenue à un développement plus avancé, puisque nous trouvons ici autant *d'alcalis caustiques* que nous avons trouvé de *sels alcalins* dans la plante à peu près mûre, à poids égal.

En général, la potasse est beaucoup plus abondante que la soude dans les cendres du plant de colza.

Tableau 43.

Chaux et magnésie.

Désignation des échantillons.	Chaux par kilog. de matière verte.	Chaux par kilog. de matière sèche.	Chaux par hectare.	Magnésie par kilog. de matière verte.	Magnésie par kilog. de matière sèche.	Magnésie par hectare.
	gr.	gr.	kil.	gr.	gr.	kil.
1857. Plant très-faible. . .	3,621	29,85	45,29	0,183	1,419	2;17
1857. Plant faible. . . .	2,835	27,00	41,53	0,142	1,350	2,08
1857. Plant très-fort. . .	3,815	37,59	355,63	0,183	1,807	17,10
1857. Plant extrémem' fort.	2,135	28,84	417,62	0,097	1,805	18;90

Tableau 44.

Silice et oxyde de fer.

Désignation des échantillons.	Silice par kilog. de matière verte.	Silice par kilog. de matière sèche.	Silice par hectare.	Oxyde de fer par kilog. de matière verte.	Oxyde de fer par kilog. de matière sèche.	Oxyde de fer par hectare.
	gr.	gr.	kil.	gr.	gr.	kil.
1857. Plant très-faible. . .	0.463	3,30	5,01	0,051	0,398	0,604
1857. Plant faible. . . .	0.990	9,43	14,50	0,066	0,630	0,968
1857. Plant très-fort. . .	0,556	4,49	42,53	0,097	0,954	9,036
1857. Plant extrémem' fort.	1,097	17,66 [1]	255,77	0,074	1,000	14,483

[1] C'est dans les feuilles, surtout, que se trouvait la plus forte proportion de silice.

Nous voyons ici la proportion d'oxyde de fer augmenter assez régulièrement avec la force du plant, c'est-à-dire avec la proportion relative des feuilles, avec la proportion de *matière verte*.

CHAPITRE VI.

EXAMEN DES RÉSIDUS DES RÉCOLTES DE COLZA, QU'ON LAISSE HABITUELLEMENT DANS LE SOL. — PIEDS.

Dans tous nos calculs précédents, et, par suite, dans toutes les conséquences que nous avons essayé d'en déduire, nous avons supposé qu'en récoltant le colza on arrachait la plante et qu'on ne laissait rien sur le sol. Mais ce n'est pas ainsi que les choses se passent ordinairement. La récolte se fait en coupant la plante près du collet de la racine, avec une espèce de faucille très-forte, et le *pied* reste en terre. Dans certains pays, on permet aux indigents d'arracher ces pieds de colza et de s'en servir comme de combustible ; dans beaucoup d'autres départements où le bois a moins de valeur, ces pieds pourrissent dans le champ qui les a produits et tiennent lieu d'engrais, ou plutôt viennent augmenter la masse des substances fertilisantes.

Lorsque les pieds de colza sont un peu gros, qu'ils n'ont pas été exposés trop long-temps à la pluie et qu'ils ont été rentrés bien secs, ils peuvent sans doute constituer un combustible passable, mais de trop courte durée au feu.

Les données fournies par les chapitres précédents nous permettent d'évaluer à 1200 kilogrammes environ le poids de matière sèche laissée sur 1 hectare par les pieds de colza ; ces 1200 kilogrammes de matière sèche contiennent :

> Acide phosphorique. . .   8 kil. 3
> Chaux   20   4
> Soude et potasse . . .   26   0
> Azote   6

Comme engrais, ces résidus d'une récolte de colza équivaudraient donc au moins à 1000 kilogrammes de *bon fumier* de ferme, et ce fumier se trouve déjà transporté sur place et ne demande en outre aucun frais d'épandage ; on en peut donc estimer la valeur à 7 ou 8 fr. ; chiffre bien certainement supérieur à la valeur de ces pied comme combustible, surtout si l'on tient compte du temps et des frais d'arrachage et de transport. Il en résulte évidemment que le profit pour le pauvre est inférieur au préjudice causé au cultivateur : aussi cette pratique ne s'est-elle pas généralisée.

Si, d'une bonne récolte courante, nous passons à une de ces belles récoltes dont nous avons cité plusieurs fois déjà les rendements, nous trouvons, pour celle dont la coupe s'est faite fin juin 1857, les résultats suivants :

Poids de 40 *pieds* complétement desséchés, 2^{kil}, 441.

Azote par kilogramme de matière sèche.	. . . . .	6^{g},76
Acide phosphorique	id.	6, 52
Chaux	id.	8, 16
Soude et potasse	id.	13, 00

Ce qui donne, pour 1 hectare portant 40 mille pieds :

Matière sèche par hectare	2441 kilog.
Azote id.	16,50
Acide phosphorique	16,50
Chaux . . . . , . . .	20,12
Soude et potasse	25,73

C'est-à-dire plus du quart de l'azote et plus de la moitié de l'acide phosphorique contenus dans une bonne récolte de blé (paille et grain).

L'enfouissement de ces pieds fournirait au sol l'équivalent de 2 750 kilogrammes de bon fumier de ferme. On voit qu'en somme les éléments de fertilité que les pieds de colza peuvent restituer au sol sur lequel on les a laissés, méritent d'être pris en considération dans les études qu'on pourra se proposer de faire sur le pouvoir épuisant de cette plante.

CHAPITRE VII.

Dans un grand nombre de départements où l'on s'adonne à la culture du colza, les siliques vides sont brûlées sur place, peu de temps après le battage; dans beaucoup d'autres pays, on laissait ces siliques abandonnées à elles-mêmes sans davantage s'en préoccuper; mais, comme elles gênaient le travail du labourage, le brûlis sur place est devenu un usage presque général.

Cependant l'analyse des siliques de colza leur assigne une valeur alimentaire supérieure à celle des pailles de céréales, et comparable à celle des balles ou menues pailles de froment.

Suivant le docteur Julius Lehmann, à 1000 kilogr. de graine de colza correspond, en moyenne, un poids d'environ 800 kilogrammes de siliques. J'ai été à même de constater, de mon côté, en 1851 et 1852, en 1857 et 1858, que cette évaluation peut être acceptée comme différant bien peu de la réalité, puisque, suivant les années, suivant la bonne réussite des récoltes, j'ai trouvé des nombres compris entre 720 et 852 kilogrammes, pour le poids des siliques correspondant à 1000 kilogrammes de graines.

En partant de ces données, une récolte qui produirait 1600 kilogrammes de graines, récolte que, dans notre plaine de Caen, nous considérons comme assez bonne moyenne, fournirait donc environ 1 280 kilogrammes de siliques.

En soumettant à l'analyse les siliques de colza, j'y ai trouvé, comme moyenne de cinq opérations faites sur trois échantillons différents, pris à l'état brut, peu de jours après le battage :

Azote . . . . . 6g,1 par kilogramme.
Acide phosphorique. 4, 6   id.

Si l'on rapportait ces résultats à la matière complétement

privée d'humidité, l'on trouverait, par kilogramme de matière sèche :

> Azote . . . . . . 7ᵍ,26 [1].
> Acide phosphorique. 5 ,45

Calculant, au moyen de ces données, les proportions d'acide phosphorique et d'azote contenues dans les siliques produites par un hectare, nous trouvons :

> Azote par hectare . . . . 8 kil. 96
> Acide phosphorique. 5,   89

C'est-à-dire que la combustion sur place de ces siliques équivaut à la combustion d'au moins 1 493 kilogrammes de bon fumier, à celle de 1 790 kilogrammes de paille de blé, à celle de 779 kilogrammes de foin normal fané de nos prairies naturelles. Il suffit de comparer la valeur de ces derniers produits à la valeur, bien minime comme engrais, des quelques kilogrammes de cendres de siliques, pour être conduit à s'associer à la pensée de ceux qui considèrent comme une prodigalité, non-seulement la combustion sur place des siliques de colza, mais encore leur emploi comme litière, lorsqu'on peut faire autrement. Si, au lieu de considérer, comme nous venons de le faire, une récolte moyenne de 1 600 kilogrammes de graine par hectare, nous prenons comme exemple certaines récoltes exceptionnelles comme on en voit parfois dans de bonnes années, produisant de 2 500 à 2 800 kilogrammes de graine par hectare, il faudrait presque doubler le poids des siliques vides qui ont servi de point de départ à nos calculs, et la perte occasionnée au cultivateur par leur combustion sur place serait alors bien plus considérable encore.

CHAPITRE VIII.

DE LA PAILLE ORDINAIRE DE COLZA.

Dans les chapitres précédents, nous avons divisé la plante en régions distinctes, en vue d'y étudier les indices du trans-

[1] Dans un échantillon provenant de la récolte de 1852, j'ai trouvé 7 gr. 5 d'azote par kilogramme de matière sèche.

port et de la répartition des principes constitutifs, à diverses époques de son développement; mais, considérée au point de vue agronomique, c'est-à-dire au point de vue purement pratique, cette division laisse une lacune importante qu'il est utile de combler.

Les fanes ou la paille de colza, c'est-à-dire la tige entière, coupée au collet, et ne portant plus, sur ses ramilles, que les pédoncules des siliques et leurs cloisons parcheminées, méritent un examen tout particulier.

Beaucoup de cultivateurs emploient encore la paille de colza comme combustible, et cependant l'analyse chimique nous montre qu'une pareille pratique est un véritable gaspillage qu'il serait avantageux de faire cesser.

Il résulte, en effet, des documents réunis dans les tableaux qui précèdent, qu'en adoptant les rendements qui correspondent à nos essais de 1859, la matière sèche de la récolte *coupée* le 20 juin, dans les conditions ordinaires, représente un poids total de 8 005 kilogrammes, décomposable ainsi qu'il suit, pour un hectare :

Paille { tiges nues et étêtées.	2 987 kil.
{ sommités battues.	801
Siliques.	1 862
Graine	2 355
	Total. . . 8 005 kil.

La proportion totale de l'azote s'y trouvait ainsi répartie, pour la récolte entière :

Paille { tiges nues et étêtées.	13 kil. 41 [1]
{ sommités battues	7 05
Siliques	13 53
Graines	77 83
	Total. . 111 kil. 82

La paille proprement dite contient donc ici, à elle seule,

---

[1] Azote par kilogramme de matière sèche :

       Tiges nues et étêtées. . . 4 gr. 49.

       Sommités battues. . . . 8, 80.

20 kil. 46 d'azote par hectare, c'est-à-dire autant qu'on en trouve dans une bonne récolte de paille de blé, dont on se garde bien de faire le même usage.

Si nous cherchons de même à répartir l'acide phosphorique, nous trouvons :

Dans la paille { tiges nues et étêtées. . . .	10 kil.	45
{ sommités battues.	11	10
Dans les siliques.	10	15
Dans les graines et menus déchets.	42	96
Total. . . .	74 kil.	66

C'est-à-dire que la paille seule représente ici plus de 20 kilogrammes d'acide phosphorique par hectare. Inutile de rappeler que, s'il s'agissait de récoltes plus abondantes, comme celles que nous avons citées plusieurs fois déjà, les quantités d'azote et d'acide phosphorique représentées par une récolte de paille seraient encore plus considérables.

L'analyse des produits de la récolte de 1851 m'avait donné, pour la paille de colza récoltée dans de bonnes conditions ordinaires, les résultats suivants, rapportés à un kilogramme de matière sèche :

	Azote.	
Ramilles porte-graine, après le battage. . .	7 gr.	82
Tiers supérieur du reste de la tige.	5	00
Deux tiers inférieurs	4	80
Paille, considérée dans son entier.	5	33
Pieds.	5	10

En rapprochant ces nombres du poids de la récolte de paille correspondante (3 875 kil.), on en déduit, pour la totalité de l'azote contenu dans la paille, le nombre 20 kil. 65, presque identique avec le résultat obtenu en 1859, bien que la répartition de l'azote ne s'y fût pas effectuée tout à fait de la même manière, comme on peut le reconnaître par la lecture des nombre ci-après :

	1851		1859	
Dans les tiges nues et étêtées. . .	16 kil.	11	13 kil.	44
Dans les sommités battues. . .	4,	54	7	05

M. Boussingault attribue aux fanes de colza, dans son excellent traité d'économie rurale, une richesse bien supérieure à celle que nous leur avons trouvée nous-même.

L'illustre agronome a trouvé, dans les fanes de colza qu'il a examinées, 8 gr. 6 d'azote par kilogramme, tandis que je n'ai trouvé, dans les pailles provenant des bonnes récoltes de colza de notre plaine de Caen, que 5 gr. 33 d'azote en 1851, et 5 gr. 40 en 1859.

La différence de nos résultats peut tenir à diverses causes, dont il est aisé de comprendre l'influence. Et d'abord, l'ensemble des études auxquelles nous venons de nous livrer montre qu'en coupant les tiges plus haut, la paille ainsi obtenue sera plus riche ; puis la grosseur et la hauteur des tiges peuvent faire varier, dans des limites assez étendues, la proportion d'azote contenue dans un kilogramme de paille sèche.

C'est ainsi qu'en 1857, dans une partie du champ qui avait servi à mes expériences, il se trouvait çà et là des pieds de colza chétifs n'ayant, à l'époque de leur maturité, que 72 à 75 centimètres de hauteur.

L'analyse m'a donné, pour la paille de ce colza, 6 gr. 78 d'azote par kilogramme de matière sèche, nombre moins éloigné que les precédents de celui qu'avait cité M. Boussingault.

Au reste, ce résultat n'est qu'une confirmation nouvelle de ceux que j'ai bien des fois constatés sur les plantes fourragères de même espèce, mais de tailles très-différentes, dans des conditions correspondantes de développement: les plus petites étaient notablement plus riches en azote que les plus grandes.

En résumant la substance des chapitres VI, VII et VIII, et en admettant des récoltes comme celle que nous avons eue plus particulièrement en vue, nous pouvons donc dire que celui qui brûle la paille et les siliques de son colza et qui laisse emporter de son champ la totalité des pieds de cette plante,

se prive par là d'une ressource qui, envisagée comme matière
fertilisante représenterait, par hectare :

	Azote.	*Acide phosphorique.*
pour les pieds. . . .	6 kil. 00	8 kil. 30
pour les siliques . . .	8 96	5 89
pour la paille. . . .	20 46	21 55
Total. . .	35 kil. 42.	35 kil. 74.

Chacun pourra facilement tirer les conséquences agronomiques d'une habitude aussi peu rationnelle.

CHAPITRE IX.

DE L'INFLUENCE QUE DOIT AVOIR, SUR L'ÉPUISEMENT DU SOL, LA FORCE DU PLANT DE COLZA EMPLOYÉ POUR LE REPIQUAGE.

Nous n'avons pas besoin de rappeler ici que, plus les récoltes sont abondantes, toutes choses égales d'ailleurs, plus
doit être considérable la proportion d'éléments de toutes sortes
que ces récoltes prélèvent sur le sol qui les produit, et plus
doit être grand et rapide l'appauvrissement du sol.

Si nous supposons que chaque plante, après son repiquage
à demeure, se trouve dans un ensemble de conditions telles
que son produit soit à peu près indépendant de la force du
plant employé, il est évident que le sol aura dû subvenir dans
une plus forte proportion à la nutrition des plantes originairement faibles, qu'à celle des plantes les plus fortes et les plus
vigoureuses.

Cette supposition, qui peut, à première vue, sembler para-
doxale, n'est pas toujours aussi éloignée de la vérité qu'on le
pourrait croire, lorsque le repiquage se fait en terre très-
riche.

La bonne venue d'une récolte, de même que celle du plant,
dépend alors d'une foule de circonstances par suite desquelles
de beau plant peut donner une récolte médiocre, ou du plant
médiocre peut produire une récolte magnifique, s'il est favorisé
à souhait.

Nous partirons donc de cette supposition, dont chacun pourra aisément varier les données à son gré, suivant son point de vue; nous admettrons que chacun des échantillons de plant dont nous avons donné plus haut l'analyse ait produit une récolte comme celle qui a fait, en 1859, l'objet principal de nos études, et nous allons chercher l'accroissement de la masse des différents principes constitutifs du colza depuis le moment de la plantation jusqu'à l'époque de la récolte définitive.

Excédant du poids de la récolte sur celui du plant, pour un hectare.

Tableau 45.

Matière sèche.

Observations sur le plant.	Matière sèche fournie par le plant.	Excédant de matière sèche contenue dans la récolte.
	kil.	kil.
Plant extrêmement faible	40,2	7964,8
Plant très-faible	305,4	7699,6
Plant faible	307,6	7697,4
Plant moyen, un peu faible	322,4	7682,6
Plant fort	1086,6	6918,4
Plant très-fort	1892,2	6112,8
Plant exceptionnellement fort	2896,6	5108,4

Tableau 46.

Azote.

Observations sur le plant.	Azote fourni par le plant.	Excédant d'azote contenu dans la récolte.
	kil.	k'l.
Plant extrêmement faible	1,11	110,04
Plant très-faible	7,76	103,89
Plant faible	7,80	103,85
Plant moyen, un peu faible	9,00	102,15
Plant fort	46,00	65,15
Plant très-fort	66,24	44,91
Plant exceptionnellement fort	111,20	—0,05

Tableau 47.

Matières minérales.

Observations sur le plant.	Matières minérales fournies par le plant.	Excédant de mat. min. contenues dans la récolte.
	kil.	kil.
Plant extrêmement faible............	2,23	574,91
Plant très-faible....................	27,46	550,68
Plant faible........................	35,83	532,81
Plant très-fort.....................	209,50	368,64
Plant exceptionnellement fort.......	415,55	163,59

Tableau 48.

Acide phosphorique.

Observations sur le plant.	Acide phosphorique fourni par le plant.	Excédant d'acide phosphorique contenu dans la récolte.
	kil.	kil.
Plant extrêmement faible............	0,37	74,74
Plant très-faible....................	2,46	72,65
Plant faible........................	3,70	71,41
Plant très-fort.....................	15,94	59,17
Plant exceptionnellement fort.......	35,41	39,70

Tableau 49.

Chaux.

Observations sur le plant.	Chaux fournie par le plant.	Excédant de chaux contenue dans la récolte.
	kil.	kil.
Plant très-faible....................	9,06	166,71
Plant faible........................	8,31	167,46
Plant très-fort.....................	71,13	104,64
Plant extrêmement fort..............	83,53	92,24

Tableau 50.

Soude et potasse réunies.

Observations sur le plant.	Alcalis fournis par le plant.	Excédant d'alcalis [1] contenus dans la récolte.
	kil.	kil.
Plant très-faible	6,61	98,89
Plant faible	18,79	91,20
Plant très-fort	45,38	59,67
Plant exceptionnellement fort	76,92	23,08

La comparaison à laquelle nous venons de nous livrer montre que, si le plant extrêmement faible mérite à peine d'être pris en considération par rapport à la masse de la récolte, il faut au contraire tenir grand compte des apports faits, au moment du repiquage, par le plant fortement développé, puisque nous voyons qu'il peut déjà contenir, à cette époque, plus de la moitié du poids de la matière sèche d'une bonne récolte, près des trois cinquièmes des matières minérales, près de la moitié de l'acide phosphorique, près de la moitié de la chaux, environ les trois quarts des alcalis.

Mais le résultat le plus remarquable est celui qui concerne l'azote. Dans les conditions où nous nous sommes placé, *le plant extrêmement fort peut contenir autant d'azote, au moment du repiquage, qu'on en trouvera dans la récolte sept mois plus tard, à l'époque de la maturité du colza.*

Ce résultat, paradoxal en apparence, demande quelques explications : pendant le temps qui s'écoule depuis la plantation jusqu'au moment où la végétation commence à prendre un peu d'activité, le colza perd la plus grande partie de ses feuilles, et particulièrement les grandes et pesantes feuilles qui donnaient au plant un poids si considérable, et contenaient

---

[1] On a admis approximativement ici que le poids des alcalis caustiques, dans la récolte, est représenté par la moitié du poids des sels alcalins, ce qui ne peut être éloigné de la vérité. Pour les plants, les alcalis ont été dosés directement.

la majeure partie de l'azote que nous y avons trouvé. En se détachant de la plante, dans laquelle nous ne retrouvons plus, au commencement de mars, tout ce qu'elle contenait au moment de la plantation, ces feuilles abandonnent au sol la plupart des principes dont elles étaient formées.

Si, au lieu d'admettre, comme nous l'avons fait, que la récolte a donné des produits satisfaisants, nous considérons le cas d'une récolte médiocre, les avantages de l'emploi d'un plant vigoureux seraient encore plus tranchés, et il pourrait se présenter tel cas où la récolte serait inférieure, presque en tous points, au plant primitivement employé.

Il résulte évidemment pour nous, de cette comparaison, qu'à tous les points de vue il y aura toujours avantage à repiquer du plant de très-belle venue ; d'abord la bonne réussite de la récolte aura de plus grandes chances en sa faveur, et, en outre, l'épuisement du sol séra, toutes choses égales d'ailleurs, bien moins considérable.

Cependant il importe encore ici de faire une distinction au sujet de cet épuisement.

Si le cultivateur a récolté lui-même son plant de colza sur une autre partie du domaine qu'il exploite, il a dépensé dans l'un de ses champs ce qu'il a économisé dans l'autre, et le prélèvement total, au lieu de se faire seulement sur le sol qui a produit la récolte parvenue à maturité, se répartit entre ce dernier et la pépinière qui a nourri le plant. Mais il n'en est plus ainsi lorsque le plant provient d'un autre domaine, et c'est alors que notre comparaison peut donner une idée des avantages résultant de l'emploi du plant vigoureusement développé, au point de vue de l'épuisement du sol.

Nous voyons également, par l'inspection des tableaux 39 et 41, qu'en évaluant d'après son poids le prix du plant de colza, on le paierait à peu près suivant la richesse en azote et en acide phosphorique, et que la transaction serait ainsi faite sur une base qui peut être considérée comme équitable.

Résumé et conclusions de la première partie.

En résumé, lorsque après s'être entouré des précautions dont j'ai donné l'énumération au commencement de ce mémoire, on divise le colza en plusieurs parties ainsi délimitées :

1° Pieds ;

2° Tiges effeuillées et étêtées, coupées à hauteur du collet de la racine ;

3° Sommités des tiges, coupées au-dessous des plus basses fleurs ou des plus basses siliques ;

4° Feuilles vertes ;

5° Feuilles mortes ;

Et qu'on examine la plante à différentes époques de son développement, on trouve :

1° Que le poids total de la matière, considérée en vert, atteint son maximum vers l'époque de la formation des graines ;

2° Que le poids total de la matière sèche des pieds ou racines atteint également, à cette époque, un maximum au-dessous duquel il se maintient jusqu'à la maturité de la plante ;

3° Que c'est encore à cette époque que le poids total de la matière sèche des tiges nues et étêtées paraît atteindre son maximum, pour diminuer ensuite d'une manière notable jusqu'à la complète maturité ;

4° Le poids de la matière sèche des sommités des rameaux, munis de leurs fleurs ou de leurs siliques pleines, augmente rapidement depuis le moment de l'apparition des boutons à fleurs jusqu'à l'époque de la récolte ; c'est ainsi que, dans nos expériences, cet accroissement a été de 600 pour 100, du 22 mars au 6 mai, et qu'ensuite ce poids a plus que doublé encore depuis le 6 mai jusqu'au 20 juin ;

5° La proportion de matière organique sèche contenue dans chaque kilogramme de matière verte augmente avec l'âge, et cela tout aussi bien dans les plantes faibles que dans les plantes les plus vigoureuses ; cette proportion de matière sèche est même plus considérable dans les plantes faibles que dans les plantes les plus fortes, ce que nous avions déjà eu l'occasion de constater dans un assez grand nombre de plantes d'espèces diverses, et particulièrement dans la betterave, dans le trèfle, dans la luzerne et dans le sainfoin.

Azote combiné. — En considérant la plante *verte*, la proportion d'azote par kilogramme de matière diminue constamment dans le pied, dans la tige effeuillée et étêtée, dans les sommités des rameaux portant les fleurs ou les siliques pleines, et dans la plante considérée dans son entier ; la diminution paraît s'arrêter au moment de la chute des feuilles pour faire place à une légère augmentation.

En considérant la plante sèche, la diminution se manifeste dans toutes les parties à la fois.

Si, au lieu d'un poids déterminé de telle ou telle partie de la plante, on prend une récolte entière, la quantité totale d'azote fournie par les pieds va toujours en diminuant, au point d'être presque réduite à la moitié de ce qu'elle était au commencement des observations, bien que le poids des racines ait augmenté.

Dans les tiges nues et étêtées, la proportion totale d'azote augmente jusqu'à l'époque de la formation des graines, pour diminuer ensuite considérablement jusqu'à l'époque de la maturité ; cette proportion d'azote descend même alors au-dessous de ce qu'elle était trois mois auparavant, bien que le poids de la matière organique sèche ait triplé pendant cet intevalle de temps.

L'accroissement du poids total de l'azote est continu dans les sommités des rameaux, qui contiennent, à l'époque de la maturité, plus des quatre cinquièmes de l'azote de la plante, dont elles ne forment que la moitié en poids de matière sèche.

Substances minérales. — Dans les racines, soit à l'état vert et frais, soit à l'état sec, la proportion de substances minérales contenues dans un kilogramme de matière n'éprouve que des variations insignifiantes pendant les trois derniers mois de végétation du colza.

Dans les tiges étêtées dépourvues de leurs feuilles, la proportion de matières minérales, à peu près constante quand les tiges sont vertes, va constamment en diminuant quand on les examine sèches, tandis que le poids total des cendres de la récolte atteint, dans ces tiges, un maximum à l'époque de la formation de la graine, et diminue ensuite jusqu'à la maturité.

Dans les sommités des rameaux, la proportion des cendres fournie par chaque kilogramme de matière sèche va constamment en diminuant, tandis que le poids total de ces substances éprouve un accroissement continuel et considérable ; au moment de la maturité, cette partie de la récolte contient près de *dix-huit fois* plus de substances minérales qu'elle n'en contenait trois mois auparavant, et près des trois cinquièmes de ce qui se trouve dans la récolte entière.

Acide phosphorique. — Quand on considère la plante verte et fraîche, on y voit la proportion d'acide phosphorique atteindre, dans les racines et dans les tiges nues, vers l'époque de la formation de la graine, un maximum auquel correspond au contraire un minimum dans les sommités des rameaux.

Lorsqu'on examine au contraire la matière sèche, on voit l'appauvrissement se manifester à la fois sur les trois parties.

Le poids total de l'acide phosphorique atteint, dans les racines et dans les tiges nues, une valeur maxima qui correspond à l'époque de la formation des graines, et redevient ensuite, à l'époque de la maturité, sensiblement égal à ce qu'il était trois mois plus tôt, bien que, pendant ce laps de temps, le poids de la matière sèche qui compose cette partie de la plante ait *plus que triplé* ; la diminution paraît s'y faire sentir encore alors qu'elle a déjà cessé dans les racines.

La masse totale de l'acide phosphorique éprouve, dans les sommités des rameaux, un accroissement non interrompu et devient, en moins de trois mois, *vingt fois plus considérable* qu'au début des observations.

Chaux. — Considérée dans son entier, soit à l'état vert, soit à l'état sec, la plante offre un *maximum* de richesse en chaux vers le moment de la formation des graines, et cette richesse décroît ensuite jusqu'à l'époque de la maturité.

A cette même époque de la formation des graines correspond, au contraire, un *minimum* de richesse en chaux dans les sommités des rameaux.

La quantité *totale* de chaux contenue dans la récolte arrive à son *maximum*, dans les tiges nues et étêtées, vers cette même époque de la formation des graines, pour décroître ensuite jusqu'à la maturité, malgré l'accroissement du poids de la matière organique réelle.

Sels alcalins. — En laissant de côté les feuilles, dont l'état précis de maturité offre toujours quelque incertitude, la proportion de sels alcalins contenue dans le colza pris à l'état vert et frais, ou lorsqu'il est complétement dépouillé d'humidité, va constamment en diminuant depuis l'apparition des boutons à fleurs jusqu'à la maturité, dans le pied, dans les tiges et dans les sommités des rameaux.

Lorsqu'au lieu de considérer la proportion relative, on considère la proportion totale des sels alcalins contenus dans chaque partie de la récolte entière prise aux diverses époques de nos observations, il est facile de reconnaître, en parcourant le tableau n° 35, que le poids total des sels alcalins varie peu dans les racines, et qu'il tendrait plutôt à diminuer qu'à augmenter après la formation de la graine.

Dans la tige, au contraire, après avoir plus que doublé à cette époque, le poids total des sels alcalins diminue de plus d'un tiers lorsqu'on arrive à l'époque de la maturité.

Dans la partie supérieure de la plante, le poids des sels alcalins, pendant les trois derniers mois de la végétation du colza, décuple de valeur au moins.

S'il était permis de tirer une conclusion plus générale encore, qui paraît découler tout naturellement de ce qui précède, nous ajouterions qu'il semble résulter des analyses dont nous venons de citer les principaux résultats généraux, que *c'est surtout à l'époque de la formation de la graine que s'effectue avec le plus d'énergie, de la tige de la plante vers sa partie supérieure, le transport des matières azotées, des substances minérales, de l'acide phosphorique ou des phosphates, de la chaux et des sels alcalins.*

Pendant la dessiccation en javelle du colza coupé à l'approche de la maturité de la graine, il ne paraît pas y avoir de transport sensible de matières azotées de la tige vers la partie supérieure de la plante.

Le plant de colza, lorsqu'il est très-vigoureusement développé au moment de la transplantation, peut déjà contenir alors une très-forte partie des éléments constitutifs que l'on rencontrera, huit mois plus tard, dans la plante parvenue à maturité; c'est dans les organes foliacés du plant, surtout, que se trouvent accumulés tous ces principes, et particulièrement les matières azotées.

Enfin, le brûlis sur place des siliques de colza et l'emploi, trop général aujourd'hui, des pieds et même de la paille comme combustible, doivent être considérés comme un véritable gaspillage très-préjudiciable aux intérêts de l'agriculture.

DEUXIÈME PARTIE.

Production des matières grasses dans le colza. — Proportion et répartition de ces matières dans les différentes parties de la plante, aux diverses époques de son développement.

CHAPITRE Ier

CONSIDÉRATIONS SUR LA MARCHE SUIVIE DANS CES RECHERCHES.

Dans cette nouvelle série de recherches, je me proposais d'étudier la production de l'huile que les graines de cette plante fournissent en si grande abondance, et dont l'extraction et l'épuration constituent l'une des principales branches d'industrie de plusieurs de nos départements français.

Il y avait là un vaste champ d'études que je suis encore bien loin d'avoir parcouru dans tous les sens, bien que j'y aie déjà consacré plusieurs années de travail.

D'où vient cette masse considérable de matières grasses qui se trouvent dans la graine du colza ?

Existent-elles toutes formées dans la plante avant la maturité des graines, et celles-ci n'auraient-elles pas pour principal rôle celui d'y rassembler à leur profit, d'emmagasiner en quelque sorte les matières grasses disséminées dans les différentes parties de la plante ?

Les matières grasses se forment-elles exclusivement ou presque exclusivement dans la graine, et à quelle période de son développement cette formation se manifeste-t-elle dans sa plus grande activité ?

Les matières grasses ne sont-elles pas élaborées plus spécialement dans d'autres organes de la plante ? Quels sont ces organes ?

Enfin, si la plante contient en proportion notable des matières grasses disséminées dans toutes ses parties pendant toute la durée de sa vie végétative, comment et dans quelles proportions ces matières sont-elles réparties pendant les différentes phases de la végétation ?

C'est sur ce dernier point surtout qu'ont plus spécialement porté mes études, parce qu'il m'a semblé le plus propre à éclairer la marche à suivre dans la recherche de la solution des autres parties de la question.

Avant l'approche de la floraison du colza, les feuilles constituent l'organisme dominant de la plante, et les vicissitudes atmosphériques, en contrariant ou en activant leur développement, peuvent modifier singulièrement les résultats, les rendre parfois très-irréguliers dans leur marche, et c'est par suite de cette difficulté que je me suis trouvé amené à prendre pour point de départ de mes recherches l'état dans lequel se trouve la plante alors que sa tige commence à se développer avec activité, à l'approche de la floraison ; je l'ai suivie depuis la quinzaine qui précède l'entrée en fleurs jusqu'à la complète maturité des graines.

De même que dans la première partie de mes recherches, j'ai d'abord eu soin de choisir, chaque année, dans les champs de colza qu'on a bien voulu mettre à ma disposition, et dans la partie la plus uniforme de la récolte sur pied, un certain nombre de plantes de belle venue plus que suffisant pour mes expériences ; je les ai marquées afin de pouvoir les reconnaître au moment de leur emploi.

En désignant ainsi un nombre de plantes supérieur à celui des besoins réels, je me mettais en mesure de pouvoir rejeter, au moment de chaque récolte partielle, les plantes qui pouvaient offrir des anomalies, soit par suite d'avarie, soit par suite d'accidents naturels. Chaque observation portait toujours sur une série de quatre plantes entières, prises en divers points de la parcelle réservée.

J'ai prélevé, chaque année, mes échantillons d'essai :

1° Sur des plantes offrant déjà leurs boutons floraux très-apparents ;

2° Sur des plantes en fleurs ;

3° Sur des plantes complétement défleuries ;

4° Sur des plantes dont la graine était sur le point d'atteindre son volume normal, mais avant la maturité ;

5° Enfin, sur des plantes bonnes à récolter dans les conditions usuelles.

Les plantes qui constituaient chacun des échantillons d'essai étaient arrachées avec précaution, puis soumises aux manipulations suivantes :

1° On en séparait d'abord les pieds, que l'on coupait au collet, et dont les racines étaient ensuite dépouillées, aussi complétement que possible, de toute la terre interposée entre les radicelles ;

2° On séparait ensuite toutes les feuilles vertes, qui étaient réunies en un seul lot ;

3° On coupait les tiges et leurs ramifications immédiatement au-dessous des plus basses fleurs ou des dernières siliques inférieures, ce qui donnait encore deux lots d'essai, dont l'un comprenait toutes les tiges et rameaux tronqués, dont l'autre se composait des sommités des rameaux munies de toutes leurs fleurs ou de toutes leurs siliques pleines.

Quand les plantes étaient assez avancées dans leur développement pour que la graine pût en être séparée, le dernier lot était encore subdivisé en deux parties, et l'on examinait séparément la graine et les sommités des rameaux, en y comprenant toutes leurs siliques vides.

Enfin, j'ai fait un examen spécial des feuilles jaunes tombantes ou tombées, dont le rôle physiologique paraissait complétement terminé, mais sans m'astreindre à les prendre sur un nombre de plantes déterminé ; ces feuilles étaient, au contraire, empruntées à un grand nombre de sujets différents, chacune de ces parties faisant l'objet d'un examen spécial.

La totalité de la matière ainsi fournie par chaque partie était d'abord réduite à l'état de poudre grossière, après convenable dessiccation, au moyen d'une *égrugette* [1]. En mélangeant bien les différentes parties de cette poudre, afin de la rendre homogène, il était permis de n'opérer que sur un poids restreint (ordinairement 50 ou 100 gr.), et l'on pouvait multiplier les essais pour en contrôler l'exactitude.

Presque toutes les analyses ont été répétées plusieurs fois, et les résultats qu'elles donnaient n'étaient admis définitivement que lorsqu'ils étaient suffisamment concordants.

Un échantillon de la matière réduite en poudre grossière destinée à l'essai était desséché à l'étuve avec un soin tout particulier, pour qu'il fût possible de rapporter à la matière complétement privée d'humidité tous les résultats obtenus.

CHAPITRE II.

DISTRIBUTION DES MATIÈRES GRASSES DANS LES DIFFÉRENTES PARTIES DE LA PLANTE, A DIVERSES ÉPOQUES DE SON DÉVELOPPEMENT ; — PROPORTIONS DE CES SUBSTANCES PRODUITES SUR UN HECTARE DE TERRE CONSACRÉ A LA CULTURE DU COLZA.

Les données numériques relatives à chaque expérience, le détail d'opérations toujours les mêmes, le calcul des résultats fournis par chacune d'elles, ne pouvant donner lieu à aucune remarque importante, j'ai cru devoir, pour abréger de fastidieux détails auxquels chacun pourrait aisément suppléer, me borner ici à l'énoncé des résultats définitifs que je vais présenter sous forme de tableaux, en vue de faciliter l'intelligence de rapports que peuvent avoir entre eux ces nombreux résultats.

Les onze tableaux qui suivent résument autant de séries d'expériences distinctes, faites, les unes en 1859, les autres en 1860.

[1] Voir le dessin figuré dans la première partie, page 164.

1re série d'expériences faites en 1859.

4 plantes arrachées le 22 mars, avant la floraison (boutons floraux très-apparents).

	Poids de matière sèche.	Matières grasses par kilog.		Moyenne.
	gr.	gr.	gr.	gr.
Feuilles vertes	174,5	40,1	40,5	40,3
Sommités des rameaux . .	20,8		52,30	52,3
Tiges et rameaux étêtés . .	94,3	9,38	8,98	9,18
Pieds et racines. . . .	81,6	8,84	8,66	8,75
Feuilles mortes.		36,79	36,64	36,7

2e série d'expériences.

2 AVRIL 1859.

4 plantes en fleur.

	Matière sèche obtenue.	Matières grasses par kilog.		Moyenne.
	gr.	gr.	gr.	gr.
Feuilles vertes.	161	40,06	40,14	40,1
Sommités des rameaux. .	32,3	»	60,08	60,08
Tiges et rameaux étêtés. .	131	8,67	8,40	8,53
Pieds et racines	89,8	»	8,5	8,5
Feuilles mortes		36,64	36,40	36,52

3e série d'expériences.

6 MAI 1859.

4 plantes entièrement défleuries.

	Matière sèche.	Matières grasses par kil.		Moyenne.
	gr.	gr.	gr.	gr.
Feuilles vertes	91,1	39,92	40,17	40,04
Sommités des rameaux.	149,3	48,52	48,30	48,41
Tiges et rameaux étêtés.	386,1	8,95	8,75	8,83
Pieds et racines. . .	128,5	8,40	8,30	8,35
Feuilles mortes . . .		36,95	36,43	36,55
		36,28		

4ᵉ série d'expériences.

6 JUIN 1859.

4 plantes très-avancées.

	Matière sèche.	Matières grasses par kil.		Moyenne.
	gr.	gr.	gr.	gr.
Feuilles vertes. . . .	6,6	»	36,89	36,89
Sommités des rameaux.	388,7	125,2	125,8	125,5
Tiges et rameaux étêtés.	327,8	8,64	8,48	8,56
Pieds et racines. . . .	115,6	7,72	7,43	7,57

5ᵉ série d'expériences.

20 JUIN 1859.

4 plantes entièrement développées, arrachées la veille de la récolte générale du champ.

	Matière sèche.	Matières grasses par kil.		Moyenne.
	gr.	gr.	gr.	gr.
Sommités des rameaux avec leurs siliques pleines.	501,8	240,4	237,9	239,15
Tiges et rameaux étêtés.	298,7	7,41	7,81	7,61
Pieds et racines. . . .	118,9	7,25	7,01	7,13

6ᵉ série d'expériences.

1ʳᵉ DE 1860.

4 pieds en pleine floraison (7 mai 1860).

	Matière sèche.	Matières grasses par kil.		Moyenne.
	gr.	gr.	gr.	gr.
Feuilles vertes. . . .	163,9	»	40,1	40,1
Sommités des rameaux.	37,9	»	61,19	61,19
Tiges et rameaux étêtés.	368,26	8,21	8,95	8,58
Pieds et racines. . . .	136,26	»	8,43	8,43
Feuilles mortes. . . .	»	»		36,5

7e série d'expériences.

2° DE 1860.

4 plantes entièrement défleuries (8 juin 1860).

	Matière sèche.	Matières grasses par kil.		Moyenne.
	gr.	gr.	gr.	gr.
Feuilles vertes. . . .	71,1	»	40,0	40,0
Sommités des rameaux munis de leurs siliques.	493,5	47,29	45,93	46,61
Tiges et rameaux étêtés.	536,2	8,70	9,04	8,87
Pieds et racines. . . .	245,4	»	8,19	8,19
Feuilles mortes. . . .	»	»	36,8	36,8

8e série d'expériences.

3° DE 1860.

4 plantes très-avancées dans leur développement, mais non encore parvenues à maturité (23 juin 1860).

	Matière sèche.	Matières grasses par kil.		Moyenne.
	gr.	gr.	gr.	gr.
Feuilles vertes. . . .	23,02	»	37,0	37,0
Sommités des rameaux [1] avec leurs siliques pleines.	535,2	125,7	123,3	124,5
Tiges et rameaux étêtés.	427,3	8,12	8,60	8,36
Pieds et racines . . .	204,39	»	7,12	7,12
Graines séparées. . .	159,9	380,0	360,4	370,2
Sommités des rameaux avec siliques dépouillées de graines. . .	375,3	17,6	21,4	19,5

[1] Ces nombres ont été déduits par le calcul de ceux obtenus séparément de la graine et des sommités dépouillées de leurs graines.

9ᵉ série d'expériences.

4ᵉ DE 1860.

On a pris avec intention les quatre plantes les plus vigoureuses et celles qui paraissaient les plus chargées de graines (7 juillet 1860).

	Matière sèche.	Matières grasses par kil.		Moyenne.
	gr.	gr.	gr.	gr.
Sommités des rameaux [1] avec siliques pleines. .	813,9	239,9	247,7	243,6
Tiges et rameaux étêtés.	576,»	6,46	7,08	6,77
Pieds et racines. . . .	138,4	7,22	6,70	6,96
Graines séparées. . . .	404,5	459,4	478,4	468,9
Sommités des rameaux avec siliques vides. .	409,4	22,98	21,86	22,42

10ᵉ série.

5ᵉ DE 1860.

Les 4 plantes ont été coupées à la hauteur du collet, la veille de la récolte générale du champ. Ces plantes représentaient, autant que possible, la moyenne de la récolte générale (11 juillet 1860).

	Matière sèche.	Matières grasses par kil.		Moyenne.
	gr.	gr.	gr.	gr.
Tiges et rameaux étêtés.	265,9	7,32	7,33	7,32
Sommités des rameaux avec leurs siliques pleines.	476,1	239,8	237,0	238,4
Graines.	236	462,2	454,8	458,5
		458,5		
Sommités des rameaux avec siliques vides. .	241,1	21,2	22,8	22,0

Les quatre plantes avaient été *desséchées le plus rapidement possible*, afin d'en séparer la graine. On se proposait, dans cette série d'expériences, d'examiner les différentes parties de la plante dans un état aussi voisin que possible de celui où elle se trouvait au moment de la coupe avant le javelage.

[1] La richesse en matières grasses n'a pas été déterminée directement; elle a été déduite, par le calcul, de la richesse des graines et de celle des sommités portant les siliques vides.

11ᵉ série.

6ᵉ DE 1860 (11 juillet 1860).

4 plantes coupées à la hauteur du collet, la veille de la coupe générale de la récolte entière, et mises à *javeler* pendant douze jours à l'ombre dans un lieu sec. — On avait choisi les plantes de manière que leur ensemble fût, en moyenne, un peu supérieur à la récolte totale, pour exagérer, s'il était possible, *l'influence de la dessiccation lente ou du javelage.*

	Matière sèche.	Matières grasses par kil.		Moyenne.
	gr.	gr.		gr.
Tiges et rameaux étêtés.	293,6	7,66		7,66
Sommités des rameaux portant leurs siliques pleines [1]	581,6	238,8	241,3	240,0
Graines.	291,5	455,8	461,6	458,7
Sommités des rameaux avec leurs siliques vides.	290,1	20,78	19,86	20,32

Dans les expériences de 1859, comme dans celles de 1860, nous voyons constamment, *dans toutes les séries,* les diverses parties de la plante se classer ainsi, d'après leur plus grande *richesse relative* en matières grasses :

En *première ligne,* les sommités des rameaux portant leurs fleurs ou leurs siliques pleines ;

Ensuite les feuilles ;

Enfin, à peu près sur la même ligne, les tiges nues et rameaux étêtés, et les pieds munis de leurs racines.

Il importe ici de ne pas confondre la richesse relative de chaque partie de la plante avec la quantité totale de matières grasses qui s'y trouve, parce qu'il arrive, surtout dans les premières séries de chaque année, que la partie de la plante douée de la plus grande richesse relative ne figure dans l'ensemble que pour un poids minime, et ne contient, en définitive, qu'une assez petite quantité totale de matières grasses.

Nous aurons occasion, par la suite, de revenir sur cette importante distinction.

[1] Les résultats ont été calculés au moyen de ceux qu'ont fournis les graines et les sommités des rameaux séparés de leurs graines.

Suivons maintenant, dans chacune des parties de la plante, les variations qu'y subissent la proportion relative des matières grasses et le poids total de ces matières.

PIEDS ET RACINES.

EXPÉRIENCES DE 1859.

	Proportion moyenne de mat. grasses par kil. de mat. sèche.	Poids total de matières grasses pour les 4 plantes.
	gr.	gr.
22 mars.	8,75	0,714
2 avril.	8,50	0,7633
6 mai.	8,35	1,073
6 juin.	7,57	0,875
20 juin.	7,13	0,848

EXPÉRIENCES DE 1860.

	gr.	gr.
7 mai.	8,43	1,1487
8 juin.	8,19	2,007
23 juin.	7,12	1,434
7 juillet.	6,97	0,963

Les expériences de 1860, comme celles de 1859, nous montrent que la proportion de matières grasses décroît lentement, mais assez régulièrement dans la partie inférieure de la plante, à mesure que cette dernière avance vers sa maturité. Nous y voyons le *poids total* de la matière grasse tendre vers un maximum, lorsque les dernières fleurs ont disparu, et diminuer ensuite, à mesure que la plante approche du terme de son développement.

TIGES NUES ET RAMEAUX ÉÉTÉS.

EXPÉRIENCES DE 1859.

	Proportion moyenne de mat. grasses par kil. de mat. sèche.	Poids total de matières grasses pour les 4 plantes.
	gr.	gr.
22 mars.	9,18	0,866
2 avril.	8,53	1,117
6 mai.	8,83	3,409
6 juin.	8,56	2,805
20 juin.	7,61	1,273

EXPÉRIENCES DE 1860.

	Proportion moyenne de mat. grasses par kil. de mat. sèche.	Poids total de matières grasses pour les 4 plantes.
	gr.	gr.
7 mai.	8,58	3,159
8 juin.	8,87	4,747
23 juin.	8,36	3,752
7 juillet.	6,77	3,899
11 juillet (non javelée).	7,32	1,948
11 juillet (javelée).	7,66	2,260

Les résultats qui précèdent nous montrent que dans les expériences de 1858, comme dans celles de 1860, les tiges et rameaux ététés s'appauvrissent de matières grasses depuis le moment de la floraison jusqu'à l'époque de la maturité des graines ; que, cependant, *le poids total* des matières grasses contenues dans cette partie de la plante paraît, comme dans les racines, atteindre un maximum lorsque les dernières fleurs ont disparu, pour diminuer ensuite jusqu'à la maturité de la plante.

SOMMITÉS DES RAMEAUX MUNIES DE TOUTES LEURS FLEURS ET DE TOUTES LEURS SILIQUES PLEINES.

EXPÉRIENCES DE 1859.

	Proportion moyenne de mat. grasses par kil. de mat. sèche.	Poids total de matières grasses pour les 4 plantes.
	gr.	gr.
22 mars.	52,3	1,088
2 avril.	60,8	1,964.
6 mai.	48,41	7,228
6 juin.	125,5	48,782
20 juin.	239,15	120,005

EXPÉRIENCES DE 1860.

	Proportion moyenne de mat. grasses par kil. de mat. sèche.	Poids total de matières grasses pour les 4 plantes.
	gr.	gr.
7 mai.	61,19	2,319
8 juin.	46,61	23,002
23 juin.	124,5	66,632
7 juillet.	243,6	197,462
11 juillet.	238,8	113,693
11 juillet (javelée).	240,0	139,584

La proportion moyenne de matières grasses contenues dans les sommités des rameaux, en y comprenant les fleurs ou les siliques portant graine, semble éprouver une diminution sensible vers la fin de la floraison, alors que cette partie de la plante éprouve un accroissement de poids extrêmement rapide et considérable ; mais, bientôt après, la richesse augmente rapidement jusqu'à l'approche de la maturité de la graine. Le poids total des matières grasses contenues dans cette partie de la plante s'accroît beaucoup plus vite encore que sa richesse, par suite du rapide développement de la plante, depuis l'époque des premières observations jusqu'à celle des dernières.

En examinant séparément, dans la partie supérieure de la plante, la graine et ce qui reste après son extraction complète, j'ai trouvé pour résultats, comme moyenne de plusieurs dosages :

GRAINES.

	Proportion moyenne de mat. grasses par kil. de matière sèche.	Poids total de matières grasses pour les 4 plantes.
	gr.	gr.
23 juin 1860	370,2	59,195
7 juillet	468,9	189,670
11 juillet (non javelée)	458,5	108,206
11 juillet (javelée)	458,7	133,711

SOMMITES DES RAMEAUX AVEC LEURS SILIQUES VIDES.

	Proportion moyenne de mat. grasses par kil. de matière sèche.	Poids total des matières grasses pour les 4 plantes.
	gr.	gr.
23 juin 1860	19,5	7,330
7 juillet	22,42	9,179
11 juillet (non javelée)	22,0	5,304
11 juillet (javelée)	20,32	5,895

De la comparaison des résultats qui précèdent, il semble permis de conclure que la graine de colza contient déjà beaucoup de matières grasses avant sa maturité, puisque nous voyons celle du 23 juin, qui était à peine parvenue au quart de son développement normal, contenir déjà cependant plus des quatre cinquièmes de la proportion d'huile que fournit la graine mûre, à poids égal. — Nous voyons même que la graine du 7 juillet 1860, *encore complétement rouge* (ce qui, pour les fabricants d'huile, est l'indice d'une maturité imparfaite), est tout aussi riche en huile que la graine noire parfaitement mûre ; toutes nos déterminations nous ont même donné un rendement sensiblement supérieur pour cette graine rouge.

EXAMEN DES FEUILLES VERTES.

EXPÉRIENCES DE 1859.

	Proportion moyenne de mat. grasses par kil. de mat. sèche. gr.	Poids total de matières grasses pour les 4 plantes. gr.
22 mars.	40,3	7,032
2 avril.	40,1	6,456
6 mai.	40,04	3,648
6 juin.	36,89	0,243

EXPÉRIENCES DE 1860.

7 mai.	40,1	6,572
8 juin.	40,0	2,844
23 juin.	37,0	0,852

Il résulte encore de l'ensemble de nos recherches que la proportion de matières grasses ne varie pas sensiblement dans les feuilles, tant qu'elles sont abondantes et qu'elles fonctionnent d'une manière active et efficace. La matière grasse diminue, au contraire, dans ces organes, lorsque leurs dimensions sont considérablement réduites, qu'elles deviennent rares et petites, et que la plante paraît avoir acquis tout son développement.

Il est à peine besoin de faire observer ici que la masse totale des feuilles, considérées à l'état sec, diminuant assez rapidement jusqu'à l'époque de la maturité, le poids total des matières grasses contenues dans cette partie de la récolte devait y décroître avec la même rapidité, comme l'indique le tableau qui précède.

EXAMEN DES FEUILLES MORTES.

EXPÉRIENCES DE 1859.

	Proportion moyenne de mat. grasses par kil. de mat. sèche. gr.
22 mars.	36,7
2 avril.	36,52
6 mai.	36,65

EXPÉRIENCES DE 1860.

7 mai.	36,5
8 juin.	36,8

De toutes les déterminations effectuées en 1859 et en 1860, il résulte encore, d'une manière assez nettement accusée, que la proportion des matières grasses contenues dans les feuilles au moment où, devenues jaunes, elles se détachent spontanément de la tige, représente une sorte de limite *constante*, inférieure d'environ 9 pour 100 à la teneur normale des feuilles vertes et actives.

Cette constance de richesse en matières grasses, dans les feuilles mortes et dans les feuilles actives, mérite d'autant plus d'être signalée, qu'elle peut correspondre à des poids de récoltes variant du simple au double, ou même dans un rapport plus grand encore. Elle nous paraît être, pour les feuilles, l'indice évident d'un rôle tout spécial au point de vue qui nous occupe. Nous y reviendrons dans un instant.

Voyons maintenant comment les matières grasses se répartissent dans les différentes parties de la plante, en précisant l'aliquote qui, dans la masse totale de ces matières, appartient à chacune de ces parties.

Aliquote, sur mille parties en poids de matières grasses, contenue dans les différentes parties de la plante.

Expériences de 1859.

	Pieds et racines.	Tiges et rameaux étêtés.	Sommités des rameaux.	Feuilles vertes.
25 mars.	73,6	89,8	112,2	724,9
2 avril.	75,1	108,4	190,7	626,8
6 mai.	69,8	221,9	470,6	237,7
5 juin.	16,6	58,4	925,6	4,4
20 juin.	6,9	18,5	974,6	»

Expériences de 1860.

	Pieds et racines.	Tiges et rameaux étêtés.	Sommités des rameaux.	Feuilles vertes.
7 mai.	67	239	177	497
8 juin.	61	146	706	87
23 juin.	21	52	915	12
7 juillet. . . .	5	19	976	»
11 juillet (1). .	»	17	933	»
11 juillet (2). .	»	17	983	»

Dans les deux séries d'expériences, nous voyons diminuer progressivement, et d'une manière continue, l'aliquote de matières grasses contenues dans les pieds et racines du colza ; nous la voyons augmenter rapidement, au contraire, dans les sommités des rameaux portant fleurs ou graines. Cet accroissement se continue jusqu'à l'époque de la maturité.

Dans les deux séries d'observations, il est encore facile de constater que, si l'on part du moment où la plante est complétement défleurie, c'est-à-dire du moment où elle vient d'acquérir à peu près tout son développement en hauteur, l'aliquote de matières grasses contenue dans les tiges et rameaux étêtés diminue assez rapidement, bien que le poids total de la matière organique réelle de cette partie de la plante soit encore susceptible d'éprouver un notable accroissement. Enfin, l'aliquote imputable aux feuilles encore actives s'élève à près de trois quarts avant le floraison ; elle atteint encore la moitié environ au moment de cette phase du développement de la plante, mais elle diminue ensuite assez vite, parce que ces organes deviennent de moins en moins nombreux, et surtout de moins en moins développés ; d'où il résulte qu'ils représentent une aliquote de plus en plus faible du poids total de la plante considérée dans son entier.

Nous venons de suivre, jusqu'à présent, la marche de l'accroissement des matières grasses dans le colza, en étudiant séparément chacune des parties de la plante ; il nous reste encore, pour compléter cet examen, à suivre le développement de ces matières dans la plante considérée dans son entier, soit avec ses racines, soit coupée à la hauteur du collet, comme cela se pratique dans la récolte de la plante parvenue à maturité.

EXPÉRIENCES DE 1859.

	Matières grasses par kilog. de matière sèche.	
	Dans la plante entière.	Dans la plante coupée au collet.
	gr.	gr.
22 mars.	26,1	31,0
2 avril.	24,9	29,4
6 mai.	20,3	26,1
6 juin.	62,3	73,1
20 juin.	133,9	152,7

EXPÉRIENCES DE 1860.

	gr.	gr.
7 mai.	18,8	21,2
8 juin.	24,2	27,8
23 juin.	58,3	68,8
7 juillet	132,9	144,9
11 juillet [1].	»	155,4
11 juillet [2].	»	151,1

[1] On n'a pas tenu compte, dans ces deux derniers cas, des pieds ou racines de la plante.

[2] Si, dans ces deux séries d'expériences, il y a trois semaines de différence entre les époques d'observations de 1859 et celles de 1860, c'est que l'année 1859 a été plus hâtive que l'année suivante.

Les deux séries d'expériences s'accordent pour nous montrer que, jusqu'à ce que la floraison soit complétement terminée, la proportion moyenne de matière grasse, rapportée à la matière organique sèche, n'éprouve que des variations de peu d'importance, mais qu'à partir de ce moment, la richesse moyenne de la plante éprouve un accroissement rapide jusqu'à l'époque de la maturité de la graine.

Chacune de nos séries d'expériences a porté sur quatre plantes de colza ; pour rapporter à l'hectare les résultats qu'elles ont fournis, il suffirait de se rappeler qu'on évalue moyennement, dans la plaine de Caen, à 40 000 le nombre des plantes récoltées sur un hectare.

En partant de cette donnée, nous trouvons, pour le poids total des matières grasses contenues dans la récolte d'un hectare :

EXPÉRIENCES DE 1859.

	kil.
22 mars	97,00
2 avril.	103,00
6 mai.	153,58
6 juin.	527,05
20 juin.	1234,26

Nous voyons la marche ascendante du poids total des matières grasses, d'abord lente pendant la période de la floraison, devenir ensuite de plus en plus rapide en approchant de la maturité ; pour mettre plus en évidence et pour mieux suivre la marche de cet accroissement, calculons, au moyen des données qui précèdent, l'accroissement diurne moyen correspondant aux divers intervalles du temps qui s'écoulait entre deux observations consécutives ; on trouve ainsi, pour 1 hectare :

	Accroissement diurne moyen.
	kil.
Du 22 mars au 2 avril (11 jours).	0,545
Du 2 avril au 6 mai (34 jours).	1,488
Du 6 mai au 6 juin (31 jours).	12,366
Du 6 au 20 juin (14 jours).	48,872

L'accroissement diurne du poids de la matière grasse, qui n'était que d'un demi-kilogramme par hectare à l'approche de la floraison, acquiert une valeur triple pendant cette phase de la végétation du colza ; il est 27 fois plus considérable pendant la période suivante ; enfin, pendant les deux dernières semaines, la matière grasse élaborée chaque jour dans la plante est *quatre-vingt-neuf fois* plus considérable que pendant les onze jours qui précèdent l'entrée en fleurs.

EXPÉRIENCES DE 1860.

PLANTES COUPÉES AU COLLET DE LA RACINE.

	Poids des matières grasses par hectare. kil.
7 mai.	120,78
8 juin.	306,02
23 juin.	677,73
11 juillet.	1136,24

ACCROISSEMENT DIURNE MOYEN.

	kil.
Du 7 mai au 8 juin.	5,788
Du 8 au 23 juin.	24,780
Du 23 juin au 11 juillet.	37,084

Si les nombres auxquels nous conduisent ces dernières expériences diffèrent de ceux qu'on avait obtenus en 1859, cela tient : 1° à ce que les plantes ne poussent pas toujours avec la même vigueur dans deux années consécutives ; 2° à ce que les intervalles ne se correspondent pas dans les deux séries ; 3° enfin, à ce que la production de la matière grasse et le rendement peuvent offrir, dans deux années qui se suivent, de très-notables différences, comme l'apprennent trop souvent, à leurs dépens, les producteurs de colza.

CHAPITRE III.

INFLUENCE DU JAVELAGE ET DE LA MATURATION DES GRAINES.

De toutes les parties de la plante, la graine est de beaucoup la partie la plus riche en matières grasses, à poids égal, et c'est là précisément ce qui a donné naissance à l'industrie dont l'objet principal est l'extraction des huiles de graines.

Il semble résulter encore de mes expériences de 1860, et d'autres expériences antérieures, que la proportion de matières grasses contenues dans la graine de colza augmente en même temps que son volume ; mais ces expériences paraissent démontrer aussi que, même avant de présenter les caractères d'une complète maturité, la graine cesse de produire ou d'emmagasiner, en proportion notable, des matières grasses dès qu'elle est parvenue à son volume normal.

Il paraît naturel d'en conclure que, si la graine du colza jouit réellement d'un pouvoir élaborant spécial pour les matières grasses, ce pouvoir semble s'affaiblir beaucoup à l'époque même où le sentiment vulgaire lui suppose la plus grande activité, c'est-à-dire à l'approche de la maturité de la graine, puisque la graine non encore mûre, mais complétement développée quant au volume, est au moins aussi riche en huile que la graine la plus mûre.

Ce résultat, constaté par des épreuves trop multipliées pour pouvoir être révoqué en doute, paraît en désaccord avec les idées généralement admises par les praticiens, qui accordent une préférence très-marquée à la graine complétement mûre.

Avant de chercher à donner une explication de ce désaccord, reportons-nous, par la pensée, dans le domaine de la pratique agricole usuelle, et voyons comment se fait ordinairement la récolte du colza :

« Il est d'habitude, lorsqu'on fait la récolte du colza, de
« ne pas attendre que la graine ait pris la teinte brune qui
« caractérise la complète maturité des variétés cultivées en

« France. Une grande partie de la graine est encore nuancée
« de rouge au moment de la coupe ; il s'en trouve même
« qui commence à peine à prendre cette nuance rouge et
« qui est encore presque verte. On abandonne alors sur le sol
« ce colza imparfaitement mûr, en javelles formées de 10 à 15
« plantes, suivant leur force, pendant un temps variable, or-
« dinairement 10 à 15 jours, après lesquels on procède au
« battage. La plante se dessèche, et presque toute la graine
« prend une teinte plus ou moins foncée.

« Quelquefois même, après quelques jours de javelle, le
« colza est mis en meule pendant trois semaines, un mois,
« ou même plus encore.

« Que se passe-t-il alors dans la plante ? Quelles modifica-
« tions se produisent dans chacune de ses parties ? Quelles trans-
« formations peuvent éprouver leurs principes constitutifs ?

« Lorsqu'on sait que la plante, au moment de la coupe,
« contient encore les *quatre cinquièmes de son poids d'eau*,
« et seulement un cinquième de matière sèche, et qu'au
« moment du battage elle ne renferme plus qu'environ 30
« pour 100 d'eau, il est tout naturel de penser que, pendant
« cette dessiccation, il doit s'effectuer encore, dans l'intérieur
« des organes, soit des transports de matières par suite
« desquels la répartition de celles-ci doit se trouver modifiée
« d'une manière sensible ; soit des transformations de cer-
« tains principes spéciaux pendant cet état particulier, dans
« lequel la plante est en quelque sorte sous l'influence d'une
« lente agonie.

« La marche ascensionnelle des matières grasses des par-
« ties inférieures de la plante vers les parties supérieures,
« pendant toute la durée des observations, pouvait faire pré-
« sumer que, pendant le javelage, le transport de matières
« grasses pouvait se continuer, soit au profit des extrémités
« des rameaux, soit au profit des graines.

« Pour confirmer ou pour infirmer ces présomptions, j'in-
« stituai l'expérience suivante :

« Ayant coupé huit plantes de colza au moment de la ré-

« colte, le 11 juillet 1860, j'en formai deux lots de chacun
« quatre plantes, en les assortissant le mieux possible, tou-
« tefois, à cette double condition :

« 1° Qu'un des lots fût notablement supérieur à l'autre en
« poids ;

« 2° Que le rapport entre le poids présumé des tiges et ra-
« meaux étêtés et celui des sommités des rameaux portant
« leurs siliques pleines parût à peu près le même.

« Les quatre plantes constituant le lot supérieur en poids
« furent mises en javelle dans un lieu sec, à l'ombre, de ma-
« nière que la dessiccation fût moins rapide qu'au milieu des
« champs ; on retournait tous les jours cette petite javelle, afin
« de rendre la dessiccation plus uniforme. Au bout de 16 jours
« on a battu le colza, et séparé : 1° la graine ; 2° les sommités
« des rameaux avec les siliques vides ; 3° les tiges et rameaux
« étêtés.

« Dans le second lot, la séparation des sommités a été faite
« immédiatement, de manière à éviter tout transport de ma-
« tière venant de la tige, et les sommités ont été desséchées
« rapidement pour en séparer les graines, afin d'arrêter
« autant que possible un transport de matière par les sili-
« ques. »

Cette double expérience m'a donné les résultats suivants :

1er LOT MIS A JAVELER PENDANT 16 JOURS ET DESSÉCHÉ LENTEMENT.

	Matière sèche totale.	Matières grasses par kil.
	gr.	gr.
Tiges et rameaux étêtés. . . .	293,6	7,66
Sommités des rameaux portant leurs siliques pleines.	581,6	240,»»
Graines.	291,5	458,07
Sommités des rameaux avec leurs siliques vides.	290,9	20,32

2ᵉ LOT, DESSÉCHÉ IMMÉDIATEMENT.

	Matière sèche totale.	Matières grasses par kil.
	gr.	gr.
Tiges nues et étêtées.	265,9	7,32
Sommités des rameaux avec leurs siliques pleines.	476,1	238,08
Graines.	236,»	458,05
Sommités des rameaux avec leurs siliques vides.	240,1	22,»»

Il n'est guère possible, en présence de ces résultats, d'attribuer au javelage une influence bien prononcée sur la richesse en matière grasse des différentes parties de la plante.

Nous devons faire, toutefois, une observation générale au sujet des matières grasses fournies par les graines prises dans un état de développement plus ou moins avancé. La fluidité de ces matières, dans la graine de colza du moins, m'a toujours paru d'autant plus grande que les graines sont plus complétement mûres; et l'huile extraite des graines incomplétement développées, ou des graines rouges, m'a généralement fourni, au bout d'un temps assez court, un dépôt notable de matière solide.

Ces matières, d'une extraction facile à l'aide des dissolvants chimiques, comme l'éther ou le sulfure de carbone, doivent résister plus énergiquement à l'action mécanique de la presse que les matières grasses liquides ; et nous aurions là une explication rationnelle de la préférence accordée par les fabricants d'huile aux graines parvenues à une plus parfaite maturité ; ainsi s'explique encore le désaccord apparent entre les résultats du laboratoire obtenus par des dissolvants énergiques, et les faits observés par des industriels à l'aide de moyens mécaniques d'extraction.

Que deviennent alors ces matières solides pendant la maturation de la graine, si on ne les retrouve plus aussi abondantes dans la graine mûre que dans la graine imparfaite? Il y aurait encore là matière à de nombreuses recherches que le temps ne m'a pas permis de compléter, et qui feront l'objet d'un travail spécial.

Le fait qui m'a paru le plus constant est un dégagement d'acide carbonique et de vapeur d'eau pendant les premières semaines qui suivent le battage de la graine et sa mise dans les greniers. L'absorption de l'oxygène de l'air peut être alors assez abondante pour élever considérablement la température de la graine, et pour nécessiter de fréquents pelletages dans les magasins. — Pendant ce travail intérieur où l'oxygène paraît jouer un rôle considérable, la couleur de la graine se fonce et paraît subir un complément de maturation comparable à celui qu'éprouvent la plupart des fruits, après avoir été cueillis. On sait, d'ailleurs, que l'oléine, qui abonde dans les huiles, plus fluide que la plupart des matières grasses qui l'accompagnent, est en même temps plus oxygénée. Le travail de maturation complémentaire dont il est ici question ne consisterait-il pas, en grande partie, en une transformation de matières grasses solides en oléine plus fluide, sous l'influence oxydante de l'air ambiant ?

Le travail de maturation de la graine de colza pendant la mise en javelles, ou pendant la mise en meules, ne trouverait-il pas également son explication dans cette même action de l'oxygène de l'air, singulièrement favorisée par l'élévation de la température et le facile renouvellement de l'air en pleine campagne ? Je ne saurais, toutefois, trop répéter ici qu'il faudrait apporter des preuves plus nettes et plus multipliées à l'appui de l'opinion qui vient d'être formulée avec plus ou moins de probabilité.

CHAPITRE IV.

QUELQUES OBSERVATIONS SOMMAIRES SUR LE ROLE PROBABLE DES FEUILLES DANS LA PRODUCTION DES MATIÈRES GRASSES.

Les feuilles constituent par leur masse, jusqu'après la floraison, une aliquote si considérable de la plante considérée dans son entier; la partie aliquote de matières grasses qu'elles contiennent est si importante, pendant cette première période de la végétation, que nous ne saurions nous dispenser d'en faire l'objet d'un examen tout particulier.

Les feuilles sont, à juste titre, considérées comme des organes élaborateurs par excellence : le bon sens vulgaire et l'observation de tous les jours nous apprennent que l'énergie du développement d'un végétal est toujours en raison directe de l'abondance et du développement de ses organes foliacés.

La feuille semble jouer tout à la fois, dans la plante, le double rôle d'organe principal de respiration et d'organe de digestion, s'il est permis d'emprunter au règne animal cette dernière expression.

Nous venons d'établir que, dans le colza, la proportion de matières grasses a diminué d'environ 9 pour 100 dans la feuille quand elle a jauni, lorsque son rôle physiologique paraît terminé; si nous ajoutons qu'avant d'abandonner la plante, ces mêmes feuilles lui ont cédé une partie considérable de leur propre substance, sous la forme de principes organiques et de principes minéraux ; que leur poids total s'en est trouvé diminué d'autant, il nous sera permis d'en conclure que la diminution absolue de la matière grasse doit être portée à un chiffre supérieur à celui que nous venons d'indiquer.

Nous avons été à même de signaler, dans la première partie de ce travail, un appauvrissement analogue, mais beaucoup plus considérable encore, dans les feuilles qui ont perdu leur activité : leur richesse en acide phosphorique et en principes azotés peut diminuer de moitié.

En d'autres termes, nous pourrions dire que cet appauvrissement porte principalement sur les principes que nous retrouvons dans la graine en plus grande abondance, et qui paraissent y jouer un rôle de premier ordre, comme la matière grasse, les phosphates et les principes azotés.

On a quelquefois cherché à expliquer, dans les feuilles, cet appauvrissement, en quelque sorte spécial, par une espèce de dissolution qu'en effectueraient les eaux pluviales ; dissolution d'autant plus active, disait-on, que la vie organique cesse ou va cesser, dans ces feuilles à l'agonie, de maintenir associés les principes si divers qui les composent.

Sans contester d'une manière générale cette influence dissolvante, lorsque les feuilles sont sur le point de se désagréger, qu'il nous soit cependant permis d'en révoquer en doute les effets dans l'exemple qui nous occupe, attendu que nous avons reconnu la même constance dans la proportion de matières grasses des feuilles mortes de colza, dans une saison humide et pluvieuse et dans une saison sèche.

C'est donc une sorte de résorption qui doit s'opérer au profit des tiges de la plante, résorption qui se ferait d'une manière continue tant que la feuille conserve son activité d'élaboration, et qui, parvenue à une certaine limite, se trouverait arrêtée sous des influences dont l'étude n'a pas encore été complétement faite.

Le travail d'élaboration de la matière grasse doit se faire non-seulement dans la feuille, mais aussi dans toutes les parties vertes de la plante.

La science n'a sans doute pas encore pris la nature sur le fait ; mais quand on songe que le plus rapide développement de la matière grasse, dans le colza du moins, correspond précisément au moment où la plante, entièrement défleurie, encore munie de feuilles larges et nombreuses, présente en outre à l'action de l'air la matière verte sur toute sa surface, dont le développement est alors considérable, on se demande aux dépens de quels principes de la plante s'effectue la production des matières grasses ; comment et sous quelles influences chimiques et physiologiques a lieu la transformation. C'est ce que l'état actuel de nos connaissances ne permet pas encore de préciser nettement.

Suivant Mulder, la matière grasse qu'on trouve dans les parties vertes des plantes, et qu'il représente par la formule $C_{15} H_{15} O$, résulterait d'une transformation de l'amidon qui, sous l'influence de la lumière, se combinerait avec les éléments de l'eau en dégageant de l'oxygène [1], transformation exprimée par la formule :

$$5 (C_{12} H_{10} O_{10}) + 10 HO = 4 (C_{15} H_{15} O) + 55 O.$$

Suivant M. Édouard Morren [2], en se fondant sur les analyses plus récentes et plus précises de M. Morot [3], qui assignent à la matière grasse des feuilles la formule $C_8 H_7 O$, cette transformation pourrait s'exprimer par l'équation :

$$C_{12} H_{10} O_{10} + 2 O = C_8 H_7 O + 4 CO_2 + 3 HO ;$$

ou par la suivante :

$$2 (C_{12} H_{10} O_{10}) + HO = 3 (C_8 H_7 O) + 18 O.$$

Si ces diverses formules, auxquelles il serait facile d'en ajouter d'autres, ne sont pas complétement concordantes, elles prouvent au moins que les physiologistes modernes sont disposés à se mettre d'accord pour considérer les organes foliacés et les parties vertes des plantes comme le siége de ce travail de mutation.

Si la science n'a pas encore dit son dernier mot sur la formule qui exprime cette transformation, si la nature des principes organiques qui en sont le point de départ n'est pas encore bien spécifiée, si le rôle de tous les agents qui interviennent, si la nature et les proportions des produits successifs qui en résultent ne sont pas encore clairement définis,

[1] *Physiologic. Chem.*, 1844, p. 300 et 301.

[2] *Dissertation sur les feuilles vertes et colorées*, p. 64 à 72; Gand, 1858.

[3] Recherches sur la coloration des végétaux (*Annales des sciences naturelles*), 3e série, t. XIII.

Le fait même de la transformation paraît incontestable, et la science pourra nous dire un jour où se trouve le laboratoire mystérieux dans lequel s'élaborent les matières grasses ; quelles sont les influences qui déterminent et favorisent cette élaboration ; quelle est, enfin, la série de modifications successives par lesquelles ces matières doivent passer, avant de se présenter à nous sous la forme définitive qui leur est propre.

Mais descendons de ces hautes régions de la science, où nous ne sommes encore qu'en espérance, et revenons aux faits qui nous paraissent matériellement constatés.

CHAPITRE V.

RÉSUMÉ ET CONCLUSIONS DE L'ENSEMBLE DES DEUX PREMIÈRES PARTIES DU TRAVAIL.

Avant de formuler les principales conclusions de cette seconde partie de mes études, il m'a semblé qu'il ne serait pas sans intérêt de donner aux résultats obtenus dans l'ensemble des deux parties, une forme plus facile à saisir à première vue, en les représentant par des courbes continues qui donnent une idée plus nette de la marche des phénomènes qu'on veut mettre en évidence.

Chacune des quatorze séries de courbes ci-jointes (pages 249 à 262) représente la marche de l'assimilation ou de la production de l'un des principaux matériaux constitutifs (organiques ou minéraux) du colza pendant les trois derniers mois de sa végétation. On a eu soin de disposer l'une en face de l'autre les séries qui concernent les mêmes principes constitutifs, considérés à deux points de vue différents, savoir: 1° au point de vue de la proportion de ces matières contenue dans un *poids déterminé* de plantes ou de parties de plantes, dans un kilogramme, par exemple; 2° au point de vue de la quantité totale de ces mêmes matières contenue dans un *nombre déterminé* de plantes considérées dans leur entier ou dans leurs diverses parties. Envisagés à ce dernier point de vue, les résultats ont été rapportés à l'hectare, dans lequel on a supposé 40 000 plantes. Voici maintenant les résultats les plus généraux, les conséquences les plus importantes, autant, du moins, qu'il est possible de les formuler en quelques lignes.

1° Depuis l'approche de la floraison du colza jusqu'à la maturité de ses graines, les diverses parties de la plante se classent *toujours*, d'après leur plus grande *richesse* en matières grasses, dans l'ordre suivant : en première ligne, les sommités des rameaux portant leurs fleurs ou leurs siliques pleines ; ensuite les feuilles ; enfin, à peu près sur la même ligne, les tiges nues et rameaux étêtés, et les racines coupées à la hauteur du collet.

2° Dans les racines, la proportion des matières grasses qu'on peut extraire d'un même poids de plante sèche décroît lentement, mais assez régulièrement, à mesure que la plante avance vers le terme de la maturité.

3° Le *poids total* de matières grasses contenues dans cette partie de la plante croît sensiblement jusqu'à la fin de la floraison, époque de son maximum, pour décroître ensuite jusqu'à la maturité (Voir la 14ᵉ série de courbes, page 262).

4° Dans les tiges et rameaux étêtés, la proportion et le poids total des matières grasses suivent une marche tout à fait semblable, c'est-à-dire que la proportion de matières grasses contenue dans un même poids constant de matière organique sèche décroît constamment et lentement, depuis la quinzaine qui précède la floraison jusqu'à l'époque de la maturité, tandis que le *poids total* des matières grasses contenues dans cette partie de la plante atteint, vers la fin de la floraison, un maximum auquel succède un décroissement continu jusqu'à la maturité (Voir la 14ᵉ série de courbes, page 262).

5° Dans les sommités des rameaux, en y comprenant, suivant l'époque des observations, les fleurs ou les siliques portant leurs graines, la *proportion* de matières grasses contenue dans un poids donné de plantes sèches paraît diminuer d'une manière sensible vers la fin de la floraison, pour augmenter ensuite rapidement jusqu'à l'époque de la maturité (Voir la 12ᵉ série de courbes, page 260).

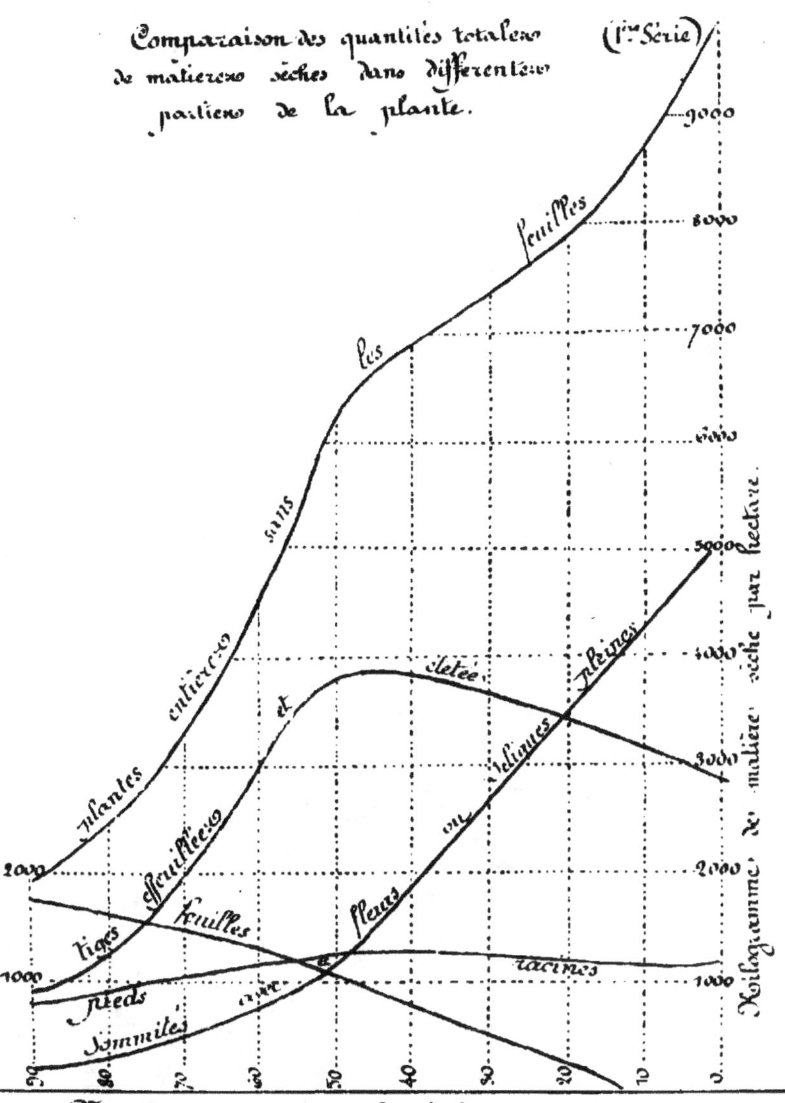

Comparaison des quantités totales
de matières sèches dans différentes
parties de la plante.
(1re Série)
9000
8000
7000
6000
5000
4000
3000
2000
1000
feuilles
les
sans
entières
plantes
effeuillées
Tiges
feuilles
Pieds
sommités
avec
et
fleurs
élevée
ou
Véliques
pleines
racines
Kilogramme de matière sèche par hectare.
60
50
40
30
20
10
0
Nombre de jours avant la récolte.
(249)

[2.ᵉ Série] Comparaison des quantités totales d'Azote contenues dans les différentes parties de la plante.

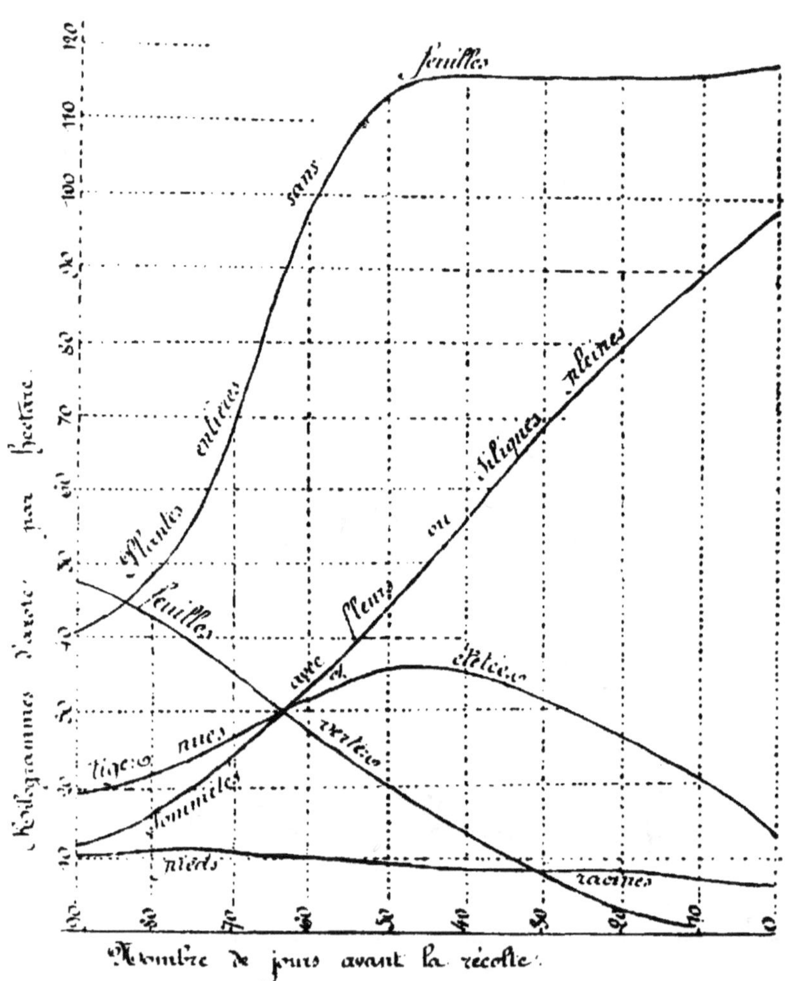

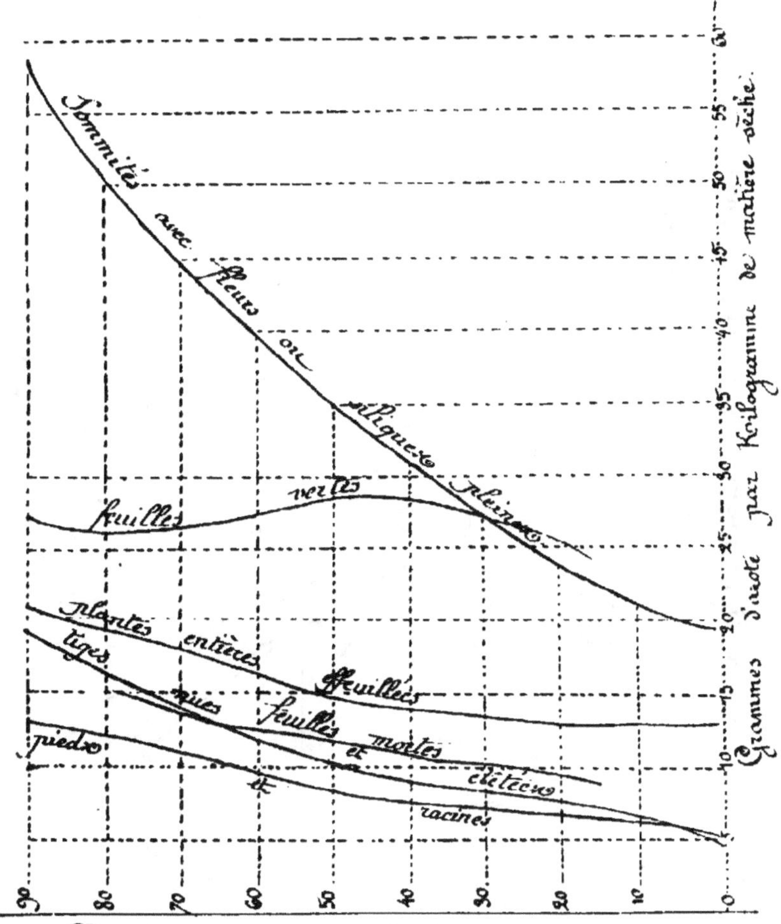

Marche comparative de la variation de richesse en azote des différentes parties de la plante.
(3e Série)
Sommité avec fleurs ou siliques fleuries
feuilles vertes
plantes entières
tiges
feuilles
feuilles mortes et sèches
pieds et racines
Grammes d'azote par kilogramme de matière sèche.
Nombre de jours avant la récolte.

[4ᵐᵉ Série] Marche comparative de la variation de richesse en acide phosphorique des différentes parties de la plante

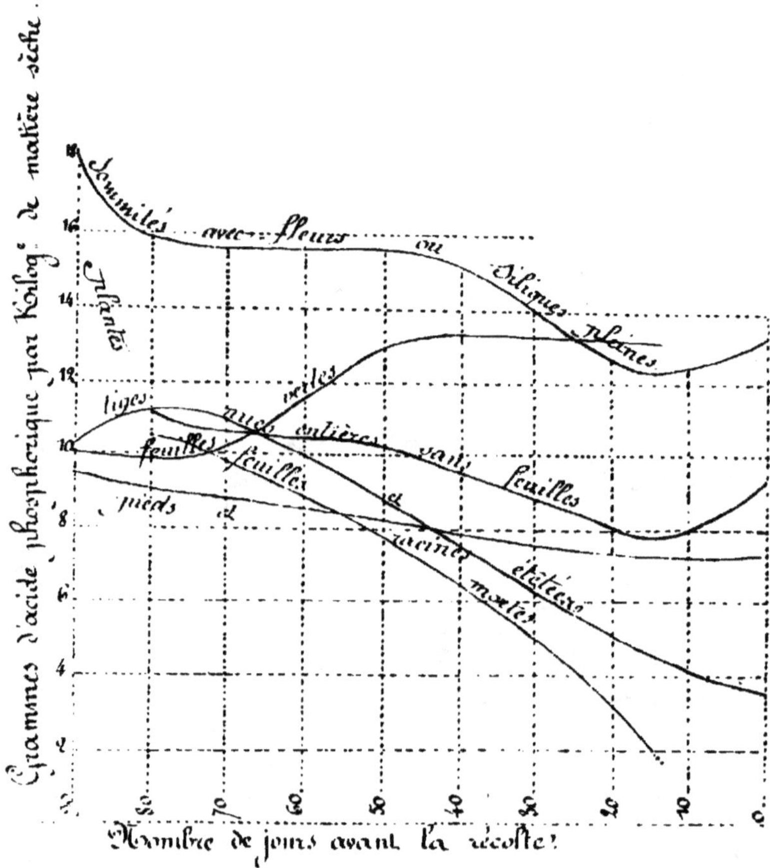

Comparaison des quantités totales d'acide phosphorique dans les différentes parties de la plante. (5ᵉ Série)

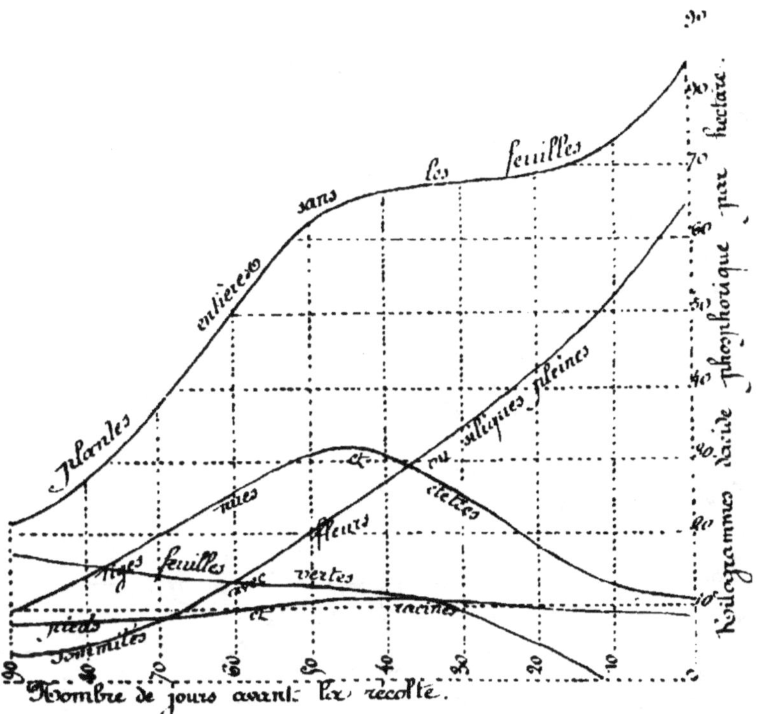

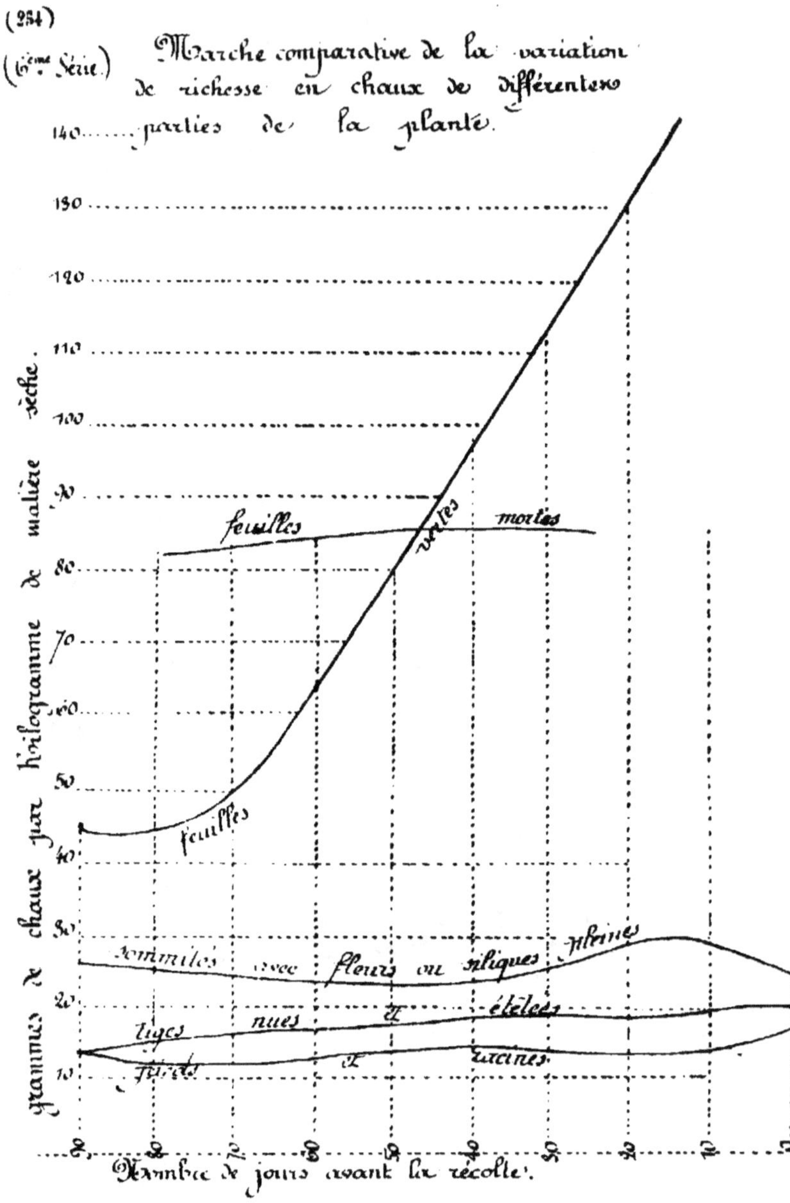
(254)
(6ème Série) Marche comparative de la variation
de richesse en chaux de différentes
parties de la plante.
140
130
120
110
100
90
80
70
60
50
40
30
20
10
matière sèche.
Grammes de chaux par kilogramme de
feuilles vertes mortes
feuilles
sommités avec fleurs ou siliques pleines
tiges nues et ételes
fanes et racines
Nombre de jours avant la récolte.

Comparaison des quantités de chaux contenue dans les différentes parties de la plante. (7ᵉ Série)

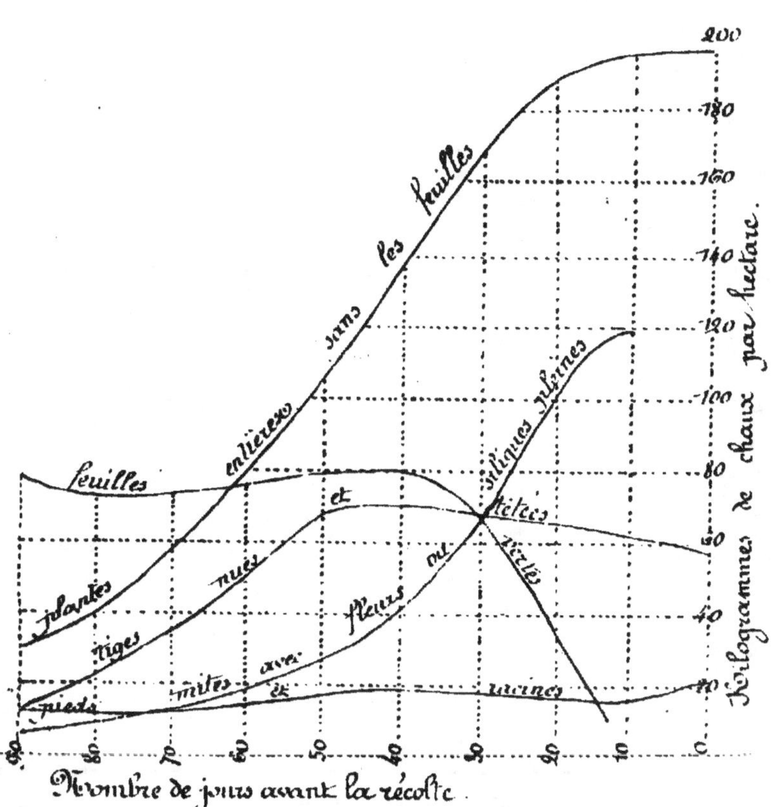

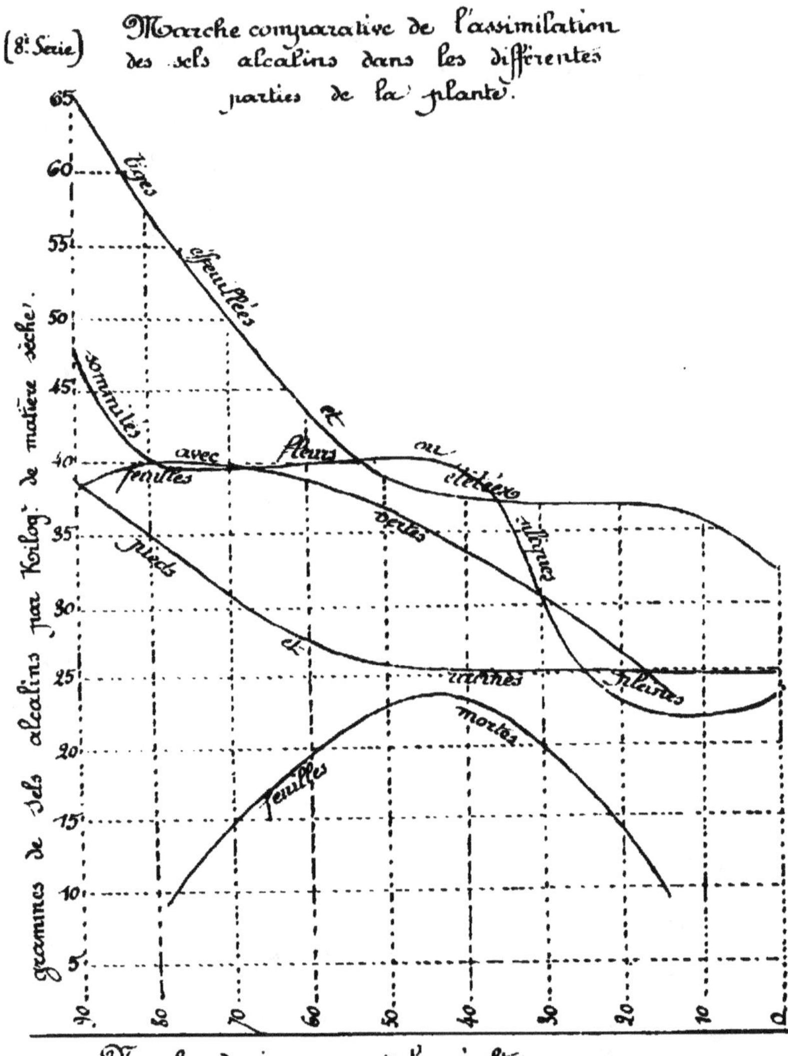
(8ᵉ Série)
Marche comparative de l'assimilation des sels alcalins dans les différentes parties de la plante.
grammes de sels alcalins par Kilog. de matière sèche.
65
60
55
50
45
40
35
30
25
20
15
10
5
tiges
feuillées
sommités
avec
feuilles
fleurs
et
ou
étalées
siliques
fruits
et
vannes
feuilles
mortes
pieds
plantes
Nombre de jours avant la récolte.
70
80
70
60
50
40
30
20
10
0

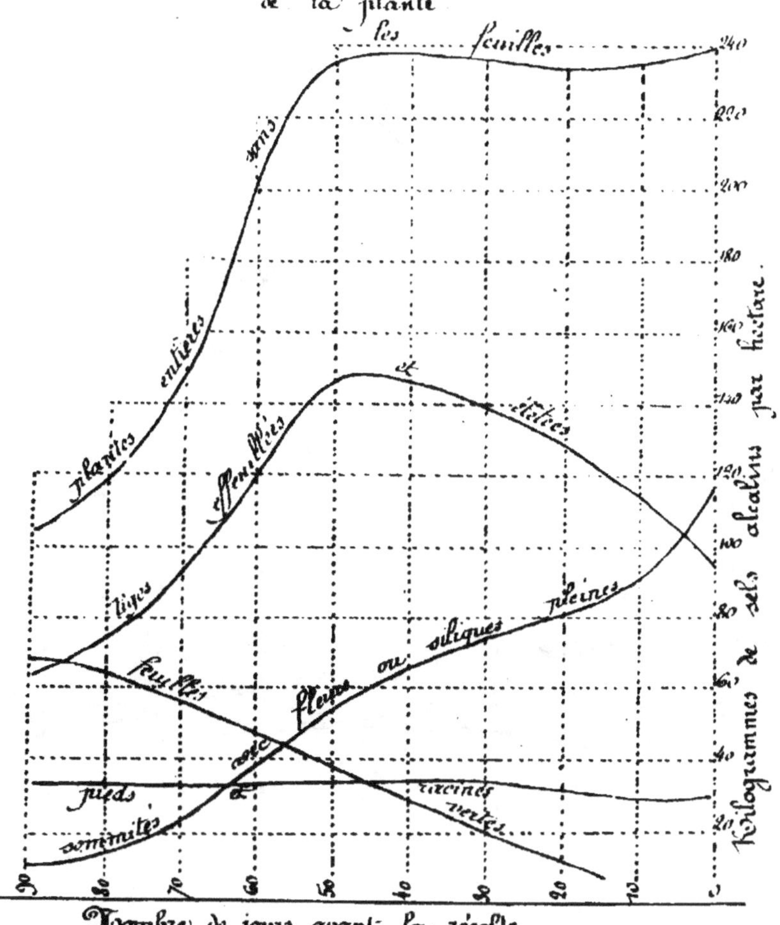
Comparaison des quantités totales de sels
alcalins contenues dans les différentes parties
de la plante
[9e Série]
les feuilles
240
220
200
180
160
140
120
100
80
60
40
20
0
Kilogrammes de sels alcalins par hectare
plantes entières
feuilles
tiges
fleurs ou siliques pleines
feuilles
pieds
sommités
racines
vertes
et
siliques
90
80
70
60
50
40
30
20
10
0
Nombre de jours avant la récolte.

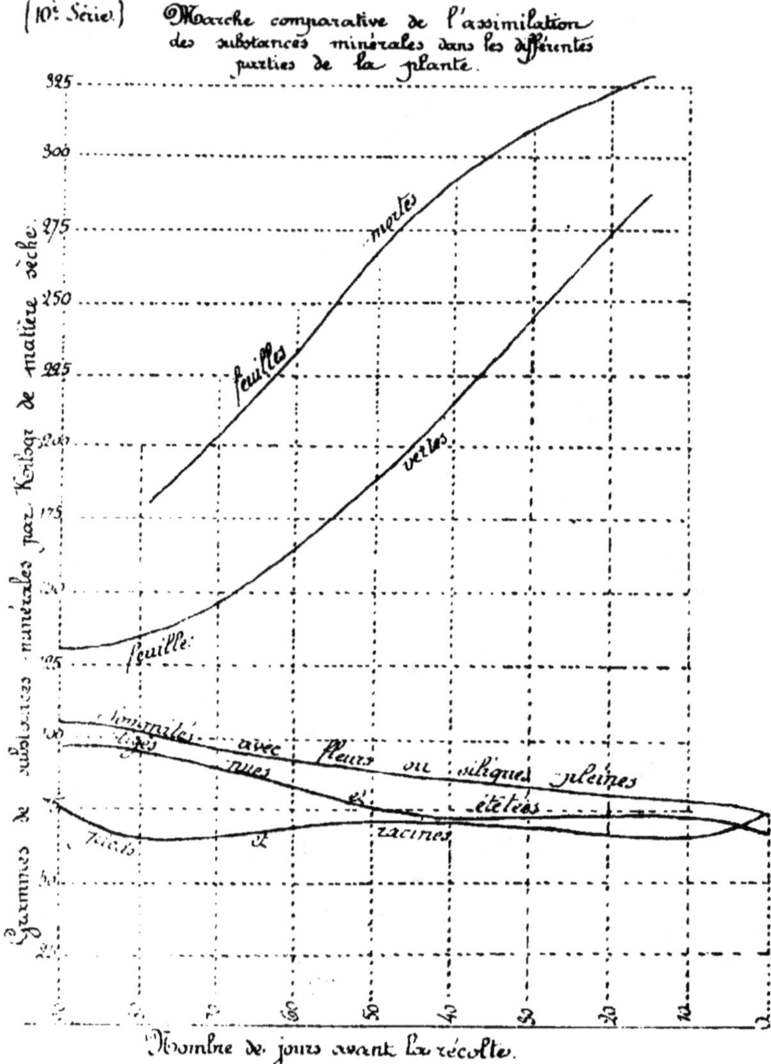
(10.e Série.)
Marche comparative de l'assimilation des substances minérales dans les différentes parties de la plante.
325
300
275
250
225
200
175
150
125
100
75
50
25
feuilles mortes
feuilles vertes
feuille
tiges
nues
avec fleurs ou siliques pleines
étêtées
racines
fleurs
Grammes de substances minérales par kilogr. de matière sèche.
Nombre de jours avant la récolte.
70 60 50 40 30 20 10

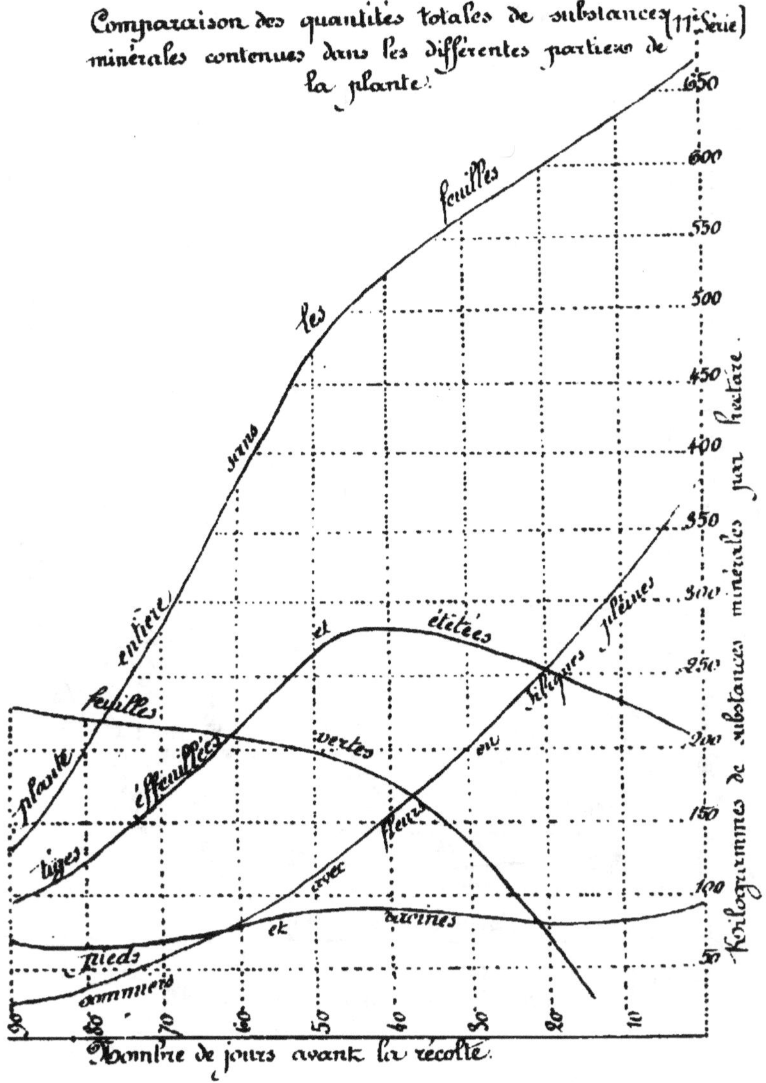

Comparaison des quantités totales de substances (11ᵉ Série)
minérales contenues dans les différentes parties de
la plante.
feuilles
les
sans
entière
feuilles
plante
tiges
effeuillées
vertes
et
étêtes
fleurs
avec
et
racines
siliques pleines
ou
pieds
communs
650
600
550
500
450
400
350
300
250
200
150
100
50
Kilogrammes de substances minérales par hectare.
90   80   70   60   50   40   30   20   10
Nombre de jours avant la récolte.

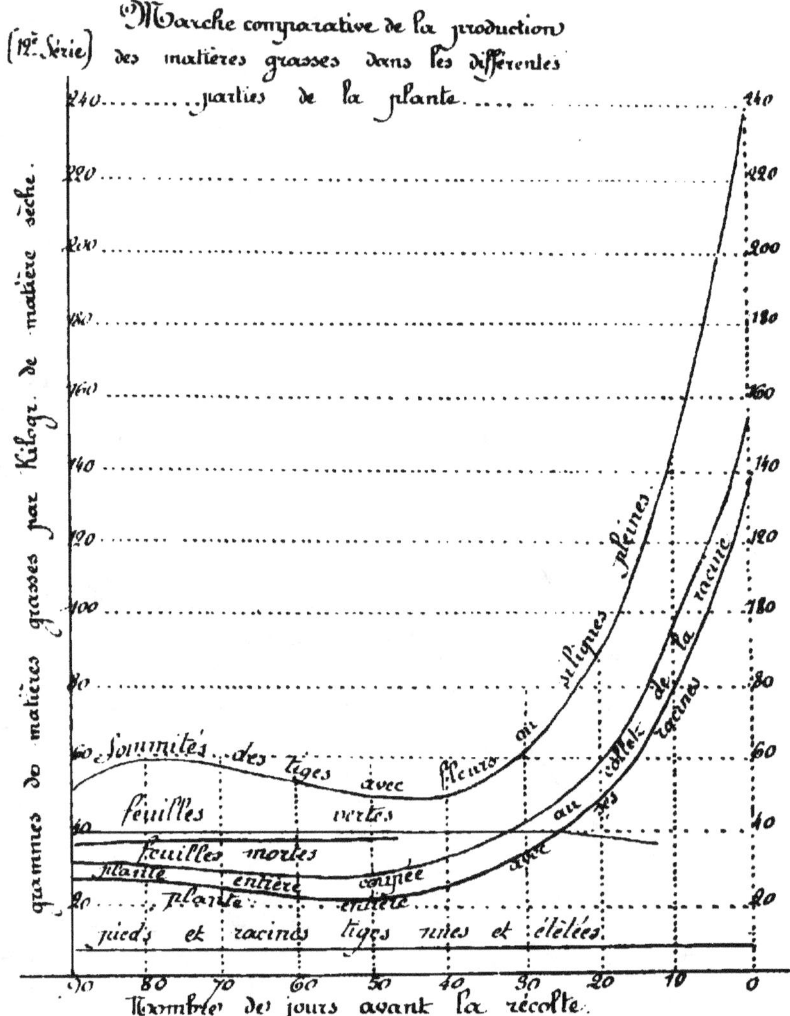
Marche comparative de la production
des matières grasses dans les différentes
parties de la plante.
[12ᵉ Série]
grammes de matières grasses par kilogr. de matière sèche.
240
220
200
180
160
140
120
100
80
60
40
20
sommités des tiges avec fleurs ou siliques pleines
feuilles vertes
feuilles mortes
plante entière coupée au collet de la racine
plante entière avec racines
pieds et racines tiges nues et étêtées
90 80 70 60 50 40 30 20 10 0
Nombre de jours avant la récolte.

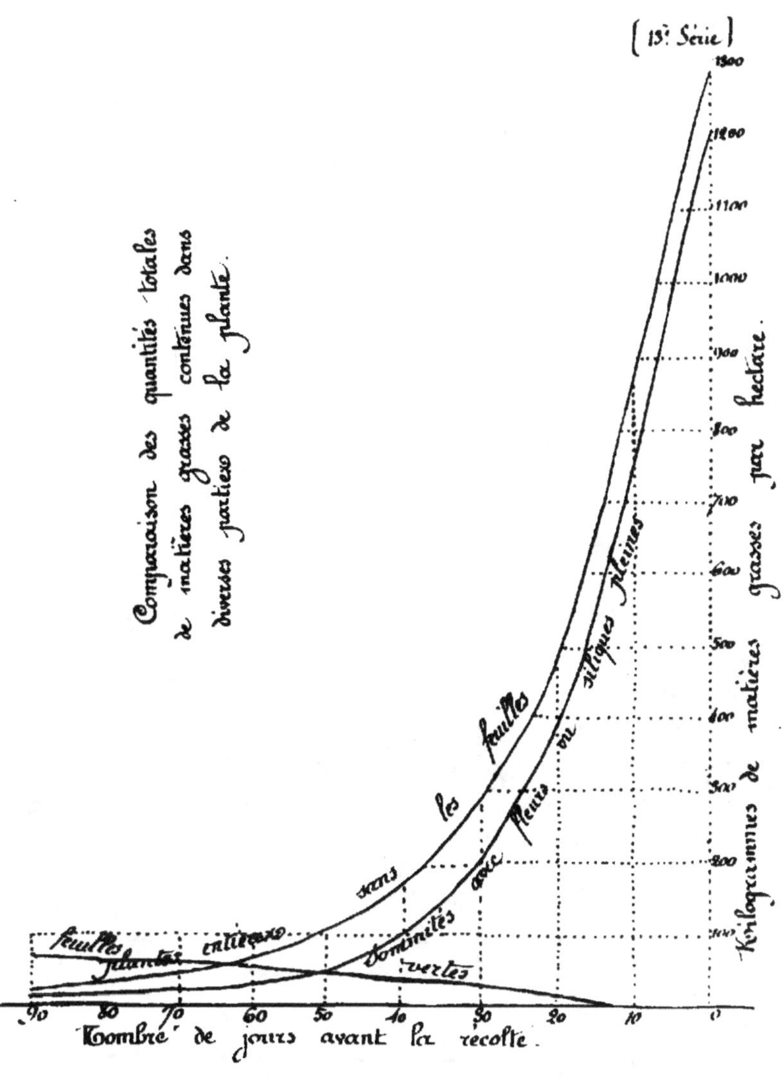
[13.ᵉ Série]
Comparaison des quantités totales de matières grasses contenues dans diverses parties de la plante.
Kilogrammes de matières grasses par hectare.
1300
1200
1100
1000
900
800
700
600
500
400
300
200
100
les feuilles
siliques pleines
sans
avec
fleuris ou
sommités
feuilles entières
plantes
vertes
90 80 70 60 50 40 30 20 10 0
Nombre de jours avant la récolte.

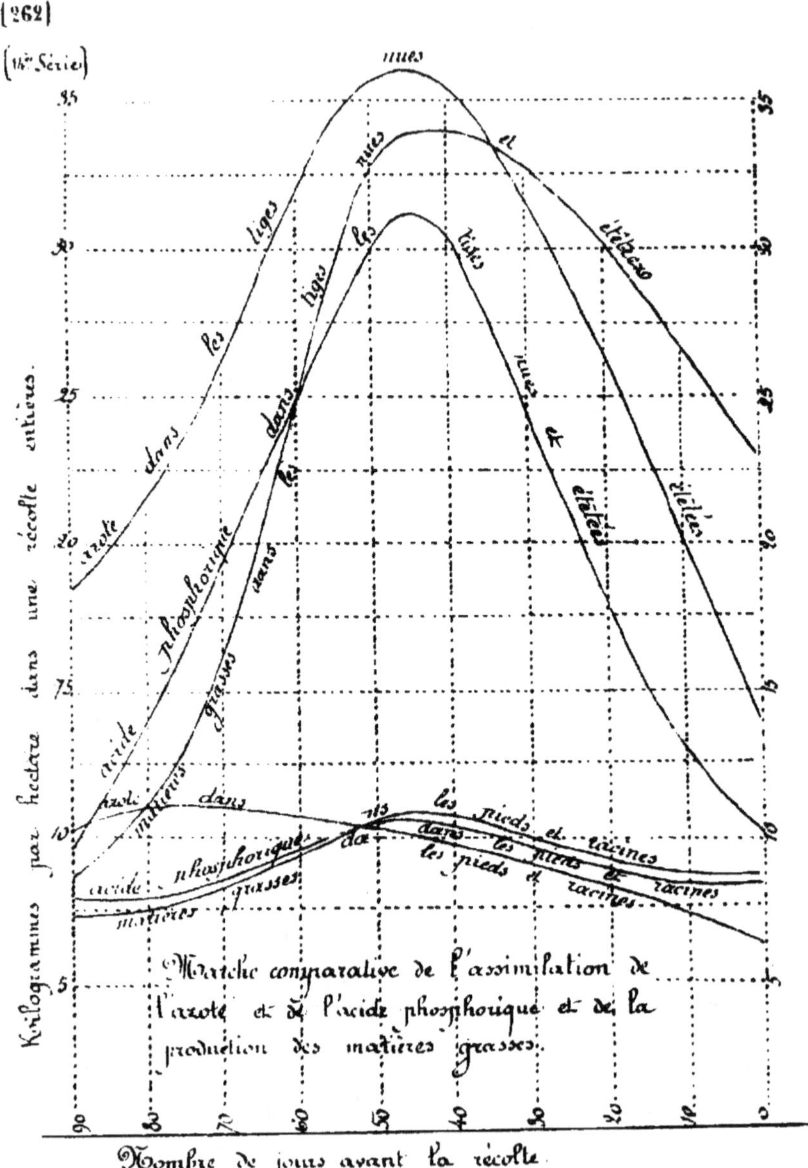
(262)
(16.ᵉ Série)
Kilogrammes par hectare dans une récolte entière.
Nombre de jours avant la récolte.
Marche comparative de l'assimilation de l'azote et de l'acide phosphorique et de la production des matières grasses.
tiges
nues
et
étiolée
acide phosphorique
azote
acide phosphorique
matières grasses
les pieds et racines
35
30
25
20
15
10
5
90 80 70 60 50 40 30 20 10 0

6° Si, au lieu de comparer les poids de matières grasses contenues dans un poids constant de substance organique sèche, on considère le poids total des matières grasses contenues dans un *nombre* déterminé de plantes, on trouve que ce poids augmente constamment, dans les sommités des rameaux, depuis l'apparition des fleurs jusqu'à la maturité de la graine (Voir la 13° série de courbes, page 261).

7° La proportion de matières grasses contenue dans la feuille du colza ne varie pas sensiblement pendant les deux ou trois derniers mois d'existence de la plante, tant que les feuilles sont abondantes, aussi longtemps que ces organes fonctionnent d'une manière active et efficace (Voir la 12° série de courbes, page 260).

8° Lorsque les feuilles, devenues jaunes, se détachent spontanément de la plante, la proportion de matières grasses qui s'y trouve paraît atteindre une limite constante, plus faible d'environ 9 pour 100 que dans les feuilles actives (Voir la 12° série de courbes, page 260).

9° Les feuilles sont les seules parties de la plante dans lesquelles il m'ait été donné d'observer cette constance de richesse en matières grasses, du moins en nous plaçant dans les conditions que j'ai eu soin de définir précédemment.

10° Si, dans la plante entière, on fait la part de chacune des subdivisions, on trouve que la partie aliquote de matières grasses imputable aux feuilles actives peut s'élever jusqu'aux trois quarts quinze jours avant la floraison ; elle atteint encore la moitié environ au moment où la plante est en pleine fleur ; mais cette aliquote diminue rapidement ensuite, parce que le poids des feuilles est une partie de moins en moins considérable du poids total de la plante.

11° La partie aliquote de matières grasses imputable aux sommités des rameaux représente à peine 1/9 quinze jours avant la floraison ; elle atteint le chiffre d'environ 50 pour 100 quand la floraison est terminée ; elle peut dépasser 98 pour 100 au moment de la maturité.

12° Jusqu'à la fin de la floraison, la proportion moyenne de

17

matières grasses contenue dans un poids déterminé de plantes considérées dans leur entier ne subit que des variations peu importantes ; mais elle augmente ensuite rapidement jusqu'à la maturité (Voir la 12ᵉ série de courbes, page 260).

13° C'est après la formation de la graine, surtout, que paraît se faire avec une grande activité l'élaboration de la matière grasse ; la production de chaque jour, pendant les deux dernières semaines, est environ quatre-vingt-neuf fois plus considérable que pendant la quinzaine qui précède la floraison.

14° Le javelage, c'est-à-dire la dessiccation lente et spontanée en javelles, à l'air libre, ne paraît avoir aucune influence bien marquée sur la richesse en matière grasse des différentes parties de la plante ; du moins, il ne m'a pas été possible de constater dans cette plante, qui contenait encore les 4/5 de son poids d'eau quand on en a fait la récolte, un indice positif de transport de matières grasses de la tige ou des rameaux vers les sommités qui portent les siliques.

J'avais déjà constaté, dans mes études antérieures, un résultat semblable en ce qui concerne les phosphates et les principes azotés.

Si, comme on le croit généralement, le javelage améliore la qualité de la graine au point de vue industriel, il ne paraît exercer aucune influence bien évidente sur sa richesse en matières grasses.

Nous ne terminerons pas ce travail sans signaler à l'attention des chimistes et des physiologistes certains résultats, qui nous ont paru mériter une mention toute spéciale :

Par l'examen des courbes qui représentent la marche comparative de l'assimilation de l'azote et de l'acide phosphorique, et la production des matières grasses (14ᵉ série, page 262), on reconnaît que, dans les racines, cette marche est assez peu différente pendant les trois mois qui précèdent la récolte.

Cette marche est encore plus uniforme dans les tiges étêtées dépouillées de leurs feuilles ; et nous voyons les courbes qui représentent les quantités totales d'azote et d'acide phosphorique contenues dans cette partie de la plante, rester pendant trois mois presque exactement parallèles. La courbe qui représente au même titre les matières grasses, sans affecter rigoureusement le même parallélisme, présente cependant une forme peu différente et offre des inflexions dans le même sens, nous pourrions presque dire d'un même ordre de grandeur.

En un mot, les variations de la matière grasse paraissent correspondre, aux mêmes époques, dans les tiges surtout, à des variations de même ordre et dans le même sens, pour les phosphates et pour les matières azotées.

Un fait du même genre se trouve mis en évidence, quand on compare, dans la graine, les proportions d'azote et d'acide phosphorique correspondant aux mêmes époques.

Il paraît donc exister entre l'azote et le phosphore, dans l'organisme de la plante qui nous occupe, d'intimes rapports qui mériteraient d'être approfondis pour en étudier les lois dans le règne végétal, ou du moins dans quelques-unes des plantes usuelles principales. La *diminution* simultanée du poids total des matières grasses, des phosphates et des matières azotées que renfermaient les racines et les tiges, à partir du moment où la plante est complétement défleurie, malgré l'*accroissement* de poids qu'éprouvent encore ces parties de la plante, me paraît un des faits les plus propres à mettre en évideuce un transport actif de ces matières, et surtout des substances minérales des parties moyennes ou inférieures de la plante vers la partie supérieure, pendant toute la durée de la végétation.

Un examen plus détaillé des différentes séries de courbes conduirait à beaucoup d'autres remarques dont nous laissons l'initiative à nos lecteurs, en nous bornant à quelques citations auxquelles nous n'attachons, toutefois, qu'une importance secondaire.

Les courbes de la 3e série (page 251) semblent nous montrer que, deux mois avant la récolte, dans les expériences de 1859, il se trouvait sensiblement la même quantité totale d'azote dans les tiges nues et étêtées, dans les feuilles vertes et actives, et dans les sommités munies de leurs fleurs ou de leurs siliques.

Les courbes de la 7ᵉ série (page 255) conduisent à une remarque semblable au sujet de la chaux, sur les mêmes parties de la plante, un mois plus tard, c'est-à-dire environ un mois avant la récolte.

Les courbes de la 2ᵉ série (page 250) nous montrent la richesse moyenne en azote des racines, des feuilles mortes et des plantes entières dépouillées de leurs feuilles, suivant des lignes presque exactement parallèles.

En somme, pour revenir à l'objet principal de ces nouvelles études, le travail un peu trop sommaire, peut-être, dont je soumets aujourd'hui les résultats aux méditations des physiologistes, me semble pouvoir fournir des indications nouvelles sur la répartition des matières grasses dans les différentes parties de la plante sur laquelle ont porté mes observations ; il peut même, en faisant, à différentes époques, une sorte d'inventaire de ces matières, donner une idée de la rapidité du travail d'élaboration ; mais il ne permet pas encore de prononcer d'une manière certaine sur le siége de cette curieuse élaboration.

TROISIÈME PARTIE.

Recherches expérimentales sur la composition de la graine et sur les variations qu'éprouve cette composition pendant les diverses phases du développement de la plante.

CHAPITRE 1er.

CONSIDÉRATIONS GÉNÉRALES. — MARCHE SUIVIE DANS LES EXPÉRIENCES.

Dans les deux premières parties de ce travail, j'avais essayé de suivre, au moyen de l'analyse chimique, la marche du transport et de l'assimilation de la matière organique, des substances minérales et des matières grasses dans les différentes parties de la plante, depuis le moment où elle est sur le point de fleurir jusqu'à sa maturité, c'est-à-dire pendant cette période de sa vie où les phénomènes d'assimilation, de transport et de transformation se manifestent avec le plus d'énergie, et j'avais consacré à ces études plusieurs années d'un travail laborieux et assidu, dont j'ai essayé de formuler sommairement les résultats en terminant les deux premières parties de mes études.

Profondément pénétré de la pensée qu'en définitive toute recherche de cette nature doit tendre, autant qu'il est possible, vers un but d'application, je m'étais attaché à mettre en évidence le point de vue agronomique des résultats de ces investigations, et en complétant aujourd'hui mon travail par une étude spéciale de la graine, je me suis, en même temps, proposé de montrer, une fois de plus, que l'agriculture et l'industrie peuvent tirer quelque profit des recherches de chimie appliquée à la physiologie végétale, puisque c'est principalement dans la graine que viennent s'accumuler les principes les plus énergiques des engrais (azote et phosphates), et les matières grasses que recherche l'industrie.

En étudiant la composition de la graine du colza, je me suis proposé de suivre les variations qui se manifestent dans cette composition pendant que la graine se développe et parcourt successivement les diverses phases qui la conduisent jusqu'à sa parfaite maturité ; je me proposais également de définir numériquement, dans les limites du possible, l'importance pondérale des principaux éléments constitutifs de la graine, aux diverses époques successives auxquelles auraient lieu les observations.

Un mot d'abord sur la manière dont les expériences ont été conduites, afin de bien définir les conditions dans lesquelles ont été obtenus les résultats:

Dans un champ de colza promettant une bonne récolte moyenne, on a choisi une étendue d'environ cinq ares qui paraissait, au moment de la floraison, aussi uniforme que possible, et c'est dans cette partie du champ qu'on a constamment pris les échantillons destinés aux expériences. Ces échantillons, composés chacun de six à huit plantes, étaient prélevés deux fois par semaine, en ayant toujours soin qu'ils représentassent, autant qu'on en pouvait juger à l'œil, l'état moyen de développement de la parcelle réservée.

Le premier prélèvement d'échantillon a eu lieu au moment où la plante était complétement défleurie, ce qui, l'an dernier (1862), arriva le 26 mai dans le champ qui a servi à mes expériences [1]. La coupe générale du champ a été faite le 21 juin, de sorte qu'il s'est écoulé un intervalle de vingt-six jours entre la première et la dernière observation de la plante sur pied.

Un nouvel échantillon de graine a été prélevé le 10 juillet,

---

[1] Il arrive parfois que certains pieds de colza restent en fleur pendant très-longtemps, ce qui constitue sur une même plante des états très-différents de développement pour la graine; on a eu soin d'éviter l'emploi des plantes qui se trouvaient dans ces désavantageuses conditions.

au moment du battage de la récolte, après dix-neuf jours de javelage à l'air libre.

Enfin la graine a été examinée une dernière fois au commencement de décembre, après être restée étendue en couche mince d'environ quatre centimètres d'épaisseur dans un grenier bien sec et bien aéré.

Lorsque chaque lot de plantes avait été choisi et coupé, *on en détachait immédiatement toutes les siliques*, et l'on soumettait ces dernières à une dessiccation progressive bien ménagée, surtout dans les premières séries d'expériences ; sans cette précaution, les graines, sous l'influence de la très-grande quantité d'eau qui en formait l'élément prédominant, se seraient réduites en bouillie par une élévation de température trop brusque et trop élevée.

Quand les siliques étaient assez sèches, on procédait à l'extraction des graines par un battage soigné suivi d'un nettoyage minutieux, qui n'était pas sans difficulté dans les trois premières séries d'expériences.

Les graines se trouvaient ainsi amenées peu à peu à une sorte d'état hygrométrique normal, dans lequel elles ne contenaient plus qu'environ 10 pour cent d'eau, dont il était tenu compte ultérieument par un dosage spécial.

Il est à peine nécessaire d'ajouter que la plupart des résultats n'ont été admis comme définitifs qu'après de nouveaux essais destinés à en contrôler l'exactitude.

CHAPITRE II.

ANALYSE DES GRAINES. — RÉSULTATS.

Nous avons cru devoir compléter nos renseignements par quelques déterminations spéciales qui nous ont paru propres à faciliter à nos lecteurs des rapprochements qui ne se seraient pas présentés à notre esprit ; telles sont : 1° la détermination du *poids moyen des graines* à l'époque de chacune de nos observations ; 2° le nombre de graines contenues dans 10 cenimètres cubes, afin d'en déduire approximativement le volume de la graine, en partant de cette donnée expérimentale que, dans un volume donné occupé par des graines de colza, le vide que laissent entre elles les graines est sensiblement le tiers du volume total.

Première série d'expériences.

26 MAI 1862.

Nombre de graines contenues dans 10 centimètres cubes. 7 960

Poids du litre de graines à l'état brut [1]. . 510 grammes.

Poids moyen d'une graine à l'état brut. . 0,557 milligr.

Poids moyen d'une graine *sèche*. . . . 0,485

COMPOSITION DE LA GRAINE SUPPOSÉE COMPLÉTEMENT PRIVÉE D'HUMIDITÉ.

Dans un kilogramme on a trouvé :

	gr.
Huile.	100,70
Matières organiques combustibles, non compris l'azote combiné.	759,01
Azote en combinaison.	50,63
Silice et oxyde de fer.	3,24
Acide phosphorique.	18,62
Chaux.	15,10
Magnésie.	1,26
Potasse.	23,88
Soude.	0,76
Substances diverses non dosées.	11,80
Total.	1000

L'huile obtenue, d'une couleur jaune-brun verdâtre, avait une consistance sirupeuse.

[1] Il faut entendre ici par état brut de la graine l'état hygrométrique où elle se trouvait lorsqu'elle contenait 8 ou 10 pour cent d'humidité.

COMPOSITION DU TOURTEAU ENTIÈREMENT PRIVÉE D'HUILE ET D'HUMIDITÉ.

Sur un kilogramme :

	gr.
Matières organiques combustibles (azote non compris).	860,67
Azote.	56,30
Silice et oxyde de fer	3,60
Acide phosphorique.	20,71
Chaux.	16,80
Magnésie.	1,40
Potasse.	26,57
Soude.	0,84
Substances diverses non dosées.	13,11
Total.	1000

Deuxième série d'expériences.
31 MAI 1862.

Nombre de graines contenues dans 10 centimètres cubes. 4 470

Poids du litre de graines à l'état brut. . . 642 grammes.

Poids moyen d'une graine à l'état brut. . 1,459 milligr.

Poids moyen d'une graine *sèche*. . . . 1,3615

COMPOSITION DE LA GRAINE SUPPOSÉE ENTIÈREMENT PRIVÉE D'HUMIDITÉ.

Sur un kilogramme :

	gr.
Huile.	274,75
Matières organiques combustibles (azote non compris).	624,36
Azote eu combinaison.	43,12
Silice et oxyde de fer.	1,47
Acide phosphorique.	18,18
Chaux.	15,14
Magnésie.	0,73
Potasse.	14,46
Soude.	1,20
Substances diverses non dosées.	9,59
Total.	1000

L'huile obtenue de cette graine, moins sirupeuse que la précédente, n'avait cependant encore ni la fluidité, ni la couleur normale.

COMPOSITION DU TOURTEAU ENTIÈREMENT PURGÉ D'HUILE ET PRIVÉ D'HUMIDITÉ.

Sur un kilogramme :

	gr.
Matières organiques combustibles (azote non compris).	856,75
Azote en combinaison.	59,45
Silice et oxyde de fer.	2,07
Acide phosphorique.	25,07
Chaux.	20,87
Magnésie.	1,00
Potasse.	19,94
Soude.	1,66
Substances diverses non dosées.	13,19
Total.	1000

Troisième série d'expériences.

4 JUIN 1862.

Nombre de graines contenues dans 10 centimètres cubes. 3 875

Poids du litre de graines à l'état brut. . . 651 grammes.

Poids moyen d'une graine à l'état brut. . 1,601 milligr.

Poids moyen d'une graine *sèche*. . . : 1,441

COMPOSITION DE LA GRAINE SUPPOSÉE ENTIÈREMENT PRIVÉE D'HUMIDITÉ

Sur un kilogramme :

	gr.
Huile.	348,50
Matières organiques combustibles (non compris l'azote).	552,73
Azote combiné.	41,22
Silice et oxyde de fer.	4,17
Acide phosphorique.	18,24
Chaux.	15,59
Magnésie.	1,56
Potasse.	11,52
Soude.	0,72
Substances diverses non dosées.	8,75
Total.	1000

La couleur et la fluidité de l'huile extraite de cette graine se rapprochaient beaucoup plus que les précédentes de celle de l'huile normale de colza.

COMPOSITION DU TOURTEAU COMPLÉTEMENT PURGÉ D'HUILE ET D'HUMIDITÉ.

Sur un kilogramme :

	gr.
Matières organiques combustibles (azote non compris).	848,40
Azote en combinaison.	63,27
Silice et oxyde de fer.	1,80
Acide phosphorique.	28,00
Chaux.	23,90
Magnésie.	2,40
Potasse.	17,76
Soude.	1,14
Substances diverses non dosées.	13,23
Total.	1000

Quatrième série d'expériences.

9 JUIN 1862.

Nombre de graines contenues dans 10 centimètres cubes. 2 397

Poids du litre de graines à l'état brut. . . 659 grammes.

Poids moyen d'une graine à l'état brut. . 2.567 milligr.

Poids moyen d'une graine *sèche*. . . . 2,331

COMPOSITION DE LA GRAINE SUPPOSÉE ENTIÈREMENT PRIVÉE D'HUMIDITÉ.

Sur un kilogramme :

	gr.
Huile.	443,89
Matières organiques combustibles (azote non compris).	477,20
Azote en combinaison. . . . . , . .	39,13
Silice et oxyde de fer.	4,36
Acide phosphorique. . . . , . . , . .	16,17
Chaux.	14,12
Magnésie.	0,72
Potasse.	10,80
Soude.	0,72
Substances diverses non dosées.	5,89
Total.	1000

L'huile obtenue n'avait encore complétement ni la couleur ni la fluidité de l'huile normale; elle était encore un peu plus foncée.

COMPOSITION DU TOURTEAU COMPLÉTEMENT PURGÉ D'HUILE ET D'HUMIDITÉ.

Sur un kilogramme :

		gr.
Matières organiques combustibles (azote non compris.	. . . .	842,95
Azote combiné.	. . . .	69,12
Silice et oxyde de fer .	. . , ...	2,40
Acide phosphorique.	. . . .	28,56
Chaux.	. . . . ,	24,95
Magnésie.	. . . .	1,27
Potasse	. . . .	19,07
Soude.	. . . .	1,37
Substances diverses non dosées.	. . . . .	10,31
Total.	. . . . . .	1000

Cinquième série d'expériences.
13 JUIN 1862.

La graine, après dessiccation, était encore entièrement rouge.

Nombre de graines contenues dans 10 centimètres cubes. 1 910

Poids du litre de graines à l'état brut. .	665 grammes.
Poids moyen d'une graine à l'état brut. .	3,089 milligr.
Poids moyen d'une graine *sèche* . . .	2,797

COMPOSITION DE LA GRAINE SUPPOSÉE COMPLÉTEMENT PRIVÉE D'HUMIDITÉ.

Sur un kilogramme :

		gr.
Huile	. . . .	457,03
Matières organiques combustibles (non compris l'azote	. . . .	457,02
Azote	. . . .	37,66
Silice et oxyde de fer .	. . . .	2,06
Acide phosphorique	. . . .	15,71
Chaux.	. . . .	13,61
Magnésie .	. . . .	0,59
Potasse	. . . . , .	11,00
Soude .	. . . .	0,83
Substances diverses non dosées	. . . . .	4,49
Total.	. . . . . .	1000

L'huile obtenue de cette graine différait peu de l'huile normale de graine mûre.

COMPOSITION DU TOURTEAU COMPLÈTEMENT PURGÉ D'HUILE ET D'HUMIDITÉ.

Sur un kilogramme :

	gr.
Matières organiques combustibles (azote non compris).	841,71
Azote en combinaison	69,36
Silice et oxyde de fer.	3,80
Acide phosphorique	28,91
Chaux.	25,07
Magnésie.	1,06
Potasse	20,30
Soude.	1,52
Substances diverses non dosées.	8,27
Total.	1000

Sixième série d'expériences.

17 juin 1862.

Après la dessiccation, on trouvait déjà quelques graines de couleur noire, mais le plus grand nombre était encore rouge.

Nombre de graines contenues dans 10 centimètres cubes. 1 897

Poids du litre de graines à l'état brut. . 666 grammes.

milligr.

Poids moyen d'une graine à l'état brut. . 3,145

Poids moyen d'une graine *sèche*. . . . 2,889

La graine du 17 juin, quatre jours avant la récolte *pratique* du champ, contenait encore, au moment où l'on a détaché les siliques, 625 *millièmes de son poids d'eau, et seulement* 375 *millièmes de matière sèche.*

COMPOSITION DE LA GRAINE SUPPOSÉE ENTIÈREMENT DÉPOUILLÉE D'HUMIDITÉ.

Sur un kilogramme :

	gr.
Huile	455,93
Matières organiques combustibles (azote excepté)	463,98
Azote combiné	34,14
Silice et oxyde de fer	1,27
Acide phosphorique	15,06
Chaux.	13,57
Magnésie	0,58
Potasse	9,94
Soude.	0,67
Substances diverses non dosées	4,86
Total.	1000

COMPOSITION DU TOURTEAU COMPLÉTEMENT PURGÉ D'HUILE ET D'HUMIDITÉ.

Sur un kilogramme :

	gr.
Matières combustibles organiques (azote déduit).	852,34
Azote en combinaison dans la matière organique	62,56
Silice et oxyde de fer.	2,33
Acide phosphorique	27,67
Chaux.	24,93
Magnésie	1,06
Potasse	18,24
Soude.	1,21
Substances diverses non dosées	1,69
Total.	1000

Septième série d'expériences,

24 juin 1862.

C'est la dernière fois qu'on a prélevé un échantillon *sur pied* le jour même de la coupe du champ tout entier pour en faire la récolte.

Nombre de graines contenues dans 10 centimètres
cubes. 1 587

Poids du litre de graines à l'état brut. . . 667 grammes.

Poids moyen d'une graine à l'état brut. . 3,709 millig.

Poids moyen d'une graine *sèche* 3,400

COMPOSITION DE LA GRAINE SUPPOSÉE ENTIÈREMENT PRIVÉE D'HUMIDITÉ.

Sur un kilogramme :

	gr.
Huile.	456,07
Matières organiques combustibles (azote déduit)	467,51
Azote combiné . . . :	33,96
Silice et oxyde de fer.	0,91
Acide phosphorique	14,88
Chaux.	13,28
Magnésie.	0,44
Potasse.	8,89
Soude.	0,63
Substances diverses non dosées.	3,43
Total.	1000

COMPOSITION DU TOURTEAU COMPLÉTEMENT PURGÉ D'HUILE ET D'HUMIDITÉ.

Sur un kilogramme :

	gr.
Matières organiques combustibles (azote déduit)	859,50
Azote combiné avec les matières organiques. .	62,43
Silice et oxyde de fer.	1,67
Acide phosphorique.	27,36
Chaux.	24,41
Magnésie.	0,80
Potasse.	16,35
Soude.	1,15
Substances diverses non dosées.	6,33
Total.	1000

Huitième série d'expériences.

10 JUILLET 1862.

La graine qui a servi pour cette série d'expériences provenait de la récolte générale du champ, faite le 21 juin, et battue le 10 juilllet, après un javelage sur place de dix-neuf jours.

L'échantillon de graine avait été prélevé sur la masse générale, qui représentait le produit d'environ un hectare.

Nombre de graines contenues dans 10 centimètres cubes. 1525

Poids du litre de graines à l'état brut. . . 667 grammes.

Poids moyen d'une graine à l'état brut. . 3,720 milligr.

Poids moyen d'une graine *sèche*. 3,362

COMPOSITION DE LA GRAINE SUPPOSÉE COMPLÉTEMENT PRIVÉE D'EAU.

Sur un kilogramme :

	gr.
Huile. . :	454,28
Matières organiques combustibles (azote déduit)	469,16
Azote en combinaison.	33,98
Silice et oxyde de fer.	1,27
Acide phosphorique.	15,02
Chaux.	13,48
Magnésie.	0,31
Potasse. . . . . -	8,19
Soude.	0,91
Substances diverses non dosées.	3,40
Total.	1000

18

COMPOSITION DU TOURTEAU COMPLÉTEMENT PURGÉ D'HUILE ET D'HUMIDITÉ.

Sur un kilogramme :

	gr.
Matières organiques combustibles (non compris l'azote).	859,70
Azote combiné.	62,26
Silice et oxyde de fer.	2,33
Acide phosphorique.	27,53
Chaux.	24,71
Magnésie.	0,57
Potasse.	15,00
Soude.	1,67
Substances diverses non dosées.	6,23
Total.	1000

Neuvième série d'expériences.

1er DÉCEMBRE 1862.

La graine qui a fait l'objet de ce dernier examen avait la même origine que celle de la huitième série, et avait été prélevée en même temps qu'elle sur la masse totale produite par le battage de la récolte du champ. Après un vanage qui en avait expulsé une petite quantité de graines avortées, on avait déposé l'échantillon, représenté par un hectolitre, dans un grenier bien sec et bien aéré, où il est resté en couche mince d'environ 4 centimètres d'épaisseur, depuis le 14 juillet jusqu'au 1er décembre [1].

Nombre de graines contenues dans 10 centimètres cubes.		1168
Poids du litre de graines à l'état brut.		682 grammes.
		milligr.
Poids moyen d'une graine à l'état brut.		3,998
Poids moyen d'une graine *sèche*.		3,646

---

[1] Cette graine, par suite du nettoyage plus soigné dont elle avait été l'objet, pouvait être considérée, *commercialement*, comme de qualité supérieure à celles des septième et huitième séries d'expériences.

COMPOSITION DE LA GRAINE SUPPOSÉE COMPLÉTEMENT PRIVÉE D'HUMIDITÉ.

Sur un kilogramme :

		gr.
Huile.		453,63
Matières organiques combustibles (azote déduit).		470,93
Azote.		33,37
Silice et oxyde de fer.		1,15
Acide phosphorique.		15,30
Chaux.		13,08
Magnésie.		0,26
Potasse.		8,03
Soude.		0,69
Substances diverses non dosées.		3,56
Total.		1000

COMPOSITION DU TOURTEAU COMPLÉTEMENT PURGÉ D'HUMIDITÉ.

Sur un kilogramme :

		gr.
Matières organiques combustibles (azote non compris).		861 92
Azote en combinaison.		61,08
Silice et oxyde de fer.		2,13
Acide phosphorique.		28,00
Chaux.		23,94
Magnésie.		0,47
Potasse.		14,70
Soude.		1,26
Substances diverses non dosées.		6,50
Total.		1000

Pour faciliter les conclusions auxquelles peut conduire l'ensemble de ces divers résultats analytiques, nous allons d'abord les résumer sous forme de tableaux, dont l'un représentera la composition des graines au moment de chaque prise d'échantillon, dont l'autre contiendra les résultats fournis par les tourteaux de ces mêmes graines épuisées de matières grasses autant qu'il est possible de le faire.

Composition de la graine de colza (complétement privée d'eau) à diverses époques successives de son développement (1862).

SUR UN KILOGR. DE MATIÈRE SÈCHE.	ÉPOQUES DE LA RÉCOLTE.								Conservée jusqu'au 1er décembre.
	26 mai.	31 mai.	4 juin.	9 juin.	13 juin.	17 juin.	21 juin.	10 juillet.	
	gr.	gr.	gr.	gr.	gr.	gr.	gr.	gr.	gr.
Matières grasses.	100,7	274,7	348,5	433,9	457,0	455,9	456,1	454,3	453,6
Matières organiques combustibles (azote non compris).	774,0	621,4	552,7	477,2	457,0	464,0	467,5	469,1	470,9
Azote en combinaison.	50,6	43 1	41,2	39,1	37,7	34,1	34,0	34,0	33 4
Silice et oxyde de fer.	3,2	1,5	1,2	1,4	2,1	1,3	0,9	1,3	1,2
Acide phosphorique..	18,6	18,2	18,2	16,2	15,7	15,1	14,9	15,0	15,3
Chaux.	15,1	15,1	15,6	14,1	13,6	13,6	13,3	13,5	13,1
Magnésie.	1,3	0,7	1,6	0,7	0,6	0,6	0,5	0,3	0,3
Potasse.	23,9	14,5	11,5	10,8	11,0	9,9	8,9	8 2	8,0
Soude.	0,8	1,2	0,7	0,7	0,8	0,7	0,7	0,9	0,7
Substances diverses non dosées. . .	11,8	9,6	8,9	5,9	4,5	4,8	3,2	3,4	3,5
Total.	1000,»	1000,»	1000,»	1000,»	1000,»	1000,»	1000,»	1000,»	1000,»

Composition des tourteaux de graines de colza récoltées à diverses époques successives de leur développement.

SUR UN KILOGR. DE MATIÈRE SÈCHE.	ÉPOQUES DE LA RÉCOLTE DES GRAINES.								Conservées
	26 mai.	31 mai.	4 juin.	9 juin.	13 juin.	17 juin.	21 juin.	10 juillet.	1er décemb
	gr.	gr.	gr.	gr.	gr.	gr.	gr.	gr.	gr.
Matières organiques combustibles (azote non compris).	860,7	856,7	848,4	842,9	841,7	852,8	859,5	859,7	861,9
Azote combiné.	56,3	59,5	63,3	69,1	69,4	62,6	62,4	62,3	61,1
Silice et oxyde de fer.	3,7	2,1	1,8	2,4	2,8	2,3	1,7	2,3	2,1
Acide phosphorique.	20,7	25,1	28,0	28,6	28,9	27,7	27,4	27,5	28,0
Chaux.	16,8	20,9	23,9	24,9	25,1	24,9	24,4	24,5	23,9
Magnésie.	1,4	1,0	2,4	1,3	1,1	1,1	0,8	0,6	0,5
Potasse.	26,6	19,9	17,8	19,1	20,8	18,2	16,4	15,0	14,7
Soude.	0,8	1,7	1,1	1,4	1,5	1,2	1,2	1,7	1,3
Substances diverses non dosées.	13,0	13,1	13,3	10,8	8,2	9,2	6,2	6,4	6,5
TOTAL.	1000,»	1000,»	1000,»	1000,»	1000,»	1000,»	1000,»	1000,»	1000,»

OBSERVATIONS SUR LES DEUX TABLEAUX PRÉCÉDENTS.

1° Graines.

Si nous nous bornions à comparer entre eux les résultats fournis par un *même poids constant* de graines, sans nous préoccuper du nombre de graines ou de plantes qui les ont produites, sans tenir compte de l'étendue superficielle du terrain nécessaire pour obtenir le rendement en poids dont il s'agit, aux diverses époques qui correspondent à nos observations, les tableaux qui précèdent nous permettraient de formuler un certain nombre de conclusions parmi lesquelles nous citerons les suivantes :

Du 26 au 31 mars, c'est-à-dire en cinq jours, le rendement en matières grasses du kilogramme de graines a éprouvé un accroissement de 175 pour cent.

Du 26 mai au 4 juin, c'est-à-dire en neuf jours, cet accroissement s'est élevé à 248 pour cent.

Cet accroissement s'élève, du 26 mai au 9 juin, en quatorze jours, à 333 pour cent ;

Du 26 mai au 13 juin, en dix-huit jours, à 356 pour cent.

A partir de cette époque, jusqu'à la récolte, le rendement en huile, *à poids égal de graines*, n'a plus éprouvé aucun accroissement.

Nous voyons les *proportions* d'azote, d'acide phosphorique, de chaux et de potasse suivre, au contraire, une marche décroissante pendant le même intervalle de temps, pour rester ensuite sensiblement constante jusqu'à la complète maturité de la graine.

La proportion de soude y reste constamment faible, relativement à celle de la potasse, et ne paraît éprouver que des variations insignifiantes pendant toute la durée des observations.

2° Tourteaux.

Si, dans le deuxième tableau (page 283), nous comparons entre eux les tourteaux de ces différentes graines, après les avoir complétement épuisés d'huile et d'humidité, nous y voyons la proportion de l'azote, celle de l'acide phosphorique et celle de la chaux éprouver, pendant la première quinzaine, un accroissement notable, pour devenir ensuite à peu près stationnaire ; la proportion de potasse, au contraire, va constamment en diminuant depuis le commencement jusqu'à la fin, et la diminution finale représente environ 40 pour cent de la proportion initiale.

La proportion des matières organiques combustibles, en y comprenant l'azote, n'éprouve que des changements insignifiants, dont les plus grands n'atteignent pas la centième partie de la proportion moyenne. On peut encore faire cette remarque, à laquelle, toutefois, nous n'attachons qu'une importance secondaire, que les plus fortes proportions d'azote paraissent correspondre aux plus faibles proportions des matières organiques.

CHAPITRE III.

COMPARAISON DES RÉSULTATS FOURNIS PAR UNE RÉCOLTE ENTIÈRE DE GRAINES CONSIDÉRÉES A DIVERS ÉTATS DE DÉVELOPPEMENT.

Mais si l'ensemble des résultats que nous venons de signaler, quand on se borne à les rapporter à *un même poids constant de graines*, sans tenir aucun compte des variations de poids qu'éprouve la graine elle-même pendant le cours des observations, peut offrir quelque intérêt au chimiste et à l'industriel fabricant d'huile, le physiologiste et l'agronome auraient intérêt aussi à obtenir quelques renseignements complémentaires, dont plusieurs pourraient être déduits sans peine des résultats qui précèdent, en les combinant avec les poids successivement acquis par la graine aux diverses époques d'observations.

Avant d'entrer dans l'examen de ce nouvel ordre de résultats, nous ferons observer encore une fois, pour n'être plus obligé d'y revenir par la suite, que toutes nos indications se rapporteront à la graine supposée entièrement privée d'eau. La proportion d'eau que renferment les graines de colza, au moment où les siliques sont détachées des rameaux qui les portent, est considérable, puisque quatre jours avant la coupe définitive et *pratique*, la graine contient encore plus de 60 pour cent d'eau ; cette proportion d'eau n'est pas la même au moment des différentes observations, et elle est susceptiblie d'éprouver de notables variations sous l'influence qu'éprouve lui-même l'état hygrométrique de l'atmosphère.

Cette observation faite, nous allons suivre, non plus dans un poids constant, mais *dans un nombre constant de graines*, la marche de l'accumulation des matières grasses, des autres matières organiques combustibles, de l'azote combiné, de l'acide phosphorique, de la chaux et de la potasse.

Au lieu de prendre un nombre entièrement arbitraire de graines, nous allons raisonner sur le nombre de graines qui, à l'état de complet développement, représenteraient approximativement une bonne récolte moyenne de notre plaine de Caen.

Nous avons vu, précédemment (*huitième série d'expériences*), que le poids du litre de graines, après le battage de la récolte, peut être évalué, dans nos expériences, à 667 grammes, soit, par hectolitre, 66^{kil},7 ; une bonne récolte moyenne de 25 hectolitres par hectare pèserait donc, à ce compte, environ 1 668 kilogrammes.

Nous savons d'ailleurs, par des expériences directes dont nous avons enregistré précédemment les résultats dans chaque série, que le poids moyen de chaque graine, à l'état brut, est alors de 3$^{milligr.}$,72 ; il en résulte que l'hectolitre doit contenir environ 17 930 000 graines, et la récolte entière de 25 hectolitres en doit contenir environ 448 250 000.

Si donc nous supposons que, pendant le développement de la graine, il ne s'en est pas perdu, et que les graines fort imparfaitement développées existant au moment de la première observation ont fourni, au moment de la récolte définitive, un pareil nombre de graines complétement développées, il sera possible, au moyen des données précédemment recueillies dans chaque série d'expériences, de calculer, pour un hectare, le poids total de ces récoltes successives diversement développées, et entièrement privées d'eau par l'étuvage.

On trouverait ainsi :

Pour le poids de la récolte *sèche*, au 26 mai. . . 207 kilogr.
—   —   au 31 mai. . . 517
—   —   au 4 juin. . . 575
—   —   au 9 juin, . . 1023
—   —   au 13 juin. . . 1186
—   —   au 17 juin. . . 1215
—   —   au 21 juin. . . 1440
—   —   au 10 juillet. . 1473

Si maintenant, au moyen de ces nouvelles données, nous calculons les quantités totales de matières grasses, d'autres matières organiques combustibles, d'azote combiné, d'acide phosphorique, de chaux et de potasse contenue dans ces récoltes diversement développées, nous trouverons des résultats que nous allons résumer dans le tableau qui va suivre :

Quantités d'huile, d'autres matières combustibles, d'azote, d'acide phosphorique, de chaux et de potasse contenues dans une bonne récolte moyenne de graines de colza qui, complétement sèche, et parvenue à maturité, pèserait 1473 kilogrammes.

POUR UN HECTARE.	ÉPOQUES DE LA RÉCOLTE DES GRAINES.							
	26 mai.	31 mai.	4 juin.	9 juin.	13 juin	17 juin	21 juin	10 juil.
	kil.	kil.	kil.	kil.	kil.	kil.	kil.	kil.
Huile.	20,8	142.0	200,4	443,9	542,0	553,9	656,8	669,2
Matières organiques combustibles (azote non compris). . .	160,2	321,3	317,8	488,2	542,0	563,8	675,5	693,6
Azote en combinaison. . . .	10,5	22,3	23,7	40,0	44,7	41,4	49,0	50,1
Acide phosphorique.	3,9	9,4	10,5	16,6	18,6	18.3	21,5	22,1
Chaux.	3,1	7,8	9,0	14,4	16,1	16,5	19,2	19,9
Potasse. . . .	4,9	7,5	6,6	10,0	13,0	12,0	12,8	12,1

Sans prétendre attribuer aux nombres qui figurent dans le tableau qui précède une valeur absolue qu'ils ne sauraient avoir, nous croyons cependant pouvoir dire qu'il est permis d'attribuer quelque importance à leur comparaison et aux rapports généraux qu'ils peuvent avoir entre eux.

Nous allons essayer d'en faire ressortir quelques-uns de ceux qui nous ont paru les plus évidents.

Il était tout naturel de s'attendre à voir se réaliser un accroissement successif de poids dans la plupart des éléments constitutifs de la graine, lorsque le poids de cette dernière éprouve lui-même un accroissement considérable; mais ce qu'il était moins facile de prévoir et ce que nous apprend l'expérience, c'est que cette augmentation ne se fait pas de la même manière, suit des lois assez différentes pour ces divers éléments.

Ainsi, pendant que le poids de la graine augmente dans le rapport de. . . . . 1 à 7 environ.

Nous voyons le poids des matières grasses croître dans le rapport de. . . . . 1 à 33

Celui de la chaux, dans le rapport de. . 1 à 6,5

Celui de l'acide phosphorique, dans le rapport de. . . . . 1 à 5,5

Celui de l'azote, dans le rapport de. . . 1 à 4,75

Celui des matières organiques autres que l'azote et les matières grasses, dans le rapport de. . . . . 1 à 4

Enfin celui de la potasse, dans le rapport de. . . . . 1 à 2,5 environ.

Nous ne multiplierons pas davantage les rapprochements de détail qu'on pourrait faire entre les lois d'accroissements de ces divers éléments constitutifs de la graine, mais nous devons signaler d'une manière toute spéciale la marche de l'accroissement du poids de la potasse, qui semble s'arrêter avant la maturité de la graine, alors que le poids des autres principes constitutifs n'est guère parvenu qu'aux trois quarts de la limite qu'il doit atteindre avec la maturité de la graine. Ne semblerait-il pas résulter de là que la graine du colza cesse de tirer des sels de potasse de la plante qui la nourrit, quand elle lui emprunte encore des matières azotées, des sels calcaires et des phosphates, et qu'elle continue encore, pour les matières grasses, son travail d'assimilation et d'élaboration.

Si, dans le choix du moment le plus convenable pour la récolte de la graine, on n'avait consulté que son rendement en matières grasses sous un poids déterminé, le tableau de la page 282 nous montre qu'on aurait pu faire la récolte huit jours plus tôt qu'on ne la fait ordinairement, c'est-à-dire quand la graine, après sa dessiccation, est encore presque entièrement rouge.

Mes expériences de 1860 [1], aussi bien que celles de 1862, s'accordent pour montrer que la proportion d'huile fournie par chaque kilogramme de cette graine imparfaitement mûre est au moins égale à celle qu'on peut retirer d'un kilogramme de graine parvenue à une complète maturité.

Mais si, en procédant ainsi, on peut livrer à l'industrie la même proportion de matière grasse par quintal de graines, hâtons-nous d'ajouter que le cultivateur n'y trouverait plus son compte, et qu'il y pourrait perdre le prix d'environ 150 à 200 kilogrammes de graines, c'est-à-dire 55 à 75 francs par hectare, qu'une plus complète maturité lui permet de réaliser.

Les résultats des expériences faites en 1860 viendraient encore, à ce dernier point de vue comme aux autres, nous conduire à des conséquences analogues, ainsi qu'on va pouvoir en juger.

CHAPITRE IV.

EXPÉRIENCES FAITES SUR LA GRAINE DE L'ANNÉE 1860, RÉCOLTÉE A DIVERS ÉTATS DE DÉVELOPPEMENT.

Ces dernières expériences n'étaient pas précisément faites dans le même but que celles dont le compte rendu forme l'objet principal de cette troisième partie de mon travail, et

---

[1] Voir la deuxième partie, page 228.

c'est justement ce qui m'engage à les rapporter ici, bien qu'elles soient peu nombreuses. Elles ont été faites sur des graines récoltées les 23 juin, 7 et 11 juillet 1860.

1° GRAINE DU 23 JUIN 1860.

Nombre de graines contenues dans 10 centimètres cubes. 3 945

	milligr.
Poids moyen d'une graine à l'état brut. . .	1,644
Poids moyen d'une graine *sèche*. . . . . ·	1,544

COMPOSITION DE LA GRAINE SUPPOSÉE COMPLÈTEMENT PRIVÉE D'HUMIDITÉ.

Sur un kilogramme :

	gr.
Matières grasses	370,20
Matières organiques combustibles (azote excepté)	536,08
Azote	37,35
Acide phosphorique	18,21
Chaux.	13,81
Silice	1,01
Potasse, soude et substances diverses non dosées	23,34
Total.	1000

COMPOSITION DU TOURTEAU ENTIÈREMENT PURGÉ D'HUILE ET D'HUMIDITÉ.

Sur un kilogramme :

	gr.
Matières organiques combustibles (non compris l'azote).	850,30
Azote en combinaison.	59,35
Acide phosphorique	29,63
Chaux.	21,92
Silice	1,60
Potasse, soude, etc., substances diverses non dosées	37,20
Total.	1000

2° GRAINE DU 7 JUILLET 1869.

Nombre de graines contenues dans 10 centimètres cubes. 1 448

                                           gr.

Poids moyen d'une graine à l'état brut. . . . 4,005

Poids moyen d'une graine *sèche* 3,858

COMPOSITION DE LA GRAINE SUPPOSÉE ENTIÈREMENT PRIVÉE D'HUMIDITÉ.

Sur un kilogramme :

		gr.
Huile.		468,90
Matières organiques combustibles (azote excepté).		460,24
Azote en combinaison.		29,74
Acide phosphorique.		15,06
Chaux.		11,61
Silice.		1,06
Potasse, soude, etc. Matières diverses non dosées.		13,39
	Total.	1000

COMPOSITION DU TOURTEAU ENTIÈREMENT PRIVÉ D'HUILE ET D'HUMIDITÉ.

Sur un kilogramme :

	gr.
Matières organiques combustibles (azote déduit).	865,95
Azote.	56,00
Acide phosphorique.	28,90
Chaux.	21,90
Silice.	2,00
Potasse, soude, etc. Substances diverses non dosées.	25,19
Total.	1000

3° GRAINE DU 11 JUILLET 1860.

Nombre de graines contenues dans 10 centimètres cubes. 1 352

Poids moyen d'une graine à l'état brut. . . 4,282 milligr.

Poids moyen d'une graine *sèche*. 4,116

COMPOSITION DE LA GRAINE SUPPOSÉE COMPLÉTEMENT PRIVÉE D'HUMIDITÉ.

Sur un kilogramme :

Huile . . . . 458,50 gr.

Matières organiques combustibles (azote non compris). 469,56

Azote. 31,40

Acide phosphorique. 14,82

Chaux. 11,62

Silice. 1,08

Potasse, soude, etc. Substances diverses non dosées. 12,92

Total. 1000

COMPOSITION DU TOURTEAU COMPLÉTEMENT PRIVÉ D'HUILE ET D'HUMIDITÉ.

Sur un kilogramme :

Matières organiques combustibles (non compris l'azote). . . . . 866,77 gr.

Azote en combinaison. 58,00

Acide phosphorique. 27,97

Chaux. . . , ... 21,46

Silice. 2,00

Potasse, soude, etc. Substances diverses non dosées. 23,80

Total. 1000

Pour faciliter les rapprochements qu'on pourrait faire entre les résultats, nous allons résumer sous forme de tableau l'ensemble de ceux qu'ont fourni les graines de 1860, comme nous l'avons déjà fait pour celles de 1862.

Composition de la graine de colza (complétement privée d'eau), à diverses époques successives de son développement (année 1860).

SUR UN KILOGRAMME.	ÉPOQUES DE LA RÉCOLTE.		
	23 juin.	7 juillet.	11 juillet.
	kil.	kil.	kil.
Huile.	370,2	468,9	468,5
Matières organiques combustibles (azote excepté).	336,1	437,9	469,2
Azote en combinaison.	57,4	62,9	64,9
Acide phosphorique.	18,2	15,1	14,8
Chaux.	13,8	11,6	11,8
Silice.	1,0	4,1	1,1
Potasse soude, substances diverses non dosées.	22,3	13,4	12,9

Composition des tourteaux de graines de colza récoltées à diverses époques successives de leur développement (année 1860).

SUR UN KILOGRAMME DE TOURTEAU entièrement privé d'huile et d'humidité.	ÉPOQUES DES RÉCOLTES.		
	23 juin.	7 juillet.	11 juillet.
	gr.	gr.	gr.
Matières organiques combustibles (azote excepté).	850,8	862,4	865,8
Azote en combinaison.	59,4	59,5	59,0
Acide phosphorique.	29,6	29,0	28,0
Chaux.	21,9	21,9	21,4
Silice.	1,6	2,0	2,0
Potasse, soude, et substances diverses non dosées.	37,2	25,2	23,8

L'accroissement de la proportion d'huile dans la graine, à mesure que cette dernière avance vers la maturité, suit une marche analogue à celle que nous avons observée dans les expériences de 1862. Nous y voyons de même décroître successivement les proportions d'azote, d'acide phosphorique et de chaux.

La comparaison des rendements fournis par les récoltes de ces deux années différentes, en opérant sur un kilogramme de graine, *dans des conditions analogues de maturité*, semblerait indiquer encore que, lorsqu'il s'agit, comme ici, d'une même espèce de graines, *la proportion d'huile augmente d'une manière sensible avec le poids ou le volume de la graine*, c'est-à-dire que la plus grosse graine rendrait plus d'huile, à poids égal, que la plus petite.

Si, au lieu de comparer entre eux les résultats fournis par des poids égaux de graines, nous voulons établir une comparaison entre des nombres égaux de graines à ces divers états successifs de leur développement, nous pouvons suivre la même marche que pour les expériences de 1862. (Voir page 286.)

L'hectolitre de graines récoltées le 11 juillet pesant 67 kilogrammes, et le poids moyen d'une graine à l'état brut étant alors $4^{\text{milligr.}}$,282, l'hectolitre contiendrait 15 655 000 graines; une récolte de 25 hectolitres en contiendrait 391 350 000, pesant, à l'état de complète siccité, 1610 kilogrammes (le poids moyen d'une graine *sèche* étant de 4 milligrammes 116).

Le poids total de la récolte de graine sèche serait alors, pour un hectare :

Au 23 juin 1860 . . . . 603 kilog.

Au 7 juillet 1510

Au 11 juillet 1610

Calculant, au moyen des données expérimentales qui se rapportent à ces trois récoltes, les poids d'huile, de matières organiques, d'azote, d'acide phosphorique et de chaux qu'elles contiennent, on trouve des nombres que nous avons inscrits dans le tableau qui va suivre :

Quantités d'huile, de matières organiques diverses, d'azote combiné, d'acide phosphorique et de chaux contenues dans une bonne récolte moyenne de graine de colza qui, à maturité, a produit 25 hectolitres et pesait, complétement desséchée, 1610 kilogr.

POUR UN HECTARE.	ÉPOQUES des récoltes des graines.		
	23 juin. Poids de la récolte 603 kil.	7 juillet. Poids de la récolte 1510 kil.	11 juillet. Poids de la récolte 1610 kil.
(*Année 1860*).	kil.	kil.	kil.
Huile.	223,2	708,0	738,2
Matières organiques diverses (azote non compris).	323,3	691,4	755,4
Azote en combinaison.	22,5	48,3	51,8
Acide phosphorique.	11,0	22,7	23,9
Chaux.	8,3	17,5	18,7

Nous n'avons à faire aucune remarque nouvelle à l'occasion de ce dernier tableau, qui ne représente autre chose que la confirmation des résultats généraux déjà signalés antérieurement, et nous résumerons ainsi les conclusions qu'il nous semble permis de tirer de l'ensemble des données fournies par cette troisième partie de nos études :

RÉSUMÉ ET CONCLUSIONS DE LA TROISIÈME PARTIE.

1° Depuis le moment où le poids moyen de chaque graine de colza s'élève à environ un demi-milligramme, jusqu'à la semaine qui précède l'époque habituellement adoptée pour la récolte, *la proportion d'huile contenue dans un poids donné de graines suit une marche constamment ascendante,* et l'accroissement peut s'élever à plus de 350 pour 100 de la richesse initiale ;

2° La *richesse* en huile de la graine ne paraît plus éprouver d'accroissement appréciable pendant la dernière semaine de végétation de la plante, bien que le poids de la graine puisse encore augmenter d'environ 20 pour 100 ;

3° Les proportions d'azote, d'acide phosphorique, de potasse et de chaux suivent, au contraire, *une marche décroissante* jusqu'à la dernière semaine de végétation, pendant laquelle elles restent sensiblement constantes;

4° Si, au lieu de considérer la graine, on considère le tourteau qui en provient après complet épuisement de matières grasses, on y voit les *proportions* d'azote, d'acide phosphorique et de chaux croître jusqu'à ce que la graine ait acquis environ les deux tiers de son développement, puis rester ensuite à peu près stationnaires.

La proportion de potasse, au contraire, va constamment en diminuant depuis le commencement des observations jusqu'à la maturité de la graine, et la diminution finale représente environ 40 pour 100 de la proportion initiale de potasse.

5° En comparant entre elles *non plus les proportions relatives* des divers principes constitutifs d'un même poids de graines, mais les *quantités totales* de ces divers principes con-

tenus dans les récoltes formées *d'un même nombre de graines*
diversement développées, j'ai trouvé que les augmentations de
ces différentes substances ne se faisaient ni dans le même rapport que celui de la graine, ni dans un même rapport entre
elles.

Ainsi, pendant que le poids de la graine augmente dans le
rapport de. . . . . 1 à 7 [1]

Celui de l'huile croît dans le rapport de. . 1 à 33

Celui de la chaux, dans le rapport de. . 1 à 6,5

Celui de l'acide phosphorique, dans le
rapport de. . . . . 1 à 5,5

Celui de l'azote, dans le rapport de. . . 1 à 4,75

Celui des matières organiques autres que
l'azote et les matières grasses, dans le rapport de. . . . . 1 à 4

Enfin celui de la potasse dans le rapport
de. . . . . 1 à 2,5 environ.

6° L'accroissement de poids de la potasse contenue dans
une récolte de graines semble s'arrêter avant la maturité de
ces graines, alors que le poids de chacun des autres principes
constitutifs n'est encore parvenu qu'aux trois quarts de la
limite qu'il doit atteindre à l'époque de la maturité de la
plante.

7° Le poids de l'huile contenue dans une récolte de graines
augmente jusqu'à l'époque de la maturité, ainsi que le poids
de la récolte elle-même, tandis que nous venons de voir plus
haut que, pendant la dernière semaine, la richesse en huile de
la graine cesse d'augmenter.

Il y a donc, pour le cultivateur, avantage à ne récolter son
colza que lorsque la graine est parvenue à son entier développement; il obtient ainsi davantage de graine, sans que cet
accroissement de poids se fasse aux dépens de la qualité.

8° Par le javelage, la richesse en huile ne paraît pas aug-

---

[1] Le rapport est celui de un demi-milligramme à trois milligrammes
et demi.

menter dans la graine; mais, comme celle-ci peut encore éprouver, pendant cette sorte de lente agonie de la plante, un accroissement sensible de poids, il s'ensuit que la masse d'huile produite par la récolte peut encore éprouver elle-même une légère augmentation pendant le temps qui s'écoule entre la coupe de la plante et le battage de la récolte.

9° En nous reportant, par la pensée, aux résultats obtenus dans les deux premières parties de ce travail, nous y voyons *diminuer simultanément,* et dans une proportion assez considérable, dans la partie inférieure de la plante qui se termine aux plus basses siliques :

Le poids de l'azote,

celui de l'acide phosphorique,

celui de la chaux

et celui des sels alcalins.

Cette diminution progressive et *continue* paraît commencer vers l'époque de la formation de la graine, et dure jusqu'au moment de la récolte.

10° En rapprochant ce dernier résultat de ceux que nous venons de résumer plus haut, on se trouve conduit à admettre que, pendant les dernières semaines de la végétation de la plante, la plupart des éléments constitutifs dont la graine s'enrichit doivent provenir, en très-grande partie, si ce n'est entièrement, de la masse des principes similaires accumulés et en quelque sorte emmagasinés dans la partie supérieure des rameaux jusqu'à l'époque de la floraison et de la formation de la graine.

Il resterait encore, pour compléter cette étude sur le développement de la graine et de la plante en général, à pénétrer plus avant dans la *nature intime* des principes qui s'y développent et s'y accumulent successivement; mais c'est un travail extrêmement complexe, qui exigerait plus de temps que je n'en pourrais consacrer aujourd'hui à de pareilles recherches.

QUELQUES OBSERVATIONS

SUR LE

DÉGAGEMENT

DE L'ACIDE CARBONIQUE

PAR LA GRAINE DE COLZA NORMALE

Sous l'influence de l'oxygène de l'air.

Lorsqu'on emmagasine dans un grenier de la graine de colza qui n'est pas suffisamment sèche, tout le monde sait qu'elle s'échauffe assez rapidement, qu'elle fermente et s'altère plus ou moins profondément, suivant les circonstances. Les produits de cette altération sont assez complexes et sujets à varier un peu suivant les conditions de température et d'humidité ; mais les deux faits les plus saillants qu'on observe alors sont : une diminution du poids de la matière grasse contenue dans la graine, et la production d'une quantité considérable d'acide carbonique dont l'air paraît fournir l'oxygène.

Comme cette production d'acide carbonique ne m'avait pas paru limitée seulement aux cas d'altération évidente et sensible de la graine, je me suis proposé de rechercher si elle avait encore lieu avec de la graine suffisamment sèche pour que l'échauffement ne fût plus à craindre, et si, dans ce dernier cas, le dégagement d'acide carbonique se continuait encore plusieurs mois après la récolte.

J'instituai donc dans ce but une suite d'observations dont je vais exposer sommairement la marche et les principaux résultats :

Dans un baril neuf à double fond T (*voir le croquis ci-après*), en très-bon chêne, bien sec, muni de six cercles de fer fortement battus, d'une contenance d'environ quatre-vingt-dix litres et placé debout, j'ai mis soixante-cinq litres de graine de colza battue depuis quarante-huit heures, bien sèche, et bien aérée pendant ces deux jours.

Le faux-fond sur lequel reposait cette graine, percé d'un très-grand nombre de trous et recouvert d'une grossière toile de crin juste assez serrée pour ne pas laisser passer la graine, se trouvait distant d'environ cinq centimètres du fond inférieur, et il existait également une distance d'environ cinq centimètres entre la surface de la graine et le fond supérieur du baril.

En *m*, ajusté horizontalement, un tube en laiton percé de trous latéralement, de distance en distance, sur son côté inférieur [1], permettait de faire arriver, au dessous du faux fond, de l'air purgé d'acide carbonique par son passage à travers l'eau de baryte d'un flacon A ; cet air, avant de pénétrer dans le baril, passait ensuite dans un flacon B, contenant de l'acide sulfurique concentré qui le dépouillait de son humidité.

Un autre tube de laiton, ajusté en C, terminé inférieurement par une sorte de pomme d'arrosoir en forme d'olive allongée, permettait d'aller puiser vers le milieu de la masse de graine, l'air dont on voulait ensuite étudier l'altération.

A 7 ou 8 centimètres de ce tube se trouvait un thermomètre destiné à indiquer la température de la graine. Ce thermomètre, ainsi que les tubes *m* et C, étaient ajustés au moyen de bons bouchons de liége et bien mastiqués.

Le baril avait été huilé à chaud à l'extérieur, avec le plus grand soin, et je me suis assuré, par des expériences d'essai, que le bois et les bouchons étaient suffisamment imperméables au gaz, à la fin comme au commencement des expériences, dans les conditions où l'on devait expérimenter, et qu'il en

---

[1] Cette disposition avait pour but de disséminer plus régulièrement, dans les différentes parties de l'entre-fond, l'air arrivant destiné à renouveler celui qui avait séjourné dans l'espace occupé par la graine.

était de même pour les différentes parties de l'appareil, dont le croquis ci-joint peut faire aisément comprendre la disposition.

Voici, maintenant, comment on procédait à chaque série d'observations : après avoir entièrement rempli d'eau le flacon aspirateur à robinet H, on en faisait écouler l'eau avec lenteur ; le vide qui se faisait dans le flacon déterminait un appel d'air, une aspiration ; mais cet air ne pouvait entrer dans l'appareil que par le tube ouvert adapté au flacon A ; de là, il passait dans le flacon B, puis dans l'entre-fond. Après avoir traversé l'espace occupé par la graine, il sortait du baril par le tube C ; il se rendait ensuite dans un flacon E, où il abandonnait à l'acide sulfurique concentré l'humidité qu'avait pu lui fournir la graine ; de là, l'air se rendait dans un ballon F, d'environ deux litres de capacité, contenant de l'eau de baryte qui absorbait en se troublant l'acide carbonique produit aux dépens de la graine. Un dernier flacon *témoin* G, contenant également de l'eau de baryte, permettait de reconnaître si tout l'acide carbonique provenant du baril avait été absorbé dans le ballon F.

Le robinet de l'aspirateur H permettait de régler à volonté la vitesse d'écoulement de l'eau, et, par suite, la rapidité du passage de l'air.

De la disposition de l'ensemble de diverses parties du système, il résultait que l'air ne pénétrait dans l'entre-fond du baril que par petites intermittences, et cette circonstance, en déterminant de petites et fréquentes agitations dans les gaz de l'entre-fond, en favorisait le mélange.

Le volume de l'air aspiré se trouvait déterminé approximativement par celui de l'eau écoulée.

Enfin l'air qu'on avait recueilli dans l'aspirateur pouvait être soumis à l'analyse, pour en constater la nature et les modifications.

Les expériences ont commencé le 12 juillet 1862, et se sont terminées le 15 décembre, c'est-à-dire qu'elles embrassent un intervalle de temps de plus de cinq mois.

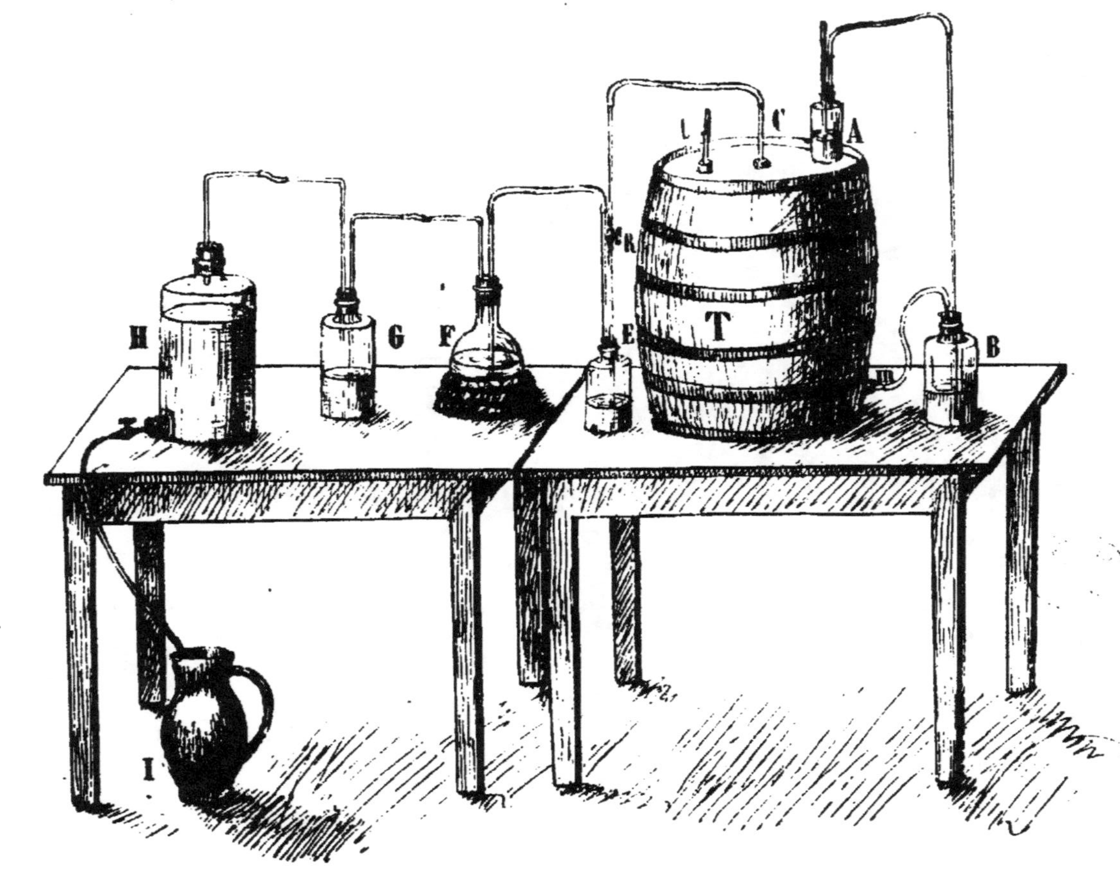
H
G
F
E
T
C
A
B
I

Pendant tout ce temps, la température de la graine n'a pas sensiblement différé de celle de l'air environnant.

Le flacon E n'a éprouvé qu'une augmentation de poids de 8 grammes, due à l'humidité entraînée par l'air qui a traversé la graine ; cette proportion insignifiante d'humidité ne représente pas 2 décigrammes par kilogramme de graine.

La production de l'acide carbonique, au bout de cinq mois, ne paraissait pas moins active qu'au début de l'expérience.

Les résultats obtenus peuvent se résumer par les nombres suivants :

	Air recueilli dans l'aspirateur.	Carbonate de baryte obtenu.	Acide carbonique correspondant.
	lit.	gr.	gr.
1re série, du 12 juillet au 4 août. . . .	39,00	20,995	4,683
2e série, du 4 au 19 août.	48,75	10,490	2,340
3e série, du 19 août au 10 octobre. . .			
(On avait abandonné l'appareil à lui-même pendant cet intervalle.) . .	39,00	15,170	3,383
4e série, du 10 octobre au 1er novembr.	48,75	16,450	3,669
5e série, du 1er au 11 novembre. . . .	68,25	10,796	2,408
6e série, du 11 au 17 novembre. . . .	58,50	10,854	2,421
7e série, du 18 novembre au 3 décemb.	78,00	12,064	2,690
8e série, du 8 au 15 décembre. . . .	97,50	8,134	1,814
Total.	477,75	104,953	23,408

Ainsi, en nombres ronds, il a été recueilli dans l'aspirateur 478 litres d'air, et l'eau de baryte a absorbé 23 grammes et demi d'acide carbonique ou 15 litres et demi.

Les 478 litres d'air qui ont passé successivement dans l'aspirateur représentent environ quatre *fois un tiers* le volume occupé par la graine, ou environ vingt-deux fois le volume du vide que les graines laissent entre elles. Les quinze litres et demi d'acide carbonique obtenu représentent l'oxygène de soixante-quinze litres d'air, ou de près de trois fois et demi la totalité de l'oxygène du volume d'air compris dans les intervalles vides des graines.

Par la moyenne des résultats obtenus par l'anayse de l'air ainsi altéré par la graine, on était conduit à admettre que la quantité d'oxygène disparu est supérieure à celle qui entre dans la composition de l'acide carbonique; mais, comme le procédé suivi pour cette constatation ne permettait pas d'évaluer la différence avec une assez rigoureuse exactitude, je me bornerai, pour le moment, à signaler le fait d'une absorption sensible d'oxygène qui ne concourt pas à la production de l'acide carbonique.

Que se passe-t-il dans la graine pendant cette absorption lente et persistante de l'oxygène de l'air? c'est ce qu'il serait encore bien difficile de dire d'une manière bien nette aujourd'hui.

Bornons-nous à mettre ce fait en regard d'un autre fait de pratique industrielle souvent constaté : que la graine de colza qui a séjourné dans les greniers pendant quelques semaines, pendant plusieurs mois même, dans de bonnes conditions d'aération, est plus facile à traiter à l'usine que la graine récemment battue, et donne souvent un rendement pratique supérieur.

Pendant les premières semaines, la graine retient généralement encore trop d'humidité pour pouvoir se prêter avantageusement à l'action de la presse; mais lorsqu'elle est une fois parvenue à son état normal d'humidité, ce qui arrive assez vite, lorsque les greniers sont bien secs et bien aérés, l'humidité ne peut plus jouer aucun rôle dans la plus ou moins grande facilité de traitement. La première idée qui se présente consisterait à admettre que, sous l'influence de l'air, il se fait encore dans la graine un travail d'élaboration qui augmente sensiblement la richesse en matière grasse comme nous voyons augmenter la proportion de sucre dans les fruits détachés de l'arbre qui les a produits. Mais cette explication se trouve contredite par l'expérience, attendu que, le 15 décembre, la graine a donné un rendement en huile à peine égal à celui qu'elle donnait le 10 juillet.

L'absorption de l'oxygène, qui a dû être plus active en plein air que dans notre baril, où l'air en était souvent *presque entièrement* dépouillé, a pu avoir pour effet d'accroître d'une manière sensible la proportion d'oléine de la graine, aux dépens des matières grasses moins fluides, et, par suite, en augmentant la fluidité de l'ensemble, d'en rendre l'extraction mécanique plus facile.

Quoi qu'il en soit de l'explication, je livre le fait aux méditations des savants, et, sans rien préjuger de ce qui peut arriver en pareilles circonstances avec les autres graines oléagineuses, nous **résumerons** ainsi les **observations** que nous avons été à même de faire sur celle qui fait l'objet de cette note :

1° La graine de colza, même lorsqu'elle est parvenue à son état hygrométrique normal, absorbe l'oxygène de l'air et dégage de l'acide carbonique.

2° Cette absorption d'oxygène et ce dégagement d'acide carbonique, qui commencent immédiatement après la récolte, se manifestent encore au bout de cinq mois, avec une intensité peu différente de ce qu'ils étaient au début.

3° La proportion d'oxygène absorbée ne paraît pas complétement représentée par l'acide carbonique exhalé.

TABLE DES MATIÈRES

Caen. — Imprimerie E. Poisson.

www.ingramcontent.com/pod-product-compliance
Lightning Source LLC
LaVergne TN
LVHW010930180726
843502LV00004B/910